固定化微生物水体修复研究

◎ 朱昌雄 耿兵 刘雪 著

中国农业科学技术出版社

图书在版编目（CIP）数据

固定化微生物水体修复研究 / 朱昌雄等著. —北京：中国农业科学技术出版社，2019. 11

ISBN 978-7-5116-4470-1

Ⅰ. ①固… Ⅱ. ①朱… Ⅲ. ①水环境-生态恢复-生物处理-研究 Ⅳ. ①X143

中国版本图书馆 CIP 数据核字（2019）第 234228 号

责任编辑 金 迪 崔改泵
责任校对 马广洋

出 版 者 中国农业科学技术出版社
北京市中关村南大街 12 号 邮编：100081
电 话 (010)82109194(编辑室) (010)82109702(发行部)
(010)82109709(读者服务部)
传 真 (010)82106650
网 址 http://www.castp.cn
经 销 者 各地新华书店
印 刷 者 北京建宏印刷有限公司
开 本 710mm×1 000mm 1/16
印 张 12. 75
字 数 227 千字
版 次 2019 年 11 月第 1 版 2020 年 10 月第 2 次印刷
定 价 86. 00 元

《固定化微生物水体修复研究》著者名单

主著：朱昌雄　耿　兵　刘　雪

著者：杨晓燕　陈伟燕　肖晶晶　韩丽媛

致　谢

本书籍内容的研究工作和出版得到以下资助和支持，在此衷心感谢。

水体污染控制与治理科技重大专项（2017ZX07603-002）

水体污染控制与治理科技重大专项（2009ZX07103-002）

国家自然科学基金面上基金项目（41471399）

国家自然科学青年基金项目（41101474）

北京市自然科学基金（8182059）

目　录

第1章　固定化微生物技术概述

虽然利用微生物法修复污染环境的研究已经取得很大进展和成就，但是传统生物修复的方法是以游离态存在的，具有易流失、抗逆环境能力弱等缺点。固定化微生物技术的引入则成功弥补了上述缺陷并取得了显著成效。

固定是一个术语，是指限制性运动或者不能运动的行为。酶、细胞有机体、动物和植物细胞均是可以被固定的。微生物固定是作为固定化酶的替代方式出现的。固定化微生物技术是指把微生物细胞限制在某一确定的空间区域限制它们的自由迁移，却可以使其保持活性，并可以重复使用的技术。与游离微生物相比，固定化微生物具有生物量高、反应易控制、不易流失、固液分离效果好、对有毒化学物质和不良环境的耐受性强等优点。此外，固定化微生物可以被重复利用多次也不会有显著的活性损失。因此，固定化微生物技术几十年来得到了迅速的发展和广泛的应用。目前，该技术不仅在生物技术领域得到广泛应用，而且在制药、环境、食品和生物传感器领域也有广泛应用。有研究者认为在不久的将来该技术在污水处理方向将有广泛应用前景。

微生物固定化技术是20世纪70年代从固定化酶技术发展而来，通过化学或物理手段将细胞定位于限定的空间区域内，使微生物保持活性并能反复利用的一种新型生物技术。

1.1　微生物固定化方法

目前微生物固定化的方法主要有吸附法、交联法、包埋法和膜截留法等。吸附法是基于微生物和载体之间静电、黏附力和共价结合等作用，将微生物固定在多孔陶瓷、大孔树脂、木屑、硅藻土等不溶性载体上，形成生物膜。此法为物理吸附法，操作简单易行、条件温和、对微生物活性影响较小，应用广泛。其缺点是微生物容易脱落，反应稳定性能和重复利用性差。目前引入疏水和亲水配位体增加供体和受体的亲和力，对于其如何应用仍值得探讨。

交联法是通过微生物间的物理或化学作用相互结合。物理交联是指利用微生物在适当的培养条件下，细胞自絮凝形成颗粒。化学交联是使用双功能或多功能的试剂，如戊二醛和聚乙烯亚胺，与微生物进行分子间的交联。一般交联剂的价格昂贵，并且微生物的酶常因催化活性中心构造受到影响而失活，因此应用受到一定限制。

膜截留法是利用半透膜、中空纤维膜、超滤膜等截留，微生物细胞不能透过此膜，产物和底物可以透过。此法可使污水中的目标污染物与微生物充分有效地反应，但也易出现膜污染和堵塞等问题。

包埋法是常用的方法，它是将微生物细胞限定在凝胶聚合物孔隙的网络空间中，其具有固化过程简单、成本低、固化后对微生物无毒、基质通透性好、细胞密度大、抗微生物分解等优点，是目前研究最多的固定化方法。通常所用的包埋载体有琼脂、海藻酸钠、聚乙烯醇和聚丙烯酰胺等有机载体。

固定化载体是微生物细胞固定附着的基质，一般载体应具有性质稳定、传质性好、对细胞无毒害、制作工艺简单、不易被微生物分解、价格低廉等特点。主要包括以下三大类：

（1）无机载体类，包括活性炭、陶土、砖粒、微孔玻璃、硅藻土和高岭土等，它们具有多孔结构、靠吸附作用或电荷效应将微生物细胞固定，载体中的空隙为微生物生长和繁殖提供了空间。此类载体对细胞无毒害、强度大、传质性好、价格便宜且制备过程简单，应用价值较大。但是它们的缺点是密度大、微生物吸附有限且易脱落和流化的能耗高。

（2）天然有机载体类如海藻酸盐、琼脂、卡拉胶、明胶和骨胶原等，这类载体对微生物无毒害作用，且传质性好。其中海藻酸钙凝胶操作简单、对微生物无毒、价格便宜，为目前研究较多的一种凝胶，制备工艺简单。但是此类载体机械强度低，易被微生物分解，并且在处理废水过程中，海藻酸钙凝胶易受钠离子或钾离子的侵蚀，会逐渐溶解，寿命缩短。

（3）人工合成有机载体类包括聚乙烯醇（PVA）凝胶、聚丙烯酰胺凝胶、聚丙烯酸凝胶和光硬化树脂等。PVA 凝胶是国内外研究较多的包埋固定化载体之一，它具有化学稳定性好、强度高、抗微生物分解性强、对细胞无毒性且价格低廉等一系列优点。PVA 凝胶常见的制备方法有冷冻–解冻法、紫外线法和硼酸交联法，其中硼酸交联法最为简单经济。

高效节能型反应器的研究是固定化微生物技术实用化的重点之一，目前已研发出的反应器种类很多。根据操作方式，可分为固定床反应器（填充反应器）、搅拌罐式反应器、流化床反应器和膜式反应器等类型。此外，还有厌氧反应器、筛板生物反应器、循环床反应器等。本节着重介绍固定床和流化床反应器。

在固定床中固体物通常呈颗粒状，粒径 2～15 mm，堆积成一定高度（或厚度）的床层。床层静止不动，流体通过床层进行反应。在实验室范围内应用较多，适用于反应产物有抑制作用、水力停留时间较短的生化反应过程。污水从反应器底部进入，顶部排出。填充反应器具有操作简单，污染物与代谢产物传质速度快，反应速度快、可实现连续处理、成本低和易于扩大规模等优点。但其也存在一些缺点，由于颗粒的重量与流体压力，而使固定化微生物相互挤压、甚至破裂，降低颗粒与液体接触面积，颗粒内微生物活力下降。另外，气液固三相同时运行时，气泡对运行也造成一定影响。

生物流化床适用于废水处理领域的一项高效、简捷的工艺技术，适宜中、小型污水处理工程。1970 年，美国环保署首先研究生物流化床处理有机废水，美国 Ecolotrol 公司于 1975 年首次获得生物流化床处理废水的专利，其后 DorrOliver 公司对流化床实用性方面做了许多研究。20 世纪 70 年代中期日本开始对生物流化床进行研究，栗田和三菱公司着眼于对中小型工厂的废水进行处理。在中国，1978 年兰州石化公司开始研究纯氧曝气生物流化床处理石油化工废水，此后丁烯氧化废水、甲醇废水和油漆废水等也被研究。80 年代初哈尔滨工业大学、成都市政设计院和北京环保所等单位以城市污水为对象，探索和研究了生物流化床。生物流化床法具有如下优点：单位体积内的生物量大、强化传质作用加速有机物从污水中向微生物细胞的传递过程、BOD 容积负荷高、处理效果好、占地面积小、投资省、在反应器内可同时进行硝化反硝化过程等。生物流化床已逐渐成为较为理想、高效、低成本的小型废水处理装置。

流化床类型按氧环境可分为好氧流化床和厌氧流化床。

好氧流化床以砂子、焦炭、活性炭、多孔球等作为微生物载体，以一定流速将空气或氧气通入流化床中，使载体处于流化状态，污废水中的污染物与生长在填料颗粒中的微生物接触达到降解去处污染物的效果。流化床一般采用空气作为氧源，通过高于合适的通气量可使填料流化，此设备省去了回流装置。好氧生物流化床适合可生化降解的有机废水处理，主要用于有机碳化物及氨氮的去除，对各类生活污水及工业废水均有良好的处理效果。

厌氧流化床内无需通氧或通空气，此法适合于高浓度有机物的去除。污水自反应器底部进入，首先通过一个高浓度污泥床，有机物被厌氧微生物分解转化成甲烷等消化气。消化气的搅动使污水与厌氧微生物充分接触。消化气的微小气泡在上升过程中夹带着污泥上浮，在污泥床上部形成污泥悬浮层。反应器上部是固、液、气三相分离装置，上浮的污泥与分离装置的挡板碰撞后，气体分离，储集在分离装置斜板下部，然后用管道引出反应器，污泥与污水则穿过缝隙上升，在沉淀室进行泥水分离，污泥下降，沿斜板下滑至污泥床内，污水有溢流槽引出。

1.2 固定化微生物的材料

选择合适的固定化载体材料是固定化微生物技术能否成功被应用的关键。理想的固定化载体材料应该符合以下几个标准：不可被生物降解、无毒、无污染；高机械强度和化学稳定性、较好的传质性；操作程序简单、高装载量、低成本价格等。

一般将固定化载体材料分为无机材料和有机材料两大类。常用的无机材料包括沸石、黏土、无烟煤、多孔玻璃、活性炭和陶瓷等。选择无机载体来固定微生物是因为它们可以抵抗微生物降解并且具有热稳定性。无机载体大多具有多孔结构，在与微生物接触时，利用吸附作用和电荷效应把微生物固定。它的操作方法是把载体放入含有一定微生物浓度的溶液中，固定一段时间即可。但这些无机载体大多空隙较大，微生物的附着效果差，在处理污染时效率比较低下。

有机载体材料比无机载体材料丰富，包括天然聚合材料和人工合成材料两大类。几丁质衍生的氨基多糖等属于天然聚合材料。聚丙烯酰胺、聚氨酯、聚乙烯醇、树脂、海藻酸盐、角叉菜胶、琼脂、以及琼脂糖等均属于人工合成材料。两种材料各有利弊，天然聚合材料一般对生物无毒，传质性能较好，但机械强度较低，对微生物的保护性差，在厌氧条件下易被生物分解。而人工合成材料尽管机械强度较高，但传质性能较差，在进行细胞固定时对细胞活性有影响，易造成细胞失活，可控性不好。以上这些材料中，比较常用的是藻酸盐。藻酸盐最主要的一个优点是在固定微生物细胞的过程中不会发生物理化学变化，并且制备成的凝胶传质性较好，所以该材料的应用比较广泛。

1.3　固定化微生物的方法

固定化研究发展至今，已经形成了许多比较成熟的固定化方法，比较常见的几种固定方法包括：吸附法、共价结合/交联法、包埋法和包封法（微胶囊法）（图 1-1）。

图 1-1　固定方法的类型

A：吸附；B：共价结合；C：包埋法；D：包封法（微胶囊法）

吸附法是基于微生物和载体表面之间的物理作用，将微生物被动地或自然地吸附在多孔的惰性载体材料上的一种方法。这种方法是最简单的固定方法，也是可逆的。常用的吸附载体有活性炭、木屑、硅藻土、纤维素、离子交换树脂等。在微生物与基质表面之间的相互作用中，弱力包括氢键，离子键，疏水键和范德华力。影响微生物细胞吸附的因素很多（如细胞的年龄和生理状态）。细菌细胞的表面结构（鞭毛和其他附属物）、表面电荷和疏水性的相互作用也决定了细胞与载体之间的结合。此外，培养基的组成、pH 值和环境条件以及吸附剂的表面特性也会显著影响细胞的吸附。使用吸附技术固定的细胞的缺点是相互作用弱、不稳定，所以细胞与载体之间的结合不牢固、容易脱落、重现性很低。

共价结合/交联法是在结合（交联）剂存在的情况下，在活化的无机载体与细胞之间形成共价键的一种可逆的固定化方法。该方法在固定酶时是比较有效和持久，但是很少用它固定细胞。因为这种固定化方法的反应过程涉及物理或化学的作用，反应比较激烈，所以固定化之后的微生物细胞在多数情况下会有损伤、易失活。关于利用共价结合/交联法固定细胞的报道也比较少，其中大多数是固定酵母菌。Navarro 和 Durand（1977）发表了一篇文章，描述了在多孔硅珠上共价结合卡氏酵母菌的成功方式。两年后，还有另一篇关于用硼硅酸盐玻璃和氧化锆陶瓷固定酵母的方法。另外，这种方法所用的交联剂价格较贵，这也就限制了该方法的广泛应用。

包埋法是通过物理的方法将微生物细胞包埋到多孔载体内的一种不可逆转的方法。这种技术在固定化微生物周围可以形成保护屏障，确保它们在加工过程和贮存过程中延长其生存期。常用的包埋载体有琼脂、藻酸盐、角叉莱胶、纤维素及其衍生物、聚丙烯酰胺、聚乙烯醇和聚氨酯等。包埋是固定化细胞中研究应用最广泛的方法。它可以将微生物细胞包埋在具有刚性网络的多孔结构内，可以防止细胞扩散到周围介质中，同时又可以允许污染物和各种代谢产物扩散进入载体内，具有操作简便、条件适中、材料易于选择等优点。固定化颗粒尺寸与载体材料孔径比可能是最重要的参数，因为当孔隙太大时，会发生泄漏，降低负载量。海藻酸盐是包埋法中比较常用的载体材料。马尧（2010）通过试验比较了海藻酸钠包埋法和海藻酸钠吸附法的效果，发现包埋的效果要远远好于吸附的效果。Mrudula 等通过藻酸盐包埋法将 *Bacillus megaterium* MTCC 2444 固定以后增加了碱性蛋白酶的生产。

包封法（微胶囊法）是一种与包埋法类似的不可逆的固定方法。这种方法是通过将生物组分包裹在具有选择性控制渗透性的各种形式的球形半渗透膜中来实现。胶囊膜本身是半渗透性的，允许底物和营养物质自由流动。限制扩散也是微胶囊法不可避免的缺点之一。

1.4 固定化微生物的应用

固定化微生物技术自问世以来，其应用已涉及食品、化学、医药、环境保护和能源开发等领域，最有前途的研究领域之一是使用该技术通过生物降解许多有害化合物来减少环境污染。虽然固定化技术在环境领域的应用尚处于初级阶段，但迄今为止所取得的成果证明该技术在这个领域的应该还是很有前景的。

将固定化微生物技术应用于土壤污染的研究已经越来越多。中国科学院沈阳应用生态研究所尝试采用聚乙烯醇包埋土著优势菌降解含多环芳烃的污染土壤，结果表明，经过固定后的细菌和真菌对菲、芘的降解明显高于土著游离菌。Liang 等比较了使用游离降解菌和用活性炭固定的降解菌对污染土壤原油的降解，结果表明，活性炭固定的降解菌对原油的生物降解效果明显增加。固定化微生物技术在废水处理中应用也比较广泛，被处理废水的种类主要有：造纸废水、印染废水、含氮废水、含难降解污染物的有机废水、重金属废水、其他废水。例如，Loh 等（2000）利用聚砜纤维膜包埋假单胞菌处理浓度高达 1200 mg/L 的苯酚废水，发现在 95 h 内苯酚就可以被完全降解。Radwan 等将固定化细菌应用于油性海水的生物修复。也有研究者将固定在几丁质和壳聚糖薄片上的降解菌应用于对原油污染海水的生物修复中。还有研究报道应用固定化技术处理气相物质的。采用固定床反应器，以海藻酸钠包埋活性污泥处理含 NH_3臭氧，气相 NH_3去除率大于 92%。采用海酸钠包埋法通过滴滤塔反应器净化含 H_2S 气体，最大有效处理 H_2S 的体积负荷可达 6 000~6 500 g/(m^3 · d)，净化效率保持在 87%以上。

固定化微生物降解技术不仅应用领域广泛，可以处理的污染物种类也多种多样。国内外已有许多关于固定化降解多种污染物的报道。采用海藻酸钠固定化基因工程菌，使其对对硫磷的降解效率得到了较大提高。用微生物固定化处理甲醇废水，实验结果表明，固定化微生物反应器方法可用于甲醇废水的深度处理。Quek 等报道了用聚氨酯泡沫（PUF）固定化 *Rhodococcus* sp. F92 在石油烃生物修复中的应用。研究报道了经固定化的 *Bacillus lehensis* 菌株 XJU 对硝草胺的降解效果显著好于自由悬浮细胞，尤其是在不良环境条件下。通过比较固定化与游离态微生物去除原油效果发现，固定化细胞比游离细胞对酸碱环境的耐受性更好，且固定化细胞对温度变化不如游离细胞敏感，具有较好的热稳定性。将 PHB5 固定在蔗渣和海藻酸钙上并对其生物降解苯酚的效果进行了研究，结果表明游离细胞比固定在海藻酸钙和蔗渣上的细胞对温度和 pH 值更敏感。关于利用固定化技术降解其他污染物的报道还有很多，表 1-1 对其中一部分进行了总结。

表 1-1　应用固定化细胞生物降解的其他化合物

降解的物质	载体	微生物	参考文献
镉和锌	藻酸盐	*Pseudomonas fluorescens* G7	（Sarin 和 Sarin，2010）
氯乙醇	沙	*Pseudomonas putida* US2	（Overmeyer 和 Rehm，1995）
氰尿酸	颗粒状黏土	*Pseudomonas* sp. NRRL B-12228	（Ernst 和 Rehm，1995）
柴油	聚乙烯醇（PVA）	石油降解细菌	（Cunningham 等，2004）
乙苯	藻酸盐、琼脂、聚丙烯酰胺	*Pseudomonas fluorescens*-CS2	（Parameswarappa 等，2008）

续表

降解的物质	载体	微生物	参考文献
汞	藻酸盐	固氮菌（NFB）	（Tariq 和 Latif，2014）
对硝基苯酚	硅藻土	*Pseudomonas* sp.	（Hebert 等，1990）
苯酚，三氯乙烷	壳聚糖	*Pseudomonas putida* BCRc14349	（Chen 等，2007）
氰化钠和乙腈	藻酸盐	*Pseudomonas putida*	（Chapatwala 等，1995）
十二烷基硫酸钠（SDS）	聚丙烯酰胺	*Pseudomonas* sp. C12B	（Thomas 和 White，1990）
2,4,6-三硝基甲苯（TNT）	藻酸盐	*Arthrobacter* sp.	（Tope 等，2000）
2,4,6-三氯酚	k-角叉菜胶/明胶	微生物菌群	（Gardin 和 Pauss，2001）

迄今为止关于应用固定化微生物技术降解阿特拉津的报道还是比较少的。2006 年，朱鲁生等将阿特拉津降解菌 HB-5 通过海藻酸钠包埋法进行了固定并用于降解阿特拉津研究，结果表明固定化之后菌株的降解能力高于未固定菌株。也有研究者利用多孔木炭固定阿特拉津降解菌，并对土壤中阿特拉津的吸附和降解进行研究，通过比较得出，固定化之后的阿特拉津降解效率明显高于游离菌。范玉超等也通过竹炭固定研究了其对土壤中阿特拉津的降解，研究结果与孟雪梅的研究结果一致。李颖等用聚乙烯醇固定微球菌 AD3，并对其降解特性进行研究，结果表明固定化能提高了降解菌对阿特拉津的降解率，并且研究发现经过重复使用，固定化微生物依然具有较好的阿特拉津降解稳定性。刘虹等研究了低温条件下固定化微生物对水体中阿特拉津的降解效果，结果表明在最佳固定化条件下，固定化混合菌在 6 h 内降解率即达到了 99.91%，明显高于悬浮态菌体。马尧研究发现固定化提高了微生物的密集程度和生存稳定性，大大提高了其对阿特拉津降解效果。

之所以固定化微生物技术能被广泛应用到生物降解污染物领域中，是因为固定化之后的微生物细胞不仅能提高生物降解效率，还具有重复利用性和储存稳定性的优点，所以可以节省许多成本和消耗，通过实验发现 *A. tertiaricarbonis* 经固定化之后在湿润条件下表现出惊人的储存稳定性。有研究者研究了聚乙烯醇固定化 *Phanerochaete chrysosporium* 颗粒的重复利用性，结果表明其可以连续重复利用三次，并保持固定化颗粒较好的完整性。另有研究者研究了固定化细胞降解正十四烷的可重复利用性，结果显示重复使用八个循环后固定化细胞没有任何活性损失。Stringfellow 和 Alvarez-Cohen 报道了固定化细胞降解三硝基甲苯的降解速率，在头 3 个循环中还出现了一定的增长现象。Lin 等研究了固定化 *Acinetobacter* sp. XA05 和 *Sphingomonas* sp. FG03 的储存稳定性，结果显示固定化细胞储存 50 d 后保持较稳定的降解能力，相反游离细胞则几乎失活。Xu 等通过聚乙烯醇和硅藻土复合固定 *Herbaspirillum chlorophenolicum* 菌株 FA1 后研究了其生物降解芘的性能，实验结果显示该固定化细胞在 4℃储存 45 d 后依然能降解 82.4%的芘，且珠粒结构没有明显破裂或形态变化。Banerjee 等（2011）证明海藻酸盐固定化颗粒可以在 4℃储存多达 30 d 而不降低苯酚降解效率，研究还证明含有 AKG1 或 AKG2 的固定化海藻酸盐珠粒可以连续三批有效地重复使用，而对苯酚降解能力没有显著降低。

1.5　固定化菌藻的应用

由于菌藻共生具有协同作用，所以也有研究者将菌藻进行混合后固定。共固定菌藻是在固定化微生物技术的基础上改进的一种固定化方法，目前也被应用于多种领域。

严清等将固定化微生物用于去除污水中的氮磷营养盐，结果表明固定化细胞对氮磷的去除效果明显优于悬浮态，且固定化菌藻对氮磷的去除效果优于固定细菌和固定化藻类研究了固定化菌藻组合对含油污水的处理效果，发现与固定化单菌和固定化单藻相比，固定化菌藻组合的降解率更高。Mujtaba 等将小球藻和恶臭假单胞菌固定后与游离菌藻进行对比，发现其能显著提高营养物质（铵和磷酸盐）和 COD 的去除率。Liang 等发现与单一菌藻相比，小球藻和地衣芽孢杆菌的共生系统能够通过控制 pH 值而有效去除水体中的 NH_4^+和 TP。

迄今，虽然已经有关于固定化微生物降解阿特拉津的报道，但都是利用固定化单菌降解阿特拉津，关于共固定化菌藻降解阿特拉津的研究报道目前还未发现。

1.6　固定化微生物处理含氮污水的研究及应用进展

包埋法较为常用的载体有海藻酸钠和聚乙烯醇。海藻酸钠是天然高分子多糖类，对微生物无毒无害，海藻酸钠的浓度会影响固定化细胞的传质和机械强度等。凝胶化剂 $CaCl_2$溶液中的 Ca^{2+}与海藻酸钠螯合形成不溶于水的海藻酸钙凝胶，将微生物细胞包埋在凝胶内，但海藻酸钠凝胶的缺点是在磷酸盐溶液中不稳定。曹国民等采用海藻酸钠包埋硝化菌和反硝化菌组成的混菌，在好氧条件下进行间歇生物脱氮至少稳定操作 22 d，脱氮速率约为 0.11 kg/(m^3 · d)。

聚乙烯醇载体化学稳定性好、机械强度高、抗微生物分解性强、对微生物无毒、价格低廉。聚乙烯醇在加热后溶于水，与硼酸或硼砂发生化学反应形成凝胶，或者在低温下（-10℃）冷冻形成凝胶。PVA 与硼酸反应形成的凝胶为单二醇型，与硼砂反应形成双二醇型。PVA 的浓度影响胶体溶液的黏度，使底物和产物的扩散尤其是氧气传递受到影响，进而影响细胞活性，而对微生物细胞活性的影响不大。Nishio 等用 PVA 固定异养硝化/反硝化菌 *Alcaligenes faecalis* 进行脱氮研究。Vanoti 等采用 PVA 冷冻法把硝化污泥固定在 3~5 mm 的 PVA 颗粒中，用于处理猪场废水，当 HRT 为 4 h 时氨氮的硝化率为 567 mg/d。

Hisashi 等比较了聚乙烯醇和海藻酸钠两种载体材料固定化光合细菌用于净化鱼池水的效果，结果表明聚乙烯醇固定化小球的水质净化效果更佳。但聚乙烯醇与凝胶化剂硼酸反应速度慢，不易成球，且硼酸对微生物细胞有毒害作用。一些研究人员也对传统的载体成型技术进行了改进，为了提高凝胶的成球性和机械性能，常在 PVA 溶液中加入海藻酸钠。陈庆森等（2003）在聚乙烯醇中引入少量的海藻酸钠，海藻酸钠是多糖类天然高分子化合物，对微生物细胞起一定的保护作用，添加海藻酸钠可以减轻硼酸对微生物细胞的毒性作用，提高了固定化细胞的相对活性。Dave 和 Madamwar 发现 12.5% PVA 和 0.05%海藻酸钠混合制成凝胶不仅可以防止结块，而且有较强的机械性能。

此外，利用载体固定化包埋复合微生物进行生物脱氮也引起了人们的关注。Kotlar 等固定化包埋硝化和反硝化菌，研究其对氮的脱除情况。杜刚等利用聚乙烯醇和海藻酸钠固定光合细菌、枯草芽孢杆菌、放线菌、硝化和反硝化菌，用于养殖水体中脱氮，对氨氮、硝态氮的去除率分别为 85.0%和 79.3%。这些试验说明将菌群共固定处理污水可以达到较好的效果，具有一定的可行性，但应考虑投加菌之间需具备协同效应。

为实现固定化微生物载体高效去除污水中的污染物应满足以下条件：

①寻找降解或去除特定污染物的功能微生物或菌群。污水中的污染物成分复杂多样，针对主要成分或特定成分筛选功能微生物或菌群。微生物应具有处理效率高、成活率高、稳定遗传、易富集和能适应环境变化等特征；②开发高效、成本低廉和性能稳定的载体。载体需具备载体材料通透性好、与微生物结合力强、不易被微生物分解、可重复利用、使用寿命长、制备简单、操作容易、成本低廉、反应条件温和及对微生物无毒害作用等特点。③开发高效的固定化微生物反应器，力求高效处理、工艺简单、操作容易、适合自动化和连续化处理污废水的反应器。

参考文献

曹国民，赵庆祥，龚剑丽，等. 2000. 固定化微生物在好氧条件下同时硝化和反硝化［J］. 环境工程，18（5）：17-19.

陈庆国，王杏娣，刘梅，等. 2015. 固定化菌藻组合对含油污水的处理研究［J］. 安徽农业科学（13）：213-216.

陈庆森，刘建. 2003. 聚乙烯醇和海藻酸盐共固定化冰核活性细菌：黄单胞菌 TS206 的研究［J］. 微生物学报（43）：492-497.

杜刚，王京伟. 2007. 共固定化微生物对养殖水体脱氮的研究［J］. 山西大学学报（自然科学版），30（4）：550-553.

范玉超，刘文文，司友斌，等. 2011. 竹炭固定化微生物对土壤中阿特拉津的降解研究［J］. 土壤，43（6）：954-960.

李颖，李婧，温雪松，等. 2006. 聚乙烯醇固定化的微球菌 AD3 对除草剂阿特拉津的生物降解［J］. 离子交换与吸附，22（5）：416-422.

刘蕾，李杰，王亚娥. 2004. 固定化微生物技术及其在废水处理中的应用［J］. 甘肃科技，20（3）：35-36.

马尧. 2010. 高效阿特拉津降解菌的固定化方法筛选与优化［D］. 哈尔滨：东北农业大学.

孟雪梅. 2007. 多孔木炭固定化微生物对土壤中阿特拉津的吸附与降解研究［D］. 合肥：安徽农业大学.

潘辉，熊振湖，孙炜. 2006. 共固定化菌藻对市政污水中氮磷去除的研究［J］. 环境科学与技术，29（1）：14-15.

邵立明，何品晶. 1999. 固定化微生物处理含 H_2S 气体的试验研究［J］. 环境科学，20（1）：19-22.

宋志文，陈冠雄，马放. 2000. 微生物固定化处理甲醇废水的实验研究［J］. 微生物学杂志（4）：30-31.
王新，李培军，巩宗强，等. 2002. 采用固定化技术处理土壤中菲、芘污染物［J］. 环境科学，23（3）：84-87.
闫艳春，姚良同，宋晓妍，等. 2001. 工程菌及其固定化细胞对有机磷农药的降解［J］. 中国环境科学，21（5）：412-416.
严清，孙连鹏. 2009. 固定化菌藻系统及对污水中氮磷营养盐的净化效果［J］. 生态环境学报，18（6）：2086-2090.
朱鲁生，辛承友，王倩，等. 2006. 莠去津高效降解细菌 HB-5 的固定化研究［J］. 农业环境科学学报，25（5）：1271-1275.
朱柱，李和平，郑泽根. 2000. 固定化细胞技术中的载体材料及其在环境治理中的应用［J］. 土木建筑与环境工程，22（5）：95-101.
邹万生，刘良国，张景来，等. 2011. 固定化藻菌对去除珍珠蚌养殖废水氮磷的效果分析［J］. 农业环境科学学报，30（4）：720-725.
Arıca M Y, Bayramoğlu G, Yılmaz M, et al. 2004. Biosorption of Hg^{2+}, Cd^{2+}, and Zn^{2+}, by Ca-alginate and immobilized wood-rotting fungus *Funalia trogii* [J]. Journal of Hazardous Materials, 109 (1): 191-199.
Banerjee A, Ghoshal A K. 2011. Phenol degradation performance by isolated*Bacillus cereus*, immobilized in alginate [J]. International Biodeterioration & Biodegradation, 65 (7): 1052-1060.
Bao M, Chen Q, Gong Y, et al. 2013. Removal efficiency of heavy oil by free and immobilised microorganisms on laboratory - scale [J]. Canadian Journal of Chemical Engineering, 91 (1): 1-8.
Bashan L E D, Bashan Y. 2010. Immobilized microalgae for removing pollutants: review of practical aspects. [J]. Bioresource Technology, 101 (6): 1611-1627.
Cassidy M B, Lee H, Trevors J T. 1996. Environmental applications of immobilized microbial cells: A review [J]. Journal of Industrial Microbiology, 16 (2): 79-101.
Chanthamalee J, Luepromchai E. 2012. Isolation and application of Gordonia sp. JC11 for removal of boat lubricants [J]. Journal of General & Applied Microbiology, 58 (1): 19-31.
Chu Y F, Hsu C H, Soma P K, et al. 2009. Immobilization of bioluminescent Escherichia coli cells using natural and artificial fibers treated with polyethyleneimine [J]. Bioresource Technology, 100 (13): 3167.
Cohen Y. 2001. Biofiltration-the treatment of fluids by microorganisms immobilized into the filter bedding material: a review [J]. Bioresource Technology, 77 (3): 257.
Dave R and Madamwar D. 2006. Esterification in organic solvents by lipase immobilized in

polymer of PVA-alginate-boric acid [J]. Process Biochem., 41 (4): 951-955.

Devi S, Sridhar P. 2000. Production of cephamycin C in repeated batch operations from immobilized Streptomyces clavuligerus [J]. Process Biochemistry, 36 (3): 225-231.

Donlan R M, Costerton J W. 2002. Biofilms: survival mechanisms of clinically relevant microorganisms. [J]. Clinical Microbiology Reviews, 15 (2): 167.

Hisashi N, Tasako H, Kenji, et al. 1999. Treatment of aquarium water by denitrifying photosynthetic bacteria using immobilized polyvinyl alcohol beads [J]. J. biosci. Bioeng., 87 (2): 189-193.

Iza J. 1991. Fluid bed reactor for anaerobic wastewater treatment [J]. Wat. Sci. Tech., 24 (8): 109.

Junter G A, Jouenne T. 2004. Immobilized viable microbial cells: from the process to the proteome em leader or the cart before the horse [J]. Biotechnology Advances, 22 (8): 633-658.

Kilonzo P, Bergougnou M. 2014. Surface modifications for controlled and optimized cell immobilization by adsorption: Applications in fibrous bed bioreactors containing recombinant cells [J]. Journal of Microbial & Biochemical Technology, s8 (1): 22-30.

Liang Y, Zhang X, Dai D, et al. 2009. Porous biocarrier-enhanced biodegradation of crude oil contaminated soil [J]. International Biodeterioration & Biodegradation, 63 (1): 80-87.

Lin J, Gan L, Chen Z, et al. 2015. Biodegradation of tetradecane using *Acinetobacter venetianus* immobilized on bagasse [J]. Biochemical Engineering Journal, 100: 76-82.

Messing R A, Oppermann R A, Kolot F B. 1979. Pore dimensions for accumulating biomass. Ⅱ. Microbes that form spores and exhibit mycelial growth [J]. Biotechnology & Bioengineering, 21 (1): 59-67.

Mujtaba G, Rizwan M, Lee K. 2017. Removal of nutrients and COD from wastewater using symbiotic co-culture of bacterium *Pseudomonas putida* and immobilized microalga *Chlorella vulgaris* [J]. Journal of Industrial & Engineering Chemistry, 49: 145-151.

Nishio T, Yoshikura T, Mishima H, et al. 1998. Conditions for nitridication and denitrification by an immobilized heterotrophic nitrifying bacterium Alcaligenes faecalis OKK 17, Journal of Fermentation and Bioengineering [J]. 86 (4): 351-356.

Oulahal N, Brice W, Martial A, et al. 2008. Quantitative analysis of survival of Staphylococcus aureus or Listeria innocua on two types of surfaces: polypropylene and stainless steel in contact with three different dairy products [J]. Journal of Earth Sciences & Environment, 19 (2): 178-185.

Pannier A, Oehm C, Fischer A R, et al. 2010. Biodegradation of fuel oxygenates by sol-gel immobilized bacteria *Aquincola tertiaricarbonis* L108 [J]. Enzyme & Microbial Technology, 47 (6): 291-296.

Park J K, Chang H N. 2000. Microencapsulation of microbial cells. [J]. Biotechnology Advances, 18 (4): 303-319.

Quek E, Ting Y P, Tan H M. *Rhodococcus* sp. F92 immobilized on polyurethane foam shows

Radwan S S, Al-Hasan R H, Salamah S, et al. 2002. Bioremediation of oily sea water by bacteria immobilized in biofilms coating macroalgae [J]. International Biodeterioration & Biodegradation, 50 (1): 55-59.

Rahman R N, Ghaza F M, Salleh A B, et al. 2006. Biodegradation of hydrocarbon contamination by immobilized bacterial cells [J]. Journal of Microbiology, 44 (3): 354-359.

Samonin V V, Elikova E E. 2004. A study of the adsorption of bacterial cells on porous materials [J]. Microbiology, 73 (6): 696-701.

Stolarzewicz I, Bialecka-Florjańczyk E, Majewska E, et al. 2011. Immobilization of Yeast on Polymeric Supports [J]. Chemical & Biochemical Engineering Quarterly, 25 (1): 135-144.

Talabardon M, Schwitzguébel J P, Péringer P, et al. 2000. Acetic acid production from lactose by an anaerobic thermophilic coculture immobilized in a fibrous-bed bioreactor. [J]. Biotechnology Progress, 16 (6): 1008-1017.

Tam N F Y, Wong Y S. 2000. Effect of immobilized microalgal bead concentrations on wastewater nutrient removal [J]. Environmental Pollution, 107 (1): 145-151.

Ubbink J, Schär-Zammaretti P. 2007. Colloidal properties and specific interactions of bacterial surfaces [J]. Current Opinion in Colloid & Interface Science, 12 (4-5): 263-270.

Zacheus O M, Iivanainen E K, Nissinen T K, et al. 2000. Bacterial biofilm formation on polyvinyl chloride, polyethylene and stainless steel exposed to ozonated water [J]. Water Research, 34 (1): 63-70.

第 2 章　固定化菌藻对阿特拉津的降解研究

在确定了固定化微球制备的最优条件之后，通过与游离态降解菌及游离菌藻共生组合的对比，以验证固定化处理能否显著提高阿特拉津降解效率。然后分析了不同环境因子对固定化和游离态降解菌及菌藻共生组合降解阿特拉津的效果。同时，对固定化微球的储存稳定性及重复利用性进行了研究，以期为固定化处理阿特拉津污染环境的实际应用提供理论支持和科学依据。

2.1　阿特拉津降解菌的分离与鉴定

目前虽然研究工作者已经报道了多种阿特拉津降解菌，但是在阿特拉津污染修复工作中，不同的降解菌在阿特拉津污染治理中所起的作用也不同，因此高效阿特拉津降解菌的分离筛选依然是一项至关重要的工作。本研究从国内 2 个省份的农药厂采集被阿特拉津污染的土样及废水，通过在实验室富集驯化，分离筛选出阿特拉津高效降解菌，为进一步深入研究奠定基础。

2.1.1　材料与方法

2.1.1.1　实验材料

（1）样品的采集

分别采集河北某农药厂办公区的土样一份（简称 CT），排污河中的废水一份（简称 CS）；天津某农药厂门口的土样一份（简称 TT），排污口的土样一份（简称 TPT），排污口的废水一份（简称 TS），共 5 种样品，作为供试样品。将所有样品筛分（5.0 mm 筛目）以除去石块和植物残渣，然后在 4℃下储存在塑料袋中备用。

（2）试剂

（A）阿特拉津标准样品和97%阿特拉津原药，购自北京百灵威科技有限公司。将97%阿特拉津原药配制成10000 mg/L的甲醇母液。所用甲醇为色谱纯，为西陇科学股份有限公司产品。

（B）革兰氏染色剂：

①草酸铵结晶紫混合液

甲液：结晶紫（含染料90%以上）2 g，乙醇（95%）20 mL。

乙液：草酸铵0.8 g，蒸馏水80 mL。

将甲、乙两液充分溶解后相混合，静置48 h后，过滤使用。

②革兰氏碘液（碘液）

碘1 g，碘化钾2 g，蒸馏水300 mL。

配制时，先将碘化钾溶于5~10 mL的蒸馏水中，再加入1 g碘，使其全部溶解后加水定容至300 mL（钱存柔等，2008）。

③番红复染液

2.5%番红的乙醇溶液10 mL，蒸馏水100 mL，二者混合过滤。

（C）甲基红试剂（M-R试验试剂）：甲基红0.1 g；乙醇（95%）300 mL；H_2O 200 mL。

（D）硝酸盐还原试剂：A液：对氨基苯磺酸0.5 g，溶于10%稀醋酸150 mL。

B液：α-萘胺0.1 g溶于150 mL 10%稀醋酸中，用20 mL蒸馏水稀释。

（E）二苯胺试剂：二苯胺0.5 g溶于100 mL浓硫酸中，用20 mL蒸馏水稀释。

（F）吲哚试剂：对二甲基氨基苯甲醛1 g，95%乙醇95 mL，浓盐酸20 mL。

（G）甲基红试剂：对二甲基氨基苯甲醛1 g，95%乙醇95 mL，浓盐酸20 mL。

（H）5% α-萘酚溶液：α-萘酚5 g，无水乙醇定容至100 mL。

（I）40% KOH溶液：KOH 40 g，蒸馏水定容至100 mL。

（J）1%盐酸二甲基对苯撑二胺水溶液：盐酸二甲基对苯撑二胺1 g，蒸馏水定容至100 mL，避光冷藏。

（K）格利斯（Gress）试剂A液：对氨基苯磺酸0.5 g，稀醋酸（10%）150 mL；B液：α-萘胺0.1 g，稀醋酸（10%）150 mL，H_2O 20 mL。

（L）Zinzadze 试剂：Ⅰ液，1.6 g 钼酸铵溶于 12 mL 水，稀醋酸（10%）150 mL。Ⅱ液，4 mL 浓盐酸、1 mL 液体汞和 8 mL Ⅰ液混合均匀，摇动 30 min。20 mL 浓硫酸和Ⅱ液加到剩余的Ⅰ液中，冷却后用水稀释到 100 mL。

（3）主要仪器

电子分析天平 FA2204N，上海菁海仪器有限公司

精密 pH 值计 LE438，美国 Mettleter-toledo

全自动高压灭菌器 MLS-3750，日本 SANYO

PVC clean bench 超净工作台，日本 HITA CHI

ZHJH-C1112C 超净工作台，上海智城分析仪器制造有限公司

新佳 150A 生化培养箱，上海谷宁仪器有限公司

BPC-250F 生化培养箱，上海一恒科学仪器有限公司

恒温振荡器 DLHR-2802，北京东联哈尔仪器制造有限公司

恒温振荡培养器 Innova 4340，美国 New Brunswick Scientific

UV-1800PC 紫外分光光度计，上海美普达仪器有限公司

超微量紫外分光光度计 ND5000，北京百泰克生物技术有限公司

DK-8D 型电热恒温水槽，上海右一仪器有限公司

电热恒温水浴槽 HW·SY21-K，北京长风仪器仪表有限公司

高速冷冻离心机 Sigma3-18K，德国 Sigma

Sigma 1-4 小型台式离心机，德国 Sigma

电泳仪 DYY-5，北京市六一仪器厂

Perkin Elmer GeneAmp 9600 PCR 仪，美国 ABI

HP1050 型高效液相色谱仪，美国 Agilent

凝胶成像系统 GELDOC，美国 BIO-RAD

光学显微镜 BX51，日本 OLYMPUS

涡旋混合器 G-560E，美国 Scientific Industries

扫描电镜 S-570，日本 HITA-CHI

（4）培养基

LB 培养基：胰蛋白胨 10 g、酵母粉 5 g、NaCl 10 g，蒸馏水定容至 1L，调节 pH 值至 7.0。在 121℃条件下灭菌 30 min。

无机盐基础培养基（mm）：NaCl 1.0 g、K_2HPO_4 1.5 g、KH_2PO_4 0.5 g、Mg_2SO_4 0.2 g，蒸馏水定容至 1 L，调节 pH 值至 7.0，121℃条件下灭菌 30 min。

葡萄糖发酵试验培养基：蛋白胨 10 g，NaCl 5 g，葡萄糖 10 g，蒸馏水 1 000 mL，pH 值 7.4。121℃灭菌 30 min。

蔗糖发酵试验培养基：蛋白胨 10 g，NaCl 5 g，蔗糖 10 g，蒸馏水 1 000 mL，pH 值 7.4。121℃灭菌 30 min。

乳糖发酵试验培养基：蛋白胨 10 g，NaCl 5 g，乳糖 10 g，蒸馏水 1 000 mL，pH 值 7.4。121℃灭菌 30 min。

吲哚试验培养基：NaCl 1.0 g、K_2HPO_4 1.5 g、KH_2PO_4 0.5g、Mg_2SO_4 0.2 g、NH_4NO_3 1 g、蛋白胨 10 g。蒸馏水 1 000 mL，pH 值 7.0。121℃灭菌 30 min。

柠檬酸盐利用培养基：柠檬酸钠 2 g，K_2HPO_4 0.5 g，NH_4NO_3 2 g，蒸馏水 1 000 mL，琼脂 20 g，pH 值 6.8~7.0。加入指示剂（1%溴百里酚蓝酒精溶液 10 mL 或者 0.04%苯酚红 10 mL）。分装试管，121℃灭菌 30 min，摆斜面。

葡糖糖蛋白胨培养基（用于 MR 和 VP 试验）：葡萄糖 5 g，蛋白胨 5 g，K_2HPO_4 5 g，蒸馏水 1 000 mL，pH 值 7.2~7.4。121℃灭菌 30 min。

硝酸盐还原试验培养基：蛋白胨 10 g，NaCl 5 g，KNO_3 2 g，蒸馏水 1 000 mL，pH 值 7.4，121℃灭菌 30 min。

肉膏蛋白胨液体培养基（用于产氨试验）：牛肉膏 5 g，蛋白胨 10 g，NaCl 5 g，蒸馏水 1 000 mL，pH 值 7.2，121℃灭菌 30 min。

脂酶培养基：蛋白胨 10 g，NaCl 5 g，$CaCl_2 \cdot 7H_2O$ 0.1 g，琼脂 20 g，蒸馏水 1 000 mL，pH 值 7.4，121℃灭菌 30 min。

柠檬酸铁铵半固体培养基（用于产生 H_2S 试验）：蛋白胨 20 g，NaCl 5 g，柠檬酸铁铵 0.5 g，硫代硫酸钠（$Na_2S_2O_3 \cdot 5H_2O$）0.5 g，琼脂 8 g，蒸馏水 1 000 mL，pH 值 7.4。121℃灭菌 30 min。

明胶液化培养基：蛋白胨 5 g，明胶 120 g，水 1 000 mL，琼脂 20 g，pH 值 7.2~7.4。121℃灭菌 30 min。

2.1.1.2 实验方法

（1）阿特拉津降解菌的分离与纯化

本研究采用两种方法筛选与分离阿特拉津降解菌。

方法一：直接分离法

在 250 mL 三角瓶中加入 90 mL 无菌水，取 10 mL 阿特拉津废水或 10 g 污染土样于三角瓶中，每个样品设 3 次重复，在摇床中 30℃，150 rpm 振荡培养 1 h，然后分别稀释到 10^{-2}、10^{-3}、10^{-4}和 10^{-5}浓度，各取 0.1 mL 稀释液涂在含有 200 mg/L 阿特拉津的 LB 固体平板上，30℃培养 5 d。培养结束后，挑取 LB 固体平板上菌落形态和颜色不一样的单菌落，在 LB 平板上连续划线纯化培养，得到纯化菌株。

方法二：高浓度阿特拉津富集驯化分离法

在无菌条件下取 10 mL 阿特拉津废水水样或 10 g 污染土壤样品加入含有 50 mg/L 阿特拉津的无机盐基础培养基（mm）中驯化培养，每个样品 6 次重复，30℃、150 rpm 振荡培养 7 d。然后取 10 mL 培养液接种到 100 mL 新鲜的培养基中，并逐渐增加培养基中阿特拉津浓度（第一次从 50 mg/L 增加到 100 mg/L，第二次从 100 mg/L 增加到 200 mg/L，其余每次都逐渐增加 100 mg/L）。按相同的富集培养方式培养，直至培养基中阿特拉津浓度增加到 1 000 mg/L，驯化结束。同时将所有浓度的富集培养物分别稀释到 10^{-1}、10^{-2}、10^{-3}、10^{-4}、10^{-5}、10^{-6}、10^{-7}、10^{-8}浓度，各取 0.1 mL 稀释液分别涂布于含有相应阿特拉津浓度的 LB 固体平板上，30℃培养 5 d。培养结束后，挑取 LB 固体平板上菌落形态和颜色不一样的单菌落，在 LB 平板上连续划线纯化培养，得到纯化菌株。

（2）阿特拉津高效降解菌的筛选

将分离纯化得到的菌株分别接种到 LB 液体培养基中 30℃过夜培养。将培养液以 5 000 rpm 离心 3 min 收集菌体，用无菌水重复洗涤两次。接种 1 mL 菌悬液到含 50 mg/L 阿特拉津的 50 mL 无机盐基础培养基（MM）中，30℃、150 rpm 培养 7 d。用高效液相色谱法定量分析各样品中阿特拉津的残留浓度，并计算降解率，从中筛选出高效阿特拉津降解菌。

（3）阿特拉津浓度的测定和降解率的计算

将培养液与二氯甲烷以 1：2 的比例混合萃取 3 次，合并有机相。将合并的有机萃取液放入圆底烧瓶中，用旋转蒸发仪将液体浓缩并蒸发至干，最后用色谱纯的甲醇溶液调节体积。之后将样品通过 0.22 μm 尼龙膜过滤，并装入进样瓶中备用。

采用 HP1050 型高效液相色谱（HPLC）仪检测阿特拉津浓度。阿特拉津检测的液相条件如下：反相 C18 色谱柱：4.6 mm×250 mm，5 μm，流动相配比为甲醇：水＝70：30（v/v），流速：0.8 mL/min，可变波长紫外检测器，检测波长为 225 nm，柱温：40℃，进样量：10 μL。

根据 HPLC 测定的结果，计算阿特拉津的降解率，计算公式如下：

$$X = (C_{CK} - C_X) / C_{CK} \times 100\% \tag{2-1}$$

式2-1中：X为阿特拉津的降解率（%）；C_x为阿特拉津的终浓度（mg/L）；C_{ck}为阿特拉津的初始浓度（mg/L）。

（4）高效阿特拉津降解菌的鉴定

①形态学特征

菌落形态：将降解菌在LB培养基上采用平板划线法接种，30℃恒温培养2~5 d后，观察单个菌落的颜色、形状、大小、透明度、边缘和表面等。

菌体形态：革兰氏染色后于Olympus BX51光学显微镜下观察菌体形态并拍照；深紫色为革兰氏阳性细菌；红色为革兰氏阴性细菌。同时利用扫描电镜对细菌菌体形态进一步观察并拍照。

②生理生化特征

生理生化特征鉴定实验方法参照《常见细菌系统鉴定手册》和《微生物学实验教程（第2版）》进行。

A. 葡萄糖发酵试验：将灭菌的杜氏小管倒扣于灭菌的装有葡萄糖发酵试验培养基的试管中（要保证杜氏小管中无气泡），然后分别接种待测菌株CS3、100TPT1、TT3于3支试管中，置于30℃恒温培养箱中培养。每个菌株做3个重复。另保留3支无菌不接种的培养基试管作为对照。每天观察并记录实验结果。如果不能分解葡萄糖，指示剂不变色，即不产酸也不产气，用“-”表示。如果溴甲酚紫指示剂由紫色变为黄色，且杜氏小管内有气泡产生，则产酸又产气，用“⊕”表示，如果仅指示剂变色，杜氏小管内无气泡产生，则只产酸不产气，用“+”表示。

B. 蔗糖发酵试验：将灭菌的杜氏小管倒扣于灭菌的装有蔗糖发酵试验培养基的试管中（要保证杜氏小管中无气泡），然后分别接种待测菌株CS3、100TPT1、TT3于3支试管中，置于30℃恒温培养箱中培养。每个菌株做3个重复。另保留3支无菌不接种的培养基试管作为对照。每天观察并记录实验结果。如果不能分解蔗糖，指示剂不变色，即不产酸也不产气，用“-”表示。如果溴甲酚紫指示剂由紫色变为黄色，且杜氏小管内有气泡产生，则产酸又产气，用“⊕”表示，如果仅指示剂变色，杜氏小管内无气泡产生，则只产酸不产气，用“+”表示。

C. 乳糖发酵试验：将灭菌的杜氏小管倒扣于灭菌的装有乳糖发酵试验培养基的试管中（要保证杜氏小管中无气泡），然后分别接种待测菌株CS3、100TPT1、TT3于3支试管中，置于30℃恒温培养箱中培养。每个菌株做3

个重复。另保留 3 支无菌不接种的培养基试管作为对照。每天观察并记录实验结果。如果不能分解乳糖，指示剂不变色，即不产酸也不产气，用“-”表示。如果溴甲酚紫指示剂由紫色变为黄色，且杜氏小管内有气泡产生，则产酸又产气，用“⊕”表示，如果仅指示剂变色，杜氏小管内无气泡产生，则只产酸不产气，用“+”表示。

D. 淀粉水解：将新鲜待测菌种在淀粉水解试验培养基平板上点种，适温培养 2~5 d，待形成明显的菌落后，分别在平板上滴加少量革兰氏碘液，轻轻旋转，使碘液均匀铺满整个平板，平板呈蓝色，而菌落周围如有无色透明圈出现，说明淀粉已被水解，称淀粉水解试验为阳性。透明圈的大小一般说明该菌水解淀粉能力的大小。每个菌株做 3 个重复。

E. 吲哚试验：将待测菌株接种于装有吲哚试验培养基的 3 支试管中，于适温培养。每个菌株做 3 个重复。另保留 3 支无菌不接种的培养基试管作为对照。观察结果时，在培养液中加 1 mL 乙醚，充分振荡，使吲哚溶于乙醚中，静置片刻，待乙醚层浮于培养液上面呈明显的乙醚层时，沿管壁慢慢加入吲哚试剂 10 滴。如吲哚存在，则乙醚层呈现玫瑰红色，记为阳性。

F. 过氧化氢酶（接触酶）试验：用牙签挑取培养 24 h 的菌落，涂在已滴有 3% H_2O_2的玻片上，若产生气泡则为阳性，若无气泡则为阴性。每个菌株做 3 个重复。

G. 底物利用试验：所用碳源包括：L-谷氨酸、组氨酸、L-半胱氨酸、甘氨酸、L-精氨酸、L-天门冬酰胺、L-天冬素、L-酪氨酸、D-果糖、D-半乳糖、D-阿拉伯糖、D-棉籽糖、D-纤维二糖、D-甘露糖、D-山梨醇、L-阿拉伯糖、海藻糖、鼠李糖、麦芽糖。

配制基础无机盐培养基，加入 1%（w/v）上述碳源，调 pH 值致 7.0，适温培养 10 d 以上，测定 OD_{600}，确定是否生长。与空白对照（不接菌）相比，光吸收值大于 2 倍，为阳性；介于 1~2，为微弱利用；其余为阴性。使用 pH 计测定菌液的 pH 值变化值。每个菌株做 3 个重复。

H. 柠檬酸盐利用试验：在柠檬酸盐利用培养基上划线接种，适温培养 3~7 d，观察柠檬酸盐培养基上有无细菌生长和是否变色。指示剂变成蓝色（溴百里酚蓝指示剂）或桃红色（苯酚红指示剂）者表示可利用柠檬酸盐，此反应为阳性，呈绿色或者黄色则为阴性。每个菌株做 3 个重复。

I. 甲基红（M-R）试验：分别接种待测菌株于装有葡萄糖蛋白胨培养基的试管中。每个菌株做 3 个重复。另保留 3 支无菌不接种的培养基试管作为对照。置于适温培养一定时间。观察记录结果时，沿管壁加入甲基红（MR）试剂 3~4 滴，培养基变红者为阳性反应，变黄色者为阴性反应。

J. 伏-普（V-P）反应：分别接种待测菌株于装有葡萄糖蛋白胨培养基的试管中。每个菌株做 3 个重复。另保留 3 支无菌不接种的培养基试管作为对照。置于适温培养一定时间。观察记录结果时，在培养液中加入 40% KOH 溶液 1~2 滴，再加入等量的 5% α-萘酚溶液。拔去管盖，用力振荡，再放入 30℃温箱中保温 15~30 min（或在沸水浴中加热 1~2 min）。如培养液呈红色者为 V-P 阳性反应。有时需要放置更长时间才出现红色反应。

K. 硝酸盐还原：将待测细菌接种于硝酸盐液体培养基中，适温培养 5 d。每个菌株做 3 个重复。另保留 3 支无菌不接种的培养基试管作为对照。取 3 支干净的空试管，倒入少许培养液，再各加入一滴 Gress 试剂 A 液和 B 液，在对照管中做同样处理。

当培养液中滴入 A、B 液后，如果溶液变为粉红色、玫瑰红色、橙色或棕色等均表示亚硝酸盐存在，为硝酸盐还原阳性；如不变色，则可加入 1~2 滴二苯胺试剂，此时如呈现蓝色反应，则表示培养液中仍有硝酸盐，而无亚硝酸盐反应，表示无硝酸盐还原作用，为硝酸盐还原阴性；如不呈现蓝色反应，表示硝酸盐和形成的亚硝酸盐都已还原成其他物质，故仍应按硝酸盐还原阳性处理。

L. 产氨试验：将待测菌株接种于装有肉膏蛋白胨液体培养基的 3 支试管中，于适温培养。另保留 3 支无菌不接种的培养基试管作为对照。观察结果时，在培养液中加 3~5 滴氨试剂，如出现黄色（或者红棕色）沉淀者为阳性反应。每个菌株做 3 个重复。在未接种的无菌培养基中加入氨试剂后，应无黄色（或者红棕色）沉淀出现。

M. 使终浓度为 1%，倒平板冷却备用。采用点种法接种于平板，于适温培养。若菌株是脂肪酶产生菌，则至少在一种添加 Tween 的平板上，菌落周围有白色晕圈出现，记为阳性，否则为阴性。每个菌株做 3 个重复。

N. 产 H_2S 试验：取 3 支装有已灭菌的柠檬酸铁铵半固体培养基的试管，将待测菌株分别穿刺接种，于适温培养。观察结果时，若穿刺线上或试管底部变黑为阳性反应。同时注意观察接种线周围有无向外扩展情况。如有，则表明该菌具有运动能力。每个菌株做 3 个重复。

O. 氧化酶试验：配制 1%的盐酸二甲基对苯撑二胺（或盐酸对氨基二甲基苯胺）溶液，在一个干净的培养皿中放一张滤纸，在滤纸上滴加上述溶液，再滴加等量 1% α-萘酚乙醇溶液，使其湿润（不可过湿），用牙签或玻璃棒挑取新鲜菌苔涂抹在湿滤纸上。若在 10 s 内菌苔变蓝为阳性，60 s 以上出现蓝色不计，按阴性处理。每个菌株做 3 个重复。

③基因型特征—16S rRNA 基因序列分析

A. 细菌基因组 DNA 的提取

3 株细菌菌株基因组 DNA 的提取按照 EasyPure® Bacteria Genomic DNA Kit（北京全式金生物技术有限公司）的说明书进行。具体操作步骤如下：

a. Gram-positive Bactteria 裂解：

• 取过夜培养的革兰氏阳性细菌 1 mL，12 000 rpm 离心 1 min，弃上清。

• 先用 500 μL70%乙醇重悬，冰浴 20 min 后 10 000 rpm 离心 1 min，弃上清。然后向菌体中加入 RB11 200 μL（含有 4 mg 溶菌酶）重悬，37℃振荡孵育不低于 60 min（注意当菌量较多时延长孵育至 3 h），10 000 rpm 离心 1 min，弃上清。

• 加入 100 μL 的 LB11 和 20 μL 蛋白酶 K，振荡至菌体彻底悬浮。

• 55℃孵育 15 min（此时溶液应呈清亮状，如果此时溶液未呈清亮状，可延长孵育时间至 30 min，每隔 5 min 摇匀一次）。

b. 加入 20 μL RNase A 混匀静置 2 min。然后加入 400 μL BB11（加入前请先检查是否加入无水乙醇）涡旋 30 s（可能会产生白色絮状沉淀或者透明胶状物，但不影响基因组 DNA 的提取）。

c. 将全部的溶液加入离心柱中 12 000 rpm 离心 30 s，弃流出液。

d. 加入 500 μL CB11，12 000 rpm 离心 30 s，弃流出液。

e. 重复步骤“d”一次。

f. 加入 500 μL 的 WB11（加入前先检查是否加入无水乙醇），12 000 rpm 离心 30 s，弃流出液。

g. 重复步骤“f”一次。

h. 12 000 rpm 离心 2 min，彻底除去残留的 WB11。

i. 将离心柱置于干净的离心管中，在柱中央加入 80 μL 灭菌的去离子水（pH 值>7.0），室温静置 2 min，12 000 rpm 离心 1 min，洗脱 DNA。

j. 重复步骤“i”一次。洗脱的 DNA 于-20℃保存。

B. 16S rRNA 基因序列片段的 PCR 扩增

PCR 扩增引物为通用引物：正向引物 27F：5′-AGAGTTTGATCCTGGCT-

CAG-3′

反向引物 1492R：5′-GGTTACCTTGTTACGACTT-3′

引物由上海生工生物工程股份有限公司合成。

PCR 扩增体系：

试剂	体积（μL）	试剂	体积（μL）
基因组 DNA 模板	2	2×EasyTaq SuperMix	25
27F（10μM）	2	ddH_20	19
1492R（10μM）	2	总体积	50

PCR 扩增条件：

95℃ 2 min→95 ℃ 30 sec→58℃ 30 sec→72℃ 90 sec→72℃ 10 min（95 ℃ 30 sec→58℃ 30 sec→72℃ 90 sec：35 循环）

C. 测序

扩增后，使用 1%琼脂糖凝胶电泳检测扩增产物大小并用北京全式金生物技术有限公司的 EasyPure Quick Gel Extraction Kit 试剂盒纯化 PCR 产物。纯化后的 PCR 产物由生工生物（上海）工程股份有限公司进行测序。

D. 16S rRNA 基因序列比对和系统发育的构建

测序后，通过 NCBI 网站上的 BLAST 程序（https://blast. ncbi. nlm. nih. gov/Blast. cgi）将菌株 16S rRNA 基因序列与 GeneBank 数据库中的已知序列进行比对，得出相似性。使用 MEGA 6.0 软件（Tamura 等，2013）中的 Neighbor-Joining 法对菌株的 16S rRNA 基因序列进行聚类分析，并构建系统进化树，用 Bootstrap 值进行检验，并重复 1 000 次。

④菌株 TT3 的化学分类特征

以 *Citricoccus zhacaiensis* 菌株 FS24（购自中国普通微生物菌种保藏管理中心）作为参比菌株，进行以下几项化学分类特征试验鉴定。

A. 全细胞脂肪酸测定

将菌株 TT3 和 FS24 的新鲜菌体冷冻干燥后，送往中国农业微生物菌种保藏中心进行测定。使用美国 MIDI 公司的微生物脂肪酸快速鉴定系统（Kroppenstedt，1985；Meier 等，1993）对菌株 TT3 进行菌体细胞脂肪酸成分分析。

B. 极性脂成分分析

采用氯仿甲醇提取法及二维薄层色谱检测法对菌株 TT3 和 FS24 的极性脂成分进行分析。具体步骤如下：

- 总抽提

- 取 200 mL 待测菌液，12 000 rpm 离心收集菌体，灭菌的去离子水洗涤菌体，12 000 rpm 离心弃上清；

- 将菌体悬浮于灭菌的 20 mL 去离子水中，加入 20 mL 氯仿、40 mL 甲醇，抽提 4 h；

- 将抽提物用滤纸过滤，将滤除液置于 250 mL 三角瓶中，加入 20 mL 灭菌去离子水和 20 mL 氯仿，混合均匀后，转入分液漏斗，4℃条件下静置分层；

- 收集下层氯仿相，于旋转蒸发器上减压蒸发（水浴温度不宜超过 36℃）至获得干燥的总脂样品；

- 取 0.5 mL 氯仿溶解的总脂样品于 4℃条件下 12 000 rpm 离心 10 min，取上清，置于 4℃冰箱保存备用。

C. 薄层层析

用毛细管在硅胶板上点样。单向展开剂为氯仿：甲醇：冰醋酸：水 = 85：22.5：10：4。第一向展层剂为氯仿：甲醇：水 = 65：25：4，第二向为氯仿：甲醇：冰醋酸：水 = 80：12：15：4。磷脂检测用 Zinzadze 试剂，室温放置 5 min，磷脂成分显蓝色。糖脂检测用 0.5% α-萘酚（溶于 1：1 的甲醇-水溶液中）和浓硫酸-乙醇（1：1）试剂先后喷雾，在 150℃烘烤 10 min，糖脂显紫色，其他为棕色。

D. 呼吸醌成分分析

用氯仿甲醇提取法及高效液相色谱法检（Collins 等，1977；Groth 等，1997）测菌株 TT3 和 FS24 的呼吸醌组成。具体步骤如下：

- 取 100 mg 冷冻干燥的菌体，加入 40 mL 氯仿：甲醇 = 2：1 的溶液，密封。置于磁力搅拌器上，于黑暗处搅拌过夜；

- 黑暗避光处用滤纸过滤；

- 收集滤液，用旋转蒸发仪减压蒸发至干（40℃）；

- 用少量氯仿：甲醇 = 2：1（v/v）的溶液（1 mL）溶解干燥物，长条状点样于硅胶板上，以正己烷：乙醚 = 34：6（v/v）作展层剂；

- 取出风干后于 254 nm 紫外灯下观察。Rf = 0.8，在绿色荧光背景下呈暗褐色的带为甲基萘醌的位置，Rf = 0.4～0.5 的位置呈暗褐色的带为泛醌组分；

- 刮下 Rf = 0.8 位置的带，用 1 mL 氯仿将其溶解，并用 0.22 μm 的滤器过滤以去除硅胶，收集滤液，置于 4℃ 条件下的黑暗处保存备用，作为 HPLC 分析的样品；
- HPLC 测定条件为：反相 C18 色谱柱，流动相配比为乙腈：异丙醇 = 2∶1.2（v/v），检测波长为 270 nm，柱温：40℃。

2.1.2 结果与分析

2.1.2.1 高效阿特拉津降解菌的分离与筛选

经初步富集分离，筛选出能够在含阿特拉津的 LB 平板上生长的细菌一共 86 株，其中直接分离法得到 17 株，高浓度驯化法得到 69 株。为了进一步考察分离得到的纯化菌株是否具有降解阿特拉津的能力，需要通过进一步实验验证这些菌株对阿特拉津的降解效果，并从中筛选出具有高效阿特拉津降解效果的菌株，为下一步实验提供材料。

经过 3 次重复验证，本研究从富集纯化的 86 株细菌中筛选出 24 株具有阿特拉津降解能力的菌株，其中有 3 株为高效阿特拉津降解菌，分别命名为 TT3、CS3 和 100TPT1，这 3 株细菌 5 d 后对阿特拉津的降解率均高达 99%以上（表 2-1），而且这 3 株菌在加有阿特拉津的固体 LB 固体平板上均出现了透明降解圈（图 2-1）。因此，可以确定这 3 株为阿特拉律高效降解菌。其余菌株虽具有阿特拉津降解能力，但对阿特拉津的降解效果都不是很好，对阿特拉津的降解率均低于 50%（表 2-1）。因此选取 TT3、CS3 和 100TPT1 这 3 株高效阿特拉津降解菌进行下一步研究。

表 2-1 阿特拉津高效降解菌的筛选结果

菌株名称	阿特拉津降解率（%）	菌株名称	阿特拉津降解率（%）
TT3	99.97	GCS5	25.03
CS3	99.72	100TPT3	47.87
100TPT1	99.58	100TT2	49.21
ZCT2	30.88	100TT3	67.36
GTT1	38.66	100TS1	18.90

续表

菌株名称	阿特拉津降解率（%）	菌株名称	阿特拉津降解率（%）
GCT1	49.16	100CT3	18.78
GCT2	15.39	100CT4	11.18
GCT3	11.58	100CS1	11.97
GCT4	23.47	50TS3	15.27
GCS1	43.45	50TPT8	18.24
GCS2	12.15	100TT1	47.51
GCS4	10.37	50CT11	14.31

2.1.2.2　高效阿特拉津降解菌的形态特征

将 3 株阿特拉津高效降解菌（TT3、CS3 和 100TPT1）接种在含有 200 mg/L 阿特拉津的固体 LB 平板上，30℃ 恒温培养 2 d 后，观察菌株的菌落特征（图 2-1）。

由图 2-1、图 2-3 和图 2-4 可知，菌株 TT3 和菌株 100TPT1 的菌落特征和菌体特征非常相似，在 LB 培养基上菌落特征为圆形黄色菌落，表面光滑，边缘整齐，中部凸起。革兰氏染色结果显示均为革兰氏阳性菌，幼龄菌体均为长杆状，老龄菌体为球形或短杆状。菌株 TT3 在 LB 培养基上菌落特征为圆形淡黄色菌落，表面光滑，边缘整齐，中部凸起。革兰氏染色结果显示为革兰氏阳性菌，菌体为球形。

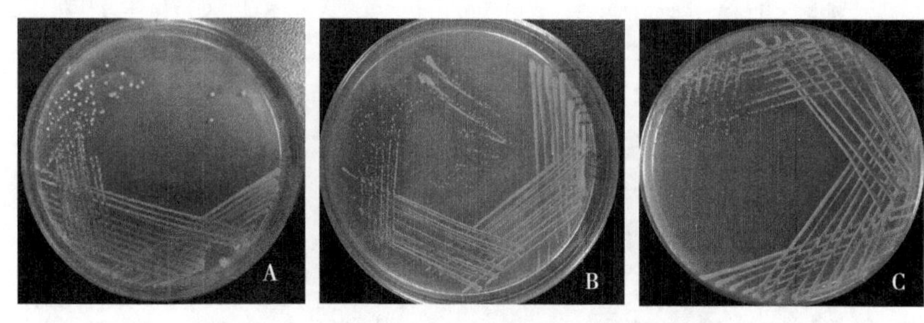

图 2-1　三株高效阿特拉津降解菌的菌落特征

注：A：菌株 TT3；B：菌株 100TPT1；C：菌株 CS3

将 3 株阿特拉津高效降解菌（TT3、CS3 和 100TPT1）接种在液体 LB 中，37℃ 恒温振荡培养 2 d，对其进行革兰氏染色，并使用光学显微镜 BX51

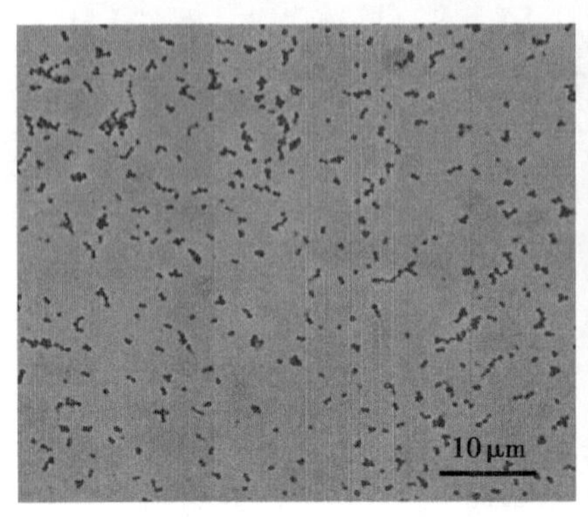

图 2-2　菌株 TT3 的菌体特征

注：A：显微镜照片，放大倍数 1 000 倍；B：扫描电镜照片，放大倍数 10 000 倍

观察 3 种菌的菌体形态，同时通过 Hitachi S-750 扫描电镜观察培养 2 d 后的菌体形态特征，如图 2-2，图 2-3，图 2-4 所示。菌株形态特征描述如表 2-2 所示。

表 2-2　三株高效阿特拉津降解菌菌株形态特征

菌株	菌落特征	菌体特征
TT3	圆形、直径 1~2 mm，淡黄色、不透明、表面光滑、边缘整齐、凸起	球菌，革兰氏阳性菌，球形
CS3	圆形、直径 1~2 mm，黄色、表面光滑、不透明、边缘整齐、凸起	革兰氏阳性菌，幼龄菌体为杆状，老龄菌体为球形或短杆状
100TPT1	圆形，直径 1~2 mm，黄色、表面光滑、不透明、边缘整齐、凸起	革兰氏阳性菌，幼龄菌体为杆状，老龄菌体为球形或短杆状

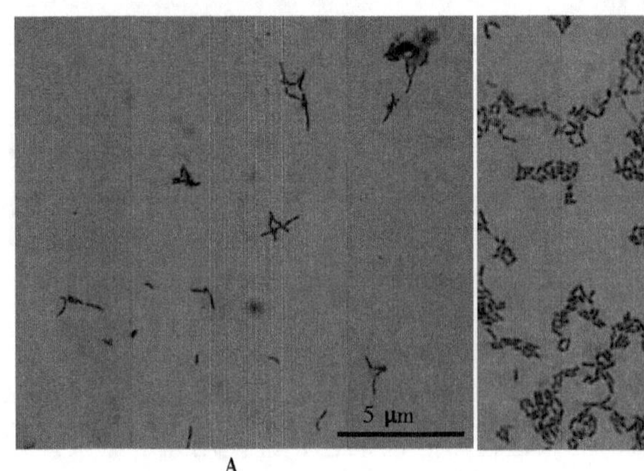

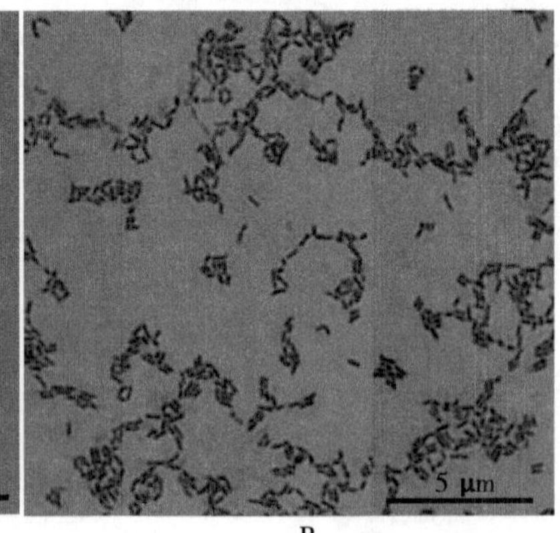

A　　B

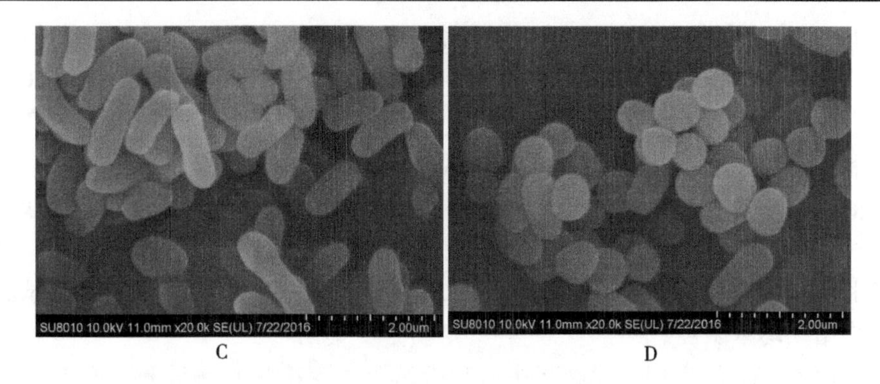

图 2-3　菌株 CS3 的菌体特征

注：A：幼龄菌体的显微镜照片，放大倍数 1 000 倍；B：老龄菌体的显微镜照片，放大倍数 1 000倍；C：幼龄菌体的扫描电镜照片，放大倍数 20 000 倍；D：老龄菌体的扫描电镜照片，放大倍数 20 000 倍。

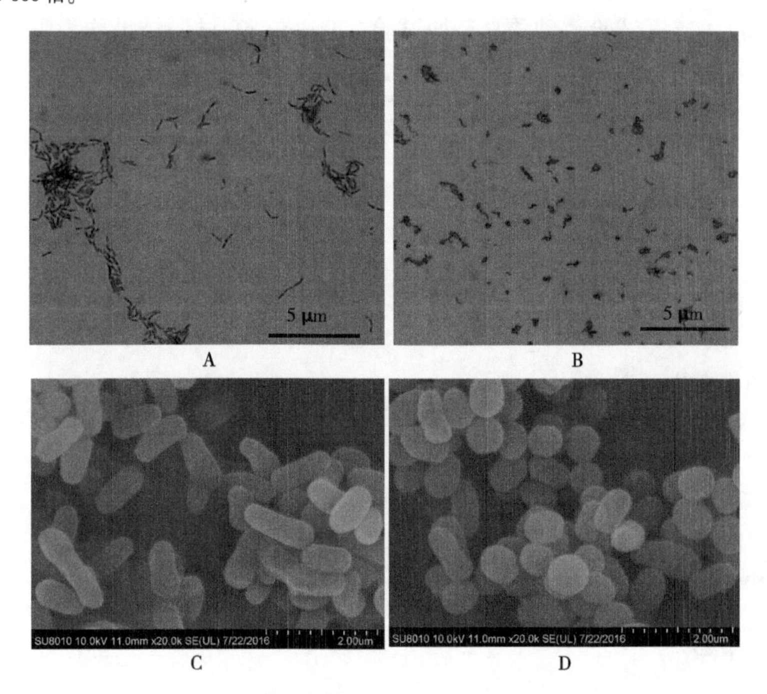

图 2-4　菌株 100TPT1 的菌体特征

注：A：幼龄菌体的显微镜照片，放大倍数 1 000 倍；B：老龄菌体的显微镜照片，放大倍数 1 000倍；C：幼龄菌体的扫描电镜照片，放大倍数 20 000 倍；D：老龄菌体的扫描电镜照片，放大倍数 20 000倍。

2.1.2.3 高效阿特拉津降解菌的生理生化特征

生理生化特征鉴定结果如表 2-3 所示。由表 2-3 可以发现，菌株 CS3 和菌株 100TPT1 在生理生化特征结果上反应一致。其中接触酶试验、产氨试验、葡萄糖产酸试验、Tweens 20 试验为阳性反应；其余的吲哚试验、淀粉酶水解试验、产 H_2S 试验、柠檬酸盐利用试验、甲基红试验、硝酸盐还原试验、V-P 试验、葡萄糖产气试验、蔗糖产气试验、乳糖产气试验、蔗糖利用试验、乳糖利用试验、氧化酶试验、Tweens 60 试验、Tweens 80 试验反应结果均呈阴性。

菌株 TT3 的生理生化结果中，吲哚试验、淀粉酶水解试验、产 H_2S 试验、柠檬酸盐利用试验、甲基红试验、V-P 试验、葡萄糖产酸试验、葡萄糖产气试验、葡萄糖产酸试验、蔗糖产气试验、乳糖产酸试验、乳糖产气试验、氧化酶试验、Tweens 20 试验 Tweens 80 试验结果均为阴性，其余的接触酶试验、产氨试验、硝酸盐还原试验、Tweens 60 试验结果均为阳性。

表 2-3 三株高效阿特拉津降解菌的生理生化特征

测定项目	菌株编号		
	CS3	100TPT1	TT3
吲哚	-	-	-
淀粉	-	-	-
接触酶	+	+	+
H_2S	-	-	-
柠檬酸盐	-	-	-
甲基红	-	-	-
产氨试验	+	+	+
硝酸盐还原	-	-	+
V-P	-	-	-
葡萄糖产气	-	-	-
葡萄糖产酸	+	+	-
蔗糖产气	-	-	-
蔗糖产酸	-	-	-
乳糖产气	-	-	-
乳糖产酸	-	-	-
氧化酶	-	-	-

续表

测定项目	菌株编号		
	CS3	100TPT1	TT3
Tweens 20	+	+	-
Tweens 60	-	-	+
Tweens 80	-	-	-

注：+代表阳性；-代表阴性。

底物利用结果如表 2-4 所示，由表 2-4 可知，菌株 CS3 和菌株 100TPT1 对底物的利用结果一致，除 D-半乳糖不能利用外，L-谷氨酸、组氨酸、L-半胱氨酸、甘氨酸、L-精氨酸、L-天门冬氨酰胺、L-天冬素、L-酪氨酸、D-果糖、L-阿拉伯糖、D-阿拉伯糖、D-棉籽糖、D-纤维二糖、D-甘露糖、海藻糖、鼠李糖、麦芽糖、D-山梨醇均能利用。菌株 TT3 则可以利用试验中所有的底物：L-天冬素、D-果糖、L-阿拉伯糖、D-阿拉伯糖、D-棉籽糖、D-纤维二糖以及 D-山梨醇、L-谷氨酸、组氨酸、L-半胱氨酸、甘氨酸、L-精氨酸、L-天门冬氨酰胺、L-酪氨酸、D-半乳糖、海藻糖、鼠李糖、麦芽糖。

表 2-4　三株高效阿特拉津降解菌的底物利用实验结果

	CS3	100TPT1	TT3
L-谷氨酸	+	+	+
组氨酸	+	+	+
L-半胱氨酸	+	+	+
甘氨酸	+	+	+
L-精氨酸	+	+	+
L-天门冬氨酰胺	+	+	+
L-天冬素	+	+	+
L-酪氨酸	+	+	+
D-果糖	+	+	+
D-半乳糖	-	-	+
D-阿拉伯糖	+	+	+
D-棉籽糖	+	+	+
D-纤维二糖	+	+	+
D-甘露糖	+	+	+

续表

	CS3	100TPT1	TT3
L-阿拉伯糖	+	+	+
海藻糖	+	+	+
鼠李糖	+	+	+
麦芽糖	+	+	+
D-山梨醇	+	+	+

注：+代表阳性；-代表阴性。

由生理生化试验以及底物利用试验可知，菌株 CS3 和菌株 100TPT1 极有可能为同一种菌。其形态特征和生理生化特征与节杆菌属（*Arthrobacter* sp.）菌株的特点极为相似（伯杰氏细菌鉴定手册第 8 版）。菌株 TT3 的形态学和生理生化特征显示该菌株为革兰氏阳性球菌。

2.1.2.4 高效阿特拉津降解菌的 16S rRNA 基因序列分析

为了从分子水平上确定阿特拉津高效降解菌 TT3、CS3 和 100TPT1 的分类地位，分别对其 16S rRNA 基因序列进行扩扩增。通过测序得到 3 株降解菌的 16S rRNA 基因序列长度分别为 1382 bp、1394 bp 和 1397 bp。3 株阿特拉津高效降解菌 TT3、CS3 和 100TPT1 的 16S rRNA 基因序列的测序结果见附录一。

将菌株 TT3 的 16S rRNA 基因序列与 GenBank 数据库中序列进行 Blast 比对，结果表明该菌株与柠檬球菌属（*Citricoccus* sp.）的菌株具有较高的序列同源性。然后利用 MEGA 6.0 软件对 Blast 比对得到的相似性较高的序列和菌株 TT3 的 16S rRNA 基因序列进行聚类分析，得到该菌株的系统发育树（图 2-5）。从图 2-5 可以看出，菌株 TT3 与 *Citricoccus* sp. 的成员的遗传距离最近。结合菌株 TT3 的 16S rRNA 基因序列的聚类分析结果和形态学及生理生化特征可以看出，菌株 TT3 属于柠檬球菌属（*Citricoccus* sp.）。菌株 TT3 的 16S rRNA 基因序列的 GenBank 登录号为 MF063312。

将菌株 CS3 和 100TPT1 的 16S rRNA 基因序列与 GenBank 数据库中序列进行 Blast 比对，结果表明这两株菌株的 16S rRNA 基因序列均与产脲节杆菌（*Arthrobacter ureafaciens*）具有较高的序列同源性。然后利用 MEGA 6.0 软件（Tamura 等，2013）进行聚类分析，采用邻近法（neighbour-joining）构建菌株 CS3 和 100TPT1 的系统发育树（图 2-6）。从图 2-6 可以看出，菌株 CS3 和 100TPT1 与产脲节杆菌（*Arthrobacter ureafaciens*）聚为一类。再分析

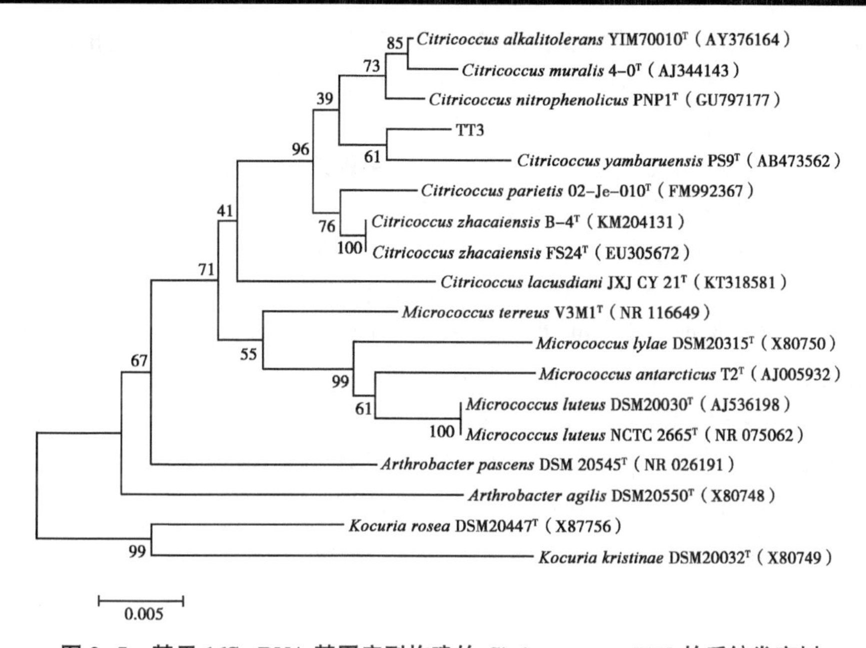

图 2–5　基于 16S rRNA 基因序列构建的 *Citricoccus* sp. TT3 的系统发育树

注：采用邻近法进行计算（bootstrap number=1 000），误差棒代表每个核苷酸的碱基置换率为 0. 005。

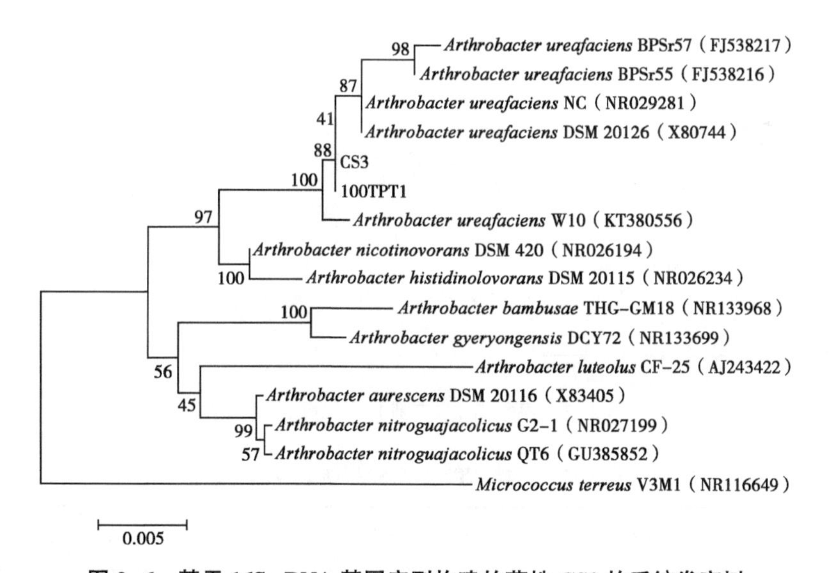

图 2–6　基于 16S rRNA 基因序列构建的菌株 CS3 的系统发育树

注：采用邻近法进行计算（bootstrap number=1 000），误差棒代表每个核苷酸的碱基置换率为 0. 005。

菌株 CS3 和 100TPT1 的 16S rRNA 基因序列显示，两者的序列相似性为 100%。结合菌株 TT3 的 16S rRNA 基因序列的聚类分析结果和形态学及生理生化特征可以得出，菌株 CS3 和 100TPT1 是同一种细菌，属于产脲节杆菌（*Arthrobacter ureafaciens*）。因此，后续研究中仅选择菌株 CS3 作为研究菌株。菌株 CS3 的 16S rRNA 基因序列的 GenBank 登录号为 MF612193。

2.1.2.5 高效阿特拉津降解菌 TT3 的化学分类特征分析

（1）菌株 TT3 的全细胞脂肪酸组成分析

通过微生物细胞脂肪酸快速鉴定系统（MIDI）检测菌株 TT3 的细胞脂肪酸组成，可知菌株 TT3 的主要细胞脂肪酸成分（含量大于 1%）为 anteiso-$C_{15:0}$，anteiso-$C_{17:0}$，iso-$C_{15:0}$，iso-$C_{16:0}$和 $C_{16:0}$，其含量分别为 75.94%，9.28%，7.36%，3.69% 和 1.34%。具体脂肪酸的图谱见图 2-7 及表 2-5，符合柠檬酸球菌属（*Citricoccus*）的主要细胞脂肪酸特征。

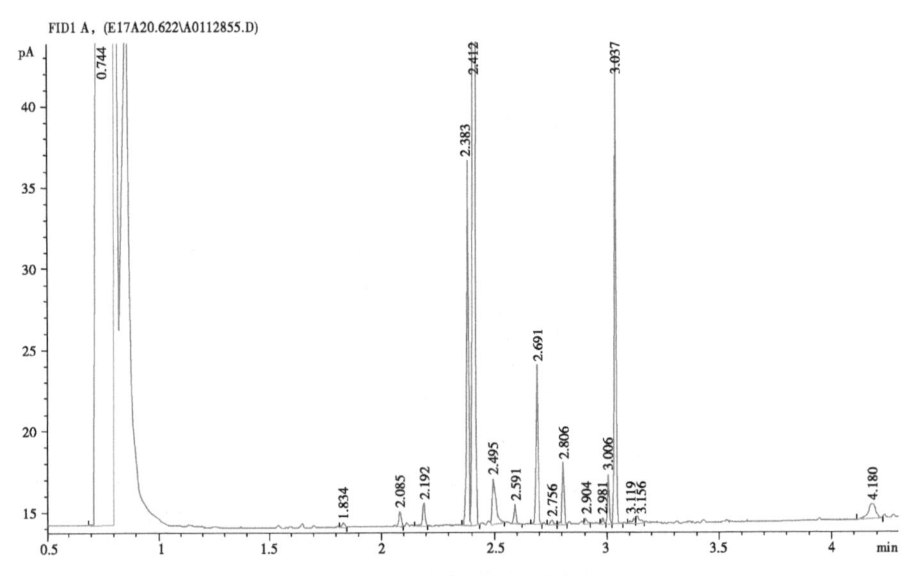

图 2-7 菌株 TT3 的细胞脂肪酸检测图谱

表 2-5 菌株 TT3 的细胞脂肪酸检测结果

RT	Response	Ar/Ht	RFact	ECL	峰值名称	百分比（%）	Comment2	
0.743	2.738E+9	0.032	—	6.6676	SOLVENT PEAK	—		
2.191	1 940	0.010	0.986	13.9988	14∶0	0.56	Reference	0.014

续表

RT	Response	Ar/Ht	RFact	ECL	峰值名称	百分比（%）	Comment2	
2. 382	25 779	0. 009	0. 975	14. 6323	15 : 0 iso	7. 36	Reference	0. 010
2. 411	266 287	0. 009	0. 973	14. 7279	15 : 0 anteiso	75. 94	Reference	0. 012
2. 690	13 105	0. 010	0. 960	15. 6298	16 : 0 iso	3. 69	Reference	0. 002
2. 806	4 793	0. 009	0. 956	16. 0001	16 : 0	1. 34	Reference	0. 004
3. 006	3 511	0. 009	0. 950	16. 6371	17 : 0 iso	0. 98	Reference	0. 004
3. 036	33 363	0. 009	0. 949	16. 7354	17 : 0 anteiso	9. 28	Reference	0. 006
3. 119	460	0. 011	0. 947	16. 9987	17 : 0	0. 13	Reference	0. 002
—	501	—	—	—	Su mmed Feature 3	0. 14	16 : 1 w6c/16 : 1	w7c

（2）菌株 TT3 的极性脂组成分析

采用氯仿甲醇提取法及二维薄层色谱检测菌株 TT3 的极性脂组成，可知菌株 TT3 的主要极性脂成分为双磷脂酰甘油（diphosphatidylglycerol, DPG），磷脂酰甘油（phosphatidylglycerol, PG），磷脂酰肌醇（phosphatidylinositol, PI），四种未知的糖脂（glycolipids, GL），两种未知的磷脂（phospholipids, PL）和一种未知的脂质（lipid, L），具体结果见图 2-8，符合柠檬酸球菌属（*Citricoccus*）的主要极性脂特征（Meng 等，2010）。

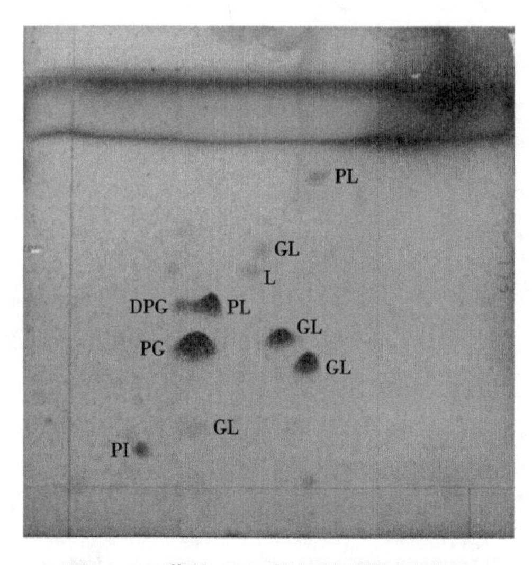

图 2-8　菌株 TT3 的极性脂检测结果

注：DPG：双磷脂酰甘油；PG：磷脂酰甘油；PI：磷脂酰肌醇；GL：未知糖脂；PL：磷脂；L：未知脂质。

(3) 菌株 TT3 的呼吸醌成分分析

用氯仿甲醇提取法及高效液相色谱法检测菌株 TT3 的呼吸醌组成，可知菌株 TT3 的主要呼吸醌为 MK-9 (H_2)，MK-8 (H_2) 和 MK-7 (H_2)，其含量分别为 83.81%，11.13% 和 5.06%。具体的色谱图见图 2-9，符合柠檬酸球菌属（*Citricoccus*）的主要呼吸醌特征。

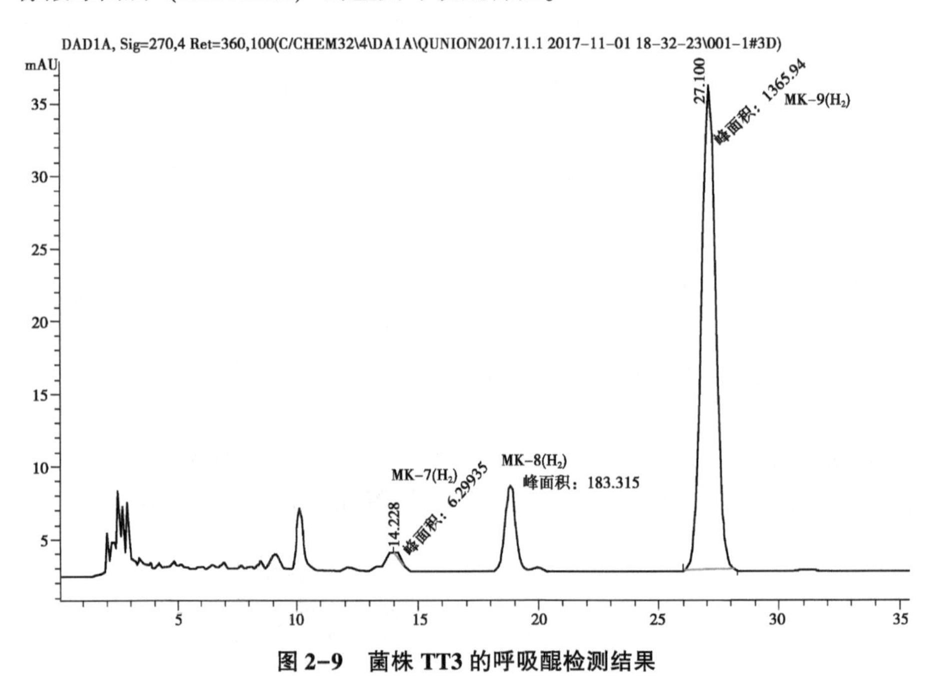

图 2-9 菌株 TT3 的呼吸醌检测结果

2.1.3 结论与讨论

目前已经报道了许多从不同地方分离到的属于节杆菌属的阿特拉津降解菌，如菌株 HIM、GZK-1、KU001、TC1、ADH-2、AD26、MCM B-436、AG1、FM326 等。另有许多报道指出，该属细菌能够降解许多其他有机污染物，如苯胺、苯酚、石油、有机磷农药等。这些工作显示出节杆菌属菌株在污染位点生物修复方面具有巨大潜力。

迄今国内外虽然已经报道了能够降解阿特拉津的细菌菌株种类很多，如 *Pseudomonas* sp.、*Arthrobacter* sp.、*Rhodococcus* sp.、*Pseudaminobacter* sp.、*Nocardioides* sp.、*Bacillus* sp. 和 *Agrobacterium* sp. 等许多属。但是关于 *Citricoccus*

表 2-6　菌株 TT3 与本属相近菌株在化学特征上的差异

菌株名称	TT3	*C. zhacaiensis* FS24	*C. muralis* 4-0	*C. alkalitolerans* YIM70010	*C. yambaruensis* PS9	*C. parietis* 02-Je-010	*C. nitrophenolicus* PNP1	*C. lacusdiani* JXJCY217
主要脂肪酸	anteiso-$C_{15:0}$ (75.94%) anteiso-$C_{17:0}$ (9.28%) iso-$C_{15:0}$(7.36%) iso - $C_{16:0}$ (3.69%) $C_{16:0}$(1.34%)	anteiso-$C_{15:0}$ (74.1%) anteiso-$C_{17:0}$ (16.5%) iso-$C_{15:0}$(5.5%) iso-$C_{16:0}$(1.7%)	anteiso-$C_{15:0}$ (55.6%) anteiso-$C_{17:0}$ (27.0%) iso-$C_{15:0}$(6.4%) iso - $C_{16:0}$ (8.0%) anteiso-$C_{13:0}$(1.2%) iso-$C_{17:0}$(1.1%)	anteiso-$C_{15:0}$ (74.58%) anteiso-$C_{17:0}$ (3.94%) iso-$C_{15:0}$(13.14%) iso - $C_{16:0}$ (1.78%) $C_{15:0}$(1.69%) iso-$C_{14:0}$(1.14%)	anteiso-$C_{15:0}$ (55.29%) anteiso-$C_{17:0}$ (24.24%) iso-$C_{15:0}$(4.43%) iso - $C_{16:0}$ (9.11%) $C_{16:0}$(3.64%) iso-$C_{17:0}$(1.94%)	anteiso-$C_{15:0}$ (77.5%) anteiso-$C_{17:0}$(7.5%) iso-$C_{15:0}$(12.5%) iso-$C_{16:0}$(1.2%)	anteiso-$C_{15:0}$ (75.42%) anteiso-$C_{17:0}$ (8.08%) iso-$C_{15:0}$(9.7%) iso - $C_{16:0}$ (3.43%) $C_{16:0}$(1.61%)	anteiso-$C_{15:0}$(53.4%) iso-$C_{16:0}$(13.0%) iso-$C_{15:0}$(11.1%) iso-$C_{14:0}$(10.9%) anteiso-$C_{17:0}$(5.3%) $C_{16:0}$(1.7%) anteiso-$C_{13:0}$(1.1%)
主要醌类	MK-9(H_2)(83.81%) MK-8(H_2)(11.13%) MK-7(H_2)(5.06%)	MK-9(H_2)(64.6%) MK-8(H_2)(6.8%) MK-7(H_2)(28.6%)	MK-9(H_2)(64%) MK-8(H_2)(14%) MK-7(H_2)(24%)	MK-9(H_2) ni	MK-9(H_2)(10.7%), MK-8(H_2)(86.0%) MK-n(H_2)(3.3%)	MK-9(H_2)(57%) MK-8(H_2)(25%) MK-9(5%) MK-8(3%)	MK-9(H_2)(46%) MK-8(H_2)(54%)	ni
主要极性脂	DPG,PG,PI, GL,PL,L	DPG,PG,PI, GL,PL,L	DPG,PG,PI, GL,PL,L	DPG,PG,PI,GL	DPG,PG,PS	DPG,PG,PI, GL,PL	DPG,PG,GL,PL	DPG,PG,PI,GL,PL

注：无信息；PS：phosphatidylserin

数据来源于 Altenburger 等（2002），Li 等（2005）；Abhay 等（2016），Meng 等（2010），Schäfer 等（2010），Nielsen 等（2011），Matsui 等（2012），Zhang 等（2016）。

sp. 对于阿特拉津的降解目前还没有报道。*Citricoccus* sp. 最初是由 Altenburger 等发现并提出的。迄今为止，已经报道的属于 *Citricoccus* sp. 的菌株只有 7 个种，分别是 *C. muralis*、*C. alkalitolerans*、*C. zhacaiensis*、*C. parietis*、*C. nitrophenolicus*、*C. yambaruensis* 和 *C. lacusdiani* 。其中，*C. nitrophenolicus* PNP1 能够以对硝基苯酚（PNP）为碳源生长并降解 PNP 产生亚硝酸盐。

尽管菌株 TT3 的 16S rRNA 序列与 *Citricoccus* sp. 的许多菌株的序列相似性都高于 97%，但是其 G+C 含量、一些生理生化特征以及化学分类特征与该属其余所有成员都有所差异。根据前人报道可知，除了 *C. yambaruensis* 的 G+C 含量为 72.40%之外，*Citricoccus* sp. 成员的 G+C 含量均在 64.00%~68.00%。本研究中菌株 TT3 的 G+C 含量则为 70.66%，与该属成员均不同。菌株 TT3 的化学特征虽与 *Citricoccus* sp. 的典型特征一致，但同时其与该属其他成员又有所不同（表 2-6）。如表 2-6 所示，菌株 TT3 中 anteiso-$C_{15:0}$、anteiso-$C_{17:0}$、iso-$C_{15:0}$、iso-$C_{16:0}$的含量与其余该属成员均有较大差异。其醌的主要类型也与 *C. alkalitolerans* YIM70010、*C. yambaruensis* PS9、*C. parietis* 02-Je-010 和 *C. nitrophenolicus* PNP1 显著不同。因此，还需进一步深入研究证明菌株 TT3 是否为 *Citricoccus* sp. 的一个新种。

2.2 菌株 TT3 和 CS3 对阿特拉津的降解特性与降解基因的研究

环境条件对微生物的生长和对阿特拉津的降解影响很大，如环境中的温度、pH 值、水分含量、有机质含量和含氧量等变化会直接影响微生物对阿特拉津的降解。为了明确不同环境因素对分离得到的菌株对阿特拉津降解效果的影响，本研究以柠檬球菌属（*Citricoccus* sp.）菌株 TT3 和产脲节杆菌（*Arthrobacter ureafaciens*）菌株 CS3 为研究对象，分析了这两种菌株在不同条件下的降解特性，为其在实际环境污染修复中的应用提供理论依据。

2.2.1 材料与方法

2.2.1.1 实验材料

（1）试剂

阿特拉津标准样品和 97%阿特拉津原药，购自北京百灵威科技有限公司。将 97%阿特拉津原药配制成 10 000 mg/L 的甲醇母液。所用甲醇为色谱纯，为西陇科学股份有限公司产品。氰尿酸（纯度98%）购自北京百灵威科技有限公司。其他化学试剂均为分析纯。EasyPure®细菌基因组DNA提取试剂盒和EasyPure快速凝胶回收试剂盒购自北京全式金生物技术有限公司。

（2）主要仪器

参见第一章。

（3）供试菌株

已分离鉴定的菌株：柠檬球菌属（*Citricoccus*. sp）菌株TT3和产脲节杆菌（*Arthrobacter ureafaciens*）菌株CS3。

（4）培养基

LB培养基：胰蛋白胨10 g、酵母粉5 g、NaCl 10 g，蒸馏水定容至1 L，调节pH值至7.0。在121℃条件下灭菌30 min。

无机盐基础培养基（mm）：NaCl 1.0 g、K_2HPO_4 1.5 g、KH_2PO_4 0.5 g、Mg_2SO_4 0.2 g，蒸馏水定容至1 L，调节pH值至7.0，121℃条件下灭菌30 min。

2.2.1.2 实验方法

（1）菌悬液的制备

从LB培养平板上挑取单菌落，接种到装有20 mL液体LB培养基的50 mL锥形瓶中，于30℃、180 rpm条件下过夜培养后，将菌液在高速冷冻离心机中5 000 rpm离心3 min收集菌体。然后用灭菌的蒸馏水洗涤、离心两次，收获细胞。最后用无菌水调节菌液浓度至1×10^8 CFU/mL备用。如果没有特别说明，接种量一般都为1%（体积比）。

（2）阿特拉津和氰尿酸的测定

将培养液与二氯甲烷以1∶2的比例混合萃取3次，合并有机相。将合并的有机萃取液放入圆底烧瓶中，用旋转蒸发仪将液体浓缩并蒸发至干，最后用色谱纯的甲醇溶液调节体积。之后将样品通过0.22 μm尼龙膜过滤，并装入进样瓶中备用。

采用HP1050型高效液相色谱（HPLC）仪检测阿特拉津和氰尿酸的浓度。阿特拉津检测的液相条件参见第二章。氰尿酸检测的液相条件为：Thermo氨基色谱柱（4.6 mm×250 mm，5 μm），流动相配比为甲醇：0.1% $NH_3\cdot H_2O$=70∶30（v/v），流速：1.0 mL/min，可变波长紫外检测器的检测波长为215 nm，柱温：30℃，进样量：10 μL。

阿特拉津的降解率计算方法参见第2.1.1.2节。

（3）外加碳氮源对菌株 TT3 和 CS3 生长及降解阿特拉津效果的影响

为了探究外加碳源和氮源对菌株 TT3 和 CS3 生长和降解阿特拉津的影响，本研究设立了四个不同处理，即在 mm 中分别加入 50 mg/L 阿特拉津作为唯一氮源，1 g/L 蔗糖作为外加碳源（AT+C）；50 mg/L 阿特拉津作为唯一碳源，1 g/L 的 NH_4NO_3 作为外加氮源（AT+N）；50 mg/L 阿特拉津和 1 g/L 的 NH_4NO_3 作为氮源，1 g/L 蔗糖作为外加碳源（AT+CN）；只加入 50 mg/ L 阿特拉津作为唯一碳氮源（AT）。然后分别将 1 mL 浓度为 1×10^8 CFU/mL 的菌株 TT3 和 CS3 的菌悬液接种到 100 mL 上述四种培养基中，同时设立不接种菌液的样品为空白对照。每个处理组设三个重复。将所有样品在 30℃、180 rpm 条件下振荡培养 48 h，每隔 12 h 取样测定样品中的菌浓度和阿特拉津的残留浓度，并计算阿特拉津的降解率。

菌浓度测定方法：通过紫外分光光度计测定样品在 600 nm 处的吸光值（OD_{600}）来表示。如无特殊说明，菌浓度测定均按照此方法进行。

（4）不同 pH 值对菌株 TT3 和 CS3 的生长及降解阿特拉津的影响

配制 pH 值分别为 4.0、5.0、6.0、7.0、8.0、9.0、10.0、11.0、12.0 的含 1 g/L 蔗糖的基础无机盐培养基。将 1 mL 浓度调节为 1×10^8 CFU/mL 的菌株 TT3 和 CS3 的菌悬液分别接种到 100 mL 上述不同 pH 值的无机盐培养基中，然后分别加入 0.5 mL 浓度为 10 000 mg/L 的阿特拉津甲醇母液，使阿特拉津的终浓度为 50 mg/L。同时设立不接种菌液的样品为空白对照。每个处理组设三个重复。将所有样品在 30℃、180 rpm 条件下振荡培养。对于接种降解菌 CS3 的处理组，分别在培养 24 h 和 48 h 时取样测定样品中的菌浓度和阿特拉津的残留浓度，并计算阿特拉津的降解率。对于接种降解菌 TT3 的处理组，分别在培养 36 h 和 60 h 时取样测定样品中的菌浓度和阿特拉津的残留浓度，并计算阿特拉津的降解率。

（5）不同温度对菌株 TT3 和 CS3 的生长及降解阿特拉津的影响

将 1 mL 浓度调节为 1×10^8 CFU/mL 的菌株 TT3 和 CS3 的菌悬液分别接种到 100 mL 含 1 g/L 蔗糖的基础无机盐培养基中，然后分别加入 0.5 mL 浓度为 10 000 mg/L 的阿特拉津甲醇母液，使阿特拉津的终浓度为 50 mg/L。同时设立不接种菌液的样品为空白对照。每个处理组设三个重复。将样品分别放入 4℃、10℃、20℃、30℃、37℃、45℃ 的恒温摇床中，于 180 rpm 条件下振荡培养。对于接种降解菌 CS3 的处理组，分别在培养 24 h 和 48 h 时取样测定样品中的菌浓度和阿特拉津的残留浓度，并计算阿特拉津的降解率。对于接种降解菌 TT3 的处理组，分别在培养 36 h 和 60 h 时取样测定样品中的菌浓度和阿特拉津的残留浓度，并计算阿特拉津的降解率。

（6）不同阿特拉津浓度对菌株 TT3 和 CS3 的生长及降解阿特拉津的影响

将 1 mL 浓度调节为 1×10^8 CFU/mL 的菌株 TT3 和 CS3 的菌悬液分别接种到 100 mL 无机盐基础培养基中，然后分别加入不同体积的浓度为 10 000 mg/L 的阿特拉津甲醇母液，使阿特拉津的终浓度分别为 5 mg/L、25 mg/L、50 mg/L、75 mg/L、100 mg/L、200 mg/L、500 mg/L。同时设立不接种菌液的样品为空白对照。每个处理组设三个重复。将所有样品在 30℃、180 rpm 条件下振荡培养。对于接种降解菌 CS3 的处理组，分别在培养 24 h 和 48 h 时取样测定样品中的菌浓度和阿特拉津的残留浓度，并计算阿特拉津的降解率。对于接种降解菌 TT3 的处理组，分别在培养 36 h 和 60 h 时取样测定样品中的菌浓度和阿特拉津的残留浓度，并计算阿特拉津的降解率。

（7）菌株 TT3 和 CS3 中阿特拉津降解基因的检测

参考前人报道的 *atzA*，*atzB*，*atzC*，*atzD*，*atzE*，*atzF*，*trzD* 和 *trzN* 基因引物序列（de Souza 等，1998；Mulbry 等，2002；Martinez 等，2001；Devers 等，2007），分别以菌株 TT3 和 CS3 的的基因组 DNA 为模板对上述 8 种降解基因进行 PCR 扩增。扩增体系为 50 μL，含有 2×EasyTaq SuperMix（北京全式金生物技术有限公司）25 μL，基因组 DNA 模板 2 μL，正向引物和反向引物各 2 μL，ddH_2O 19 μL。PCR 扩增条件为：95℃预变性 5 min，然后 94℃变性 1 min，最佳退火温度退火 60 s，72℃延伸 2 min，共 35 个循环，最终 72℃延伸 10 min。使用 1%琼脂糖凝胶电泳检测 PCR 产物，并由生工生物（上海）工程股份有限公司进行测序。将测序结果通过国家生物技术信息中心（NCBI）因特网网站上的 BLAST 程序与（https://blast.ncbi.nlm.nih.gov/Blast.cgi）GenBank 数据库中的已知基因序列进行同源性比对。

（8）菌株 TT3 和 CS3 的生长曲线及对阿特拉津的降解曲线

将 1 mL 浓度调节为 1×10^8 CFU/mL 的菌株 TT3 和 CS3 的菌悬液接种到 100 mL 含 1 g/L 蔗糖的基础无机盐培养基中，然后加入 0.5 mL 浓度为 10 000 mg/L 的阿特拉津甲醇母液，使阿特拉津的终浓度为 50 mg/L。将样品分别在 30℃、180 rpm 条件下振荡培养。每隔 6 h 取样并测定样品中的菌浓度、阿特拉津的残留浓度和氰尿酸浓度。每个处理设三个重复。

（9）数据分析统计方法

实验结果用平均值和标准差来表示。采用软件 SPSS 21.0 对数据进行单因素方差分析（ANOVA）和相关性分析以确定所有处理组之间的差异。设定 $P<0.05$ 为显著性差异。利用 origin 9.0 软件进行作图。

2.2.2 结果与分析

2.2.2.1 外加碳氮源对菌株 TT3 和 CS3 生长及降解阿特拉津效果的影响

图 2-10 显示了外加碳氮源对菌株 TT3 生长的影响和菌株 TT3 降解阿特拉津的影响。在整个培养过程中，添加外加碳源的处理组（AT+CN）和（AT+C）中菌株 TT3 的菌浓度都显著高于（AT+N）和（AT）处理组（$P<0.05$）。处理组（AT+N）和（AT）中的菌株 TT3 的菌浓度增长微弱，且这两个处理组之间无显著性差异（$P<0.05$）。以上结果表明外加碳源能够明显促进菌株 TT3 的生长，外加氮源对其生长影响不大，并且菌株 TT3 能够利

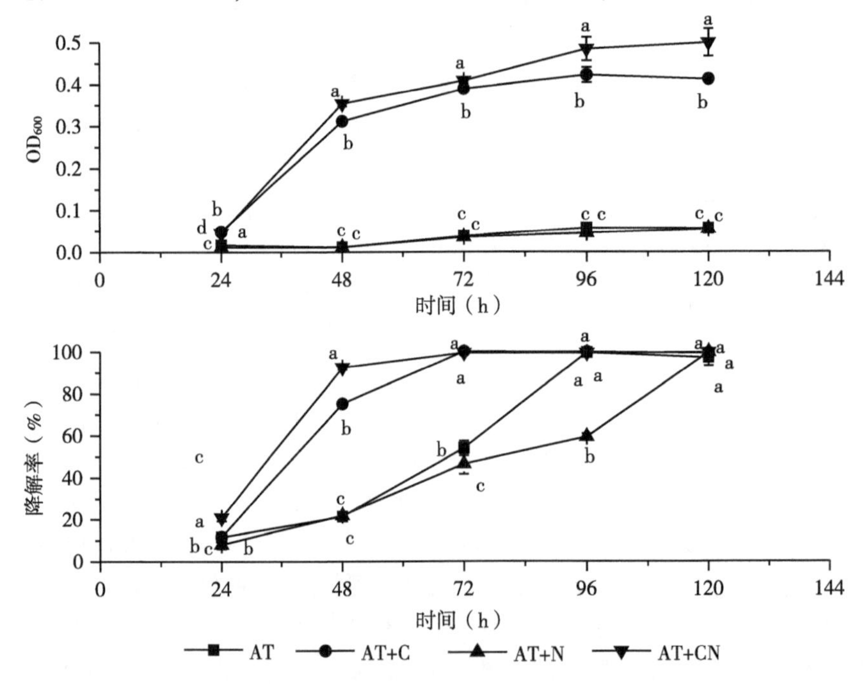

图 2-10 外加碳氮源对菌株 TT3 生长及阿特拉津降解的影响

注：OD_{600}表示菌浓度。误差线表示三次重复的标准偏差。不同小写字母代表不同处理间差异显著（$P<0.05$）（图 2-11 至图 2-21 同）。

用阿特拉津作为唯一氮源生长，不能利用其作为唯一碳源生长。培养 72 h 之前，处理组（AT+CN）和（AT+C）中的阿特拉津降解率均显著高于处理组（AT+N）和（AT）。培养 72 h 时，处理组（AT+CN）和（AT+C）中的阿特拉津率分别为 99. 99%和 99. 35%，基本均被完全降解。相比之下，此时处理组（AT+N）和（AT）中阿特拉津降解率分别为 46. 44%和 53. 91%。培养 120 h 时所有处理组中阿特拉津均被完全降解，且此时各处理组之间无显著性差异。以上研究结果表明外加碳源能显著促进菌株 TT3 对阿特拉津的降解，提高降解速率。外加氮源则轻微抑制菌株 TT3 对阿特拉津的降解，降低其降解速率。

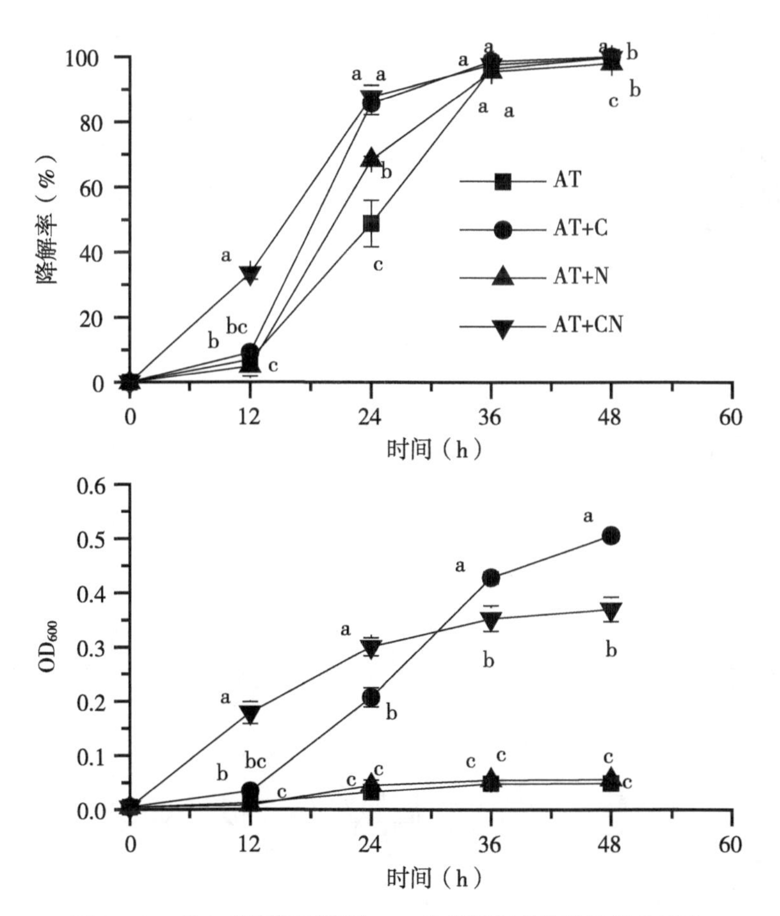

图 2-11　外加碳氮源对菌株 CS3 生长及阿特拉津降解的影响

图 2-11 显示了外加碳氮源对菌株 CS3 生长的影响和菌株 CS3 降解阿特拉津的影响。在整个培养过程中，处理组（AT+CN）和（AT+C）中菌株 CS3 的菌浓度都显著高于（AT+N）和（AT）处理组（P<0.05）。处理组（AT+N）和（AT）中的菌株 CS3 的菌浓度增长微弱，且这两个处理组之间无显著性差异（P<0.05）。以上结果表明外加碳源能够明显促进菌株 CS3 的生长，外加氮源对其生长影响不大，并且菌株 CS3 能够利用阿特拉津作为唯一氮源生长，不能利用其作为唯一碳源生长。培养 36 h 之前，处理组（AT+CN）和（AT+C）中的阿特拉津降解率均显著高于处理组（AT+N）和（AT）。36 h 之后所有处理组中的阿特拉津基本都被完全降解，各处理组之间无显著性差异，表明外加碳源或氮源对菌株 CS3 降解阿特拉津的影响并不大。

2.2.2.2 不同 pH 值对菌株 TT3 和 CS3 的生长及降解阿特拉津的影响

图 2-12 和图 2-13 分别显示了不同 pH 值对菌株 TT3 和 CS3 生长及降解阿特拉津效果的影响。由图 2-3 可知，当 pH 值为 7 时菌株 TT3 的生长最好，对阿特拉津的降解率也最高。当 pH 值低于或高于 7 时，菌株 TT3 的生物量及其对阿特拉津的降解率都逐渐降低。当 pH 值为 5 或 12 时，菌株 TT3 几乎不能生长，对阿特拉津的降解率均低于 10%。根据实验结果可知菌株 CS3 能够生长和降解阿特拉津的 pH 值范围在 6~11。

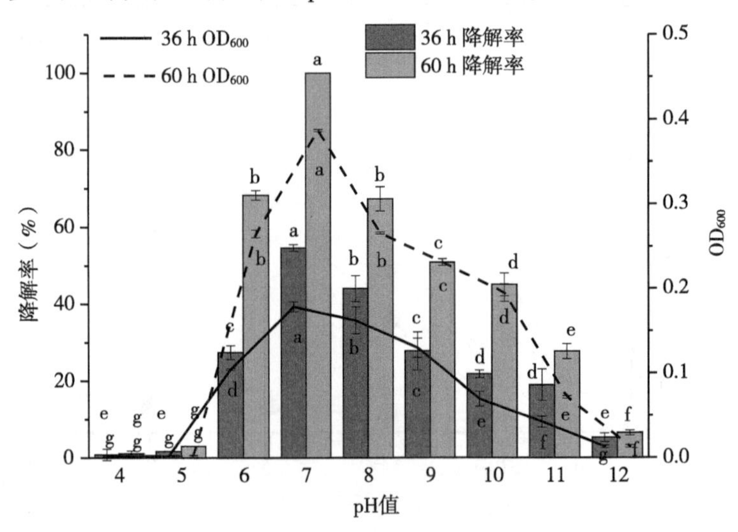

图 2-12 不同 pH 值对菌株 TT3 生长及阿特拉津降解的影响

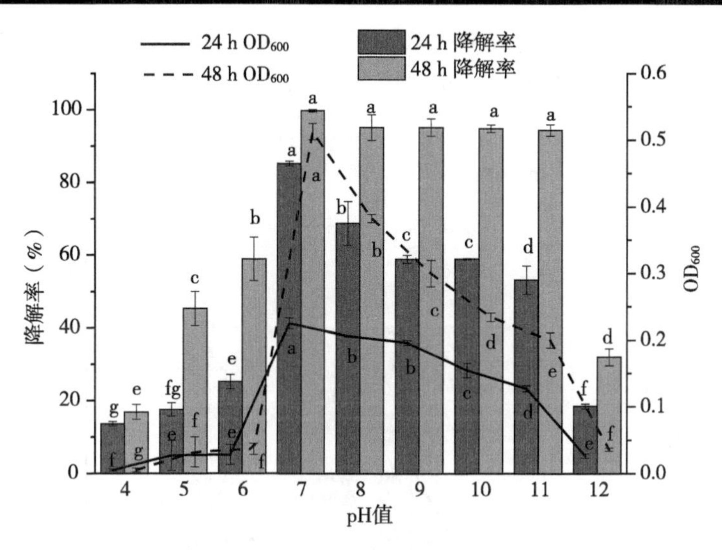

图 2-13　不同 pH 值对菌株 CS3 生长及阿特拉津降解的影响

由图 2-13 可知，当 pH 值为 7 时菌株 CS3 的生长最好，对阿特拉津的降解率也最高。当 pH 值为 6 时，菌株生长及对阿特拉津的降解都受到较大影响，48 h 后的阿特拉津降解率下降为 58.90%。当 pH 值低于 4 时，菌株几乎不能生长，48 h 后对阿特拉津的降解率低于 20%，表明该菌株不适宜在酸性环境降解阿特拉津。当 pH 值为 11 时，菌株仍能较好地生长，48 h 后对阿特拉津的降解率依然保持在 90%以上。当 pH 值为 12 时，菌株生长及对阿特拉津的降解则会受到较大影响，48 h 后对阿特拉津的降解率为 31.40%。由此可知菌株 CS3 能够生长和降解阿特拉津的 pH 值范围在 5~11。

根据以上结果可知，菌株 TT3 和 CS3 能够生长和降解阿特拉津的 pH 值范围都很宽且具有较好的耐碱性，偏碱性环境中对这两株降解菌降解阿特拉津的效果影响不大。因此菌株 TT3 和 CS3 均可以作为未来偏碱环境中修复阿特拉津污染的优良候选菌株。

2.2.2.3　不同温度对菌株 TT3 和 CS3 的生长及降解阿特拉津的影响

温度过高或过低会抑制阿特拉津降解菌的生长，同时影响阿特拉津降解菌代谢和降解酶活性。根据图 2-14 可知，菌株 TT3 生长和降解阿特拉津的最佳温度为 30℃，当温度低于 10℃或高于 45℃时，菌株 TT3 几乎不能生长，且几乎不能降解阿特拉津。在温度范围为 10℃~37℃，具有一定的生长和降解能力。显著性分析表明在实验温度条件下菌株 TT3 的生长与对阿特拉津的降解率之间存在极显著相关性（$R=0.959^{**}$）。

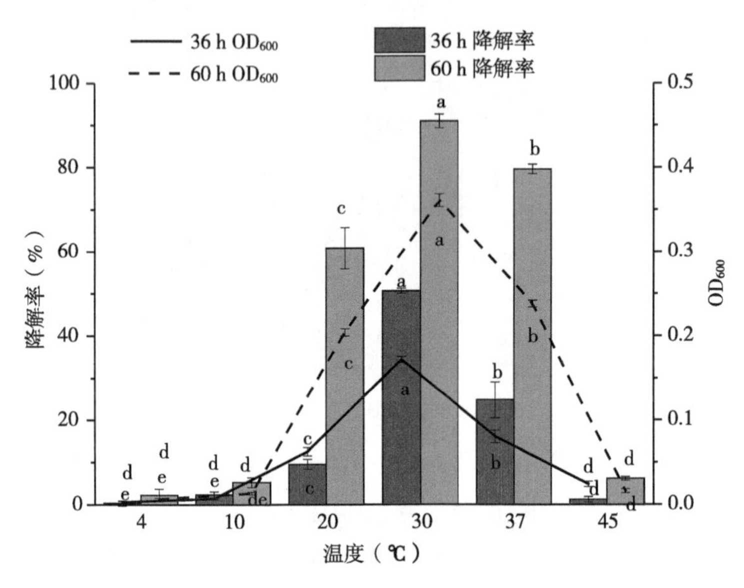

图 2-14　不同温度对菌株 TT3 生长及阿特拉津降解的影响

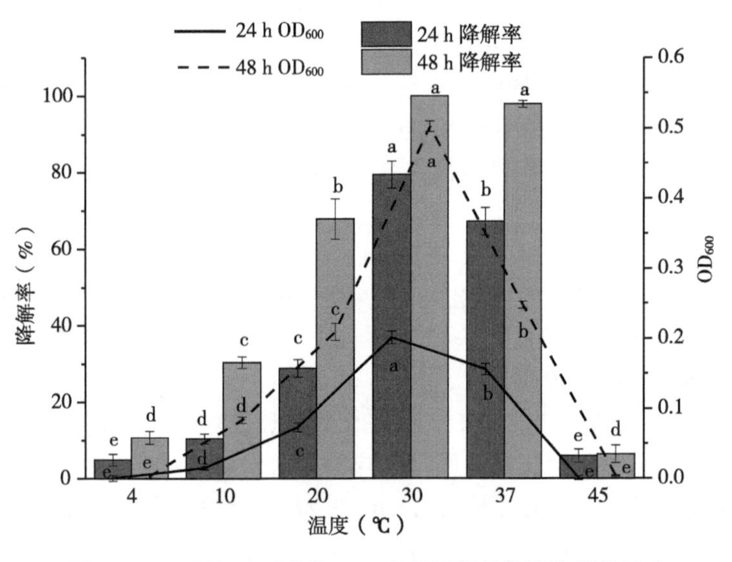

图 2-15　不同温度对菌株 CS3 生长及阿特拉津降解的影响

图 2-15 显示了不同温度对菌株 CS3 的生长及降解阿特拉津的影响。根据图可知菌株 CS3 生长和降解阿特拉津的最佳温度同样为 30℃，在温度范围为 10℃～37℃，具有一定的生长和降解能力。当温度低于 4℃或高于 45℃时，菌株 CS3 几乎不能生长。显著性分析表明在实验温度条件下菌株 CS3 的生长与对阿特拉津的降解率之间存在极显著相关性（$R=0.959^{**}$）。

2.2.2.4　不同阿特拉津浓度对菌株 TT3 和 CS3 的生长及降解阿特拉津的影响

图 2-16 显示了不同阿特拉津浓度对菌株 TT3 的生长及阿特拉津降解的影响。可以看出，培养 36 h 时，除了阿特拉津浓度为 5 mg/L 的处理组，其余处理组中的阿特拉津降解率均低于 45%。培养 60 h 时，除了阿特拉津浓度为 200 mg/L 的处理组中阿特拉津降解率为 88.24%之外，其余处理组中的阿特拉津降解率均高于 91%。表明在试验最高浓度（200 mg/L）以内，阿特拉津的降解率最终不会受到太大影响。另经实验证明，菌株 TT3 能在 8 d 内将 500 mg/L 的阿特拉津降解完全（数据未显示）。阿特拉津浓度在 5～50 mg/L 时，OD_{600}的值随着阿特拉津浓度的增高而逐渐增加，当阿特拉津浓度超过 50 mg/L 后，OD_{600}值开始下降。

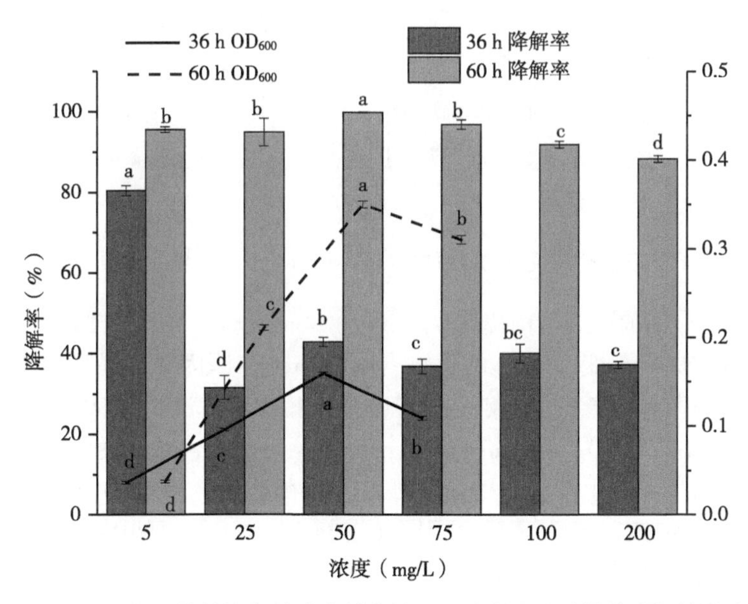

图 2-16　不同阿特拉津初始浓度对菌株 CS3 生长及阿特拉津降解的影响

根据图 2-17 可知，阿特拉津浓度在 5～50 mg/L 时，菌株 CS3 的 OD_{600} 的值随着阿特拉津浓度的增高而逐渐增加。当阿特拉津浓度超过 50 mg/L 后，OD_{600}值开始下降培养 24 h 时，随着阿特拉津浓度的升高，降解率逐渐降低。培养 48 h 后，只有阿特拉津浓度为 200 mg/L 的处理组的阿特拉津降解率为 96. 15%，其余处理组阿特拉津降解率都达到 98. 81%以上，且与其余各处理组之间都存在显著性差异。但在试验最高浓度（200 mg/L）以内，阿特拉津的降解率最终不会受到太大影响。另经实验证明，菌株 CS3 能在 6 d 内将 500 mg/L 的阿特拉津降解完全（数据未显示）。

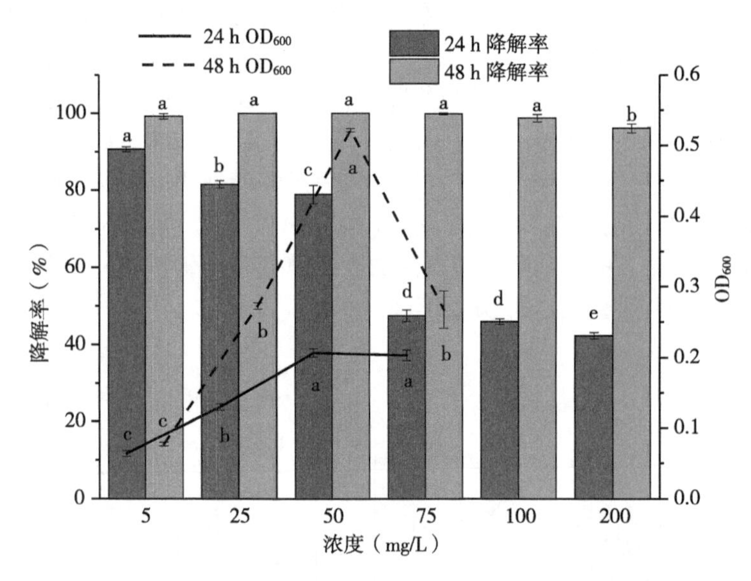

图 2-17　不同阿特拉津初始浓度对菌株 CS3 生长及阿特拉津降解的影响

根据以上结果可知当阿特拉津浓度为 5 mg/L 时，菌株 TT3 和 CS3 的生物量都基本保持不变，OD_{600}的值没有明显增加，原因可能是低浓度阿特拉津不能够为菌株生长提供足够的营养。当阿特拉津浓度超过 50 mg/L 后，菌株 TT3 和 CS3 的 OD_{600}值开始下降，推测可能是因为高浓度的阿特拉津可能会对菌株的生长产生抑制作用。当阿特拉津浓度高于 75 mg/L 时，由于其低水溶性（33 mg/L）而不能完全溶解在培养基中，因此两组实验之后均未测定 OD_{600}的值。总的来说，菌株 TT3 和 CS3 对低浓度和高浓度的阿特拉津都具有较好的降解能力。

2.2.2.5　菌株 TT3 和 CS3 中阿特拉津降解基因的检测

通过 PCR 扩增对菌株 TT3 和 CS3 中含有的阿特拉津降解基因情况进行了分析。通过扩增，在菌株 TT3 中获得 456 bp 的 *trzN* 基因、467 bp 的 *atzB* 基因和 621 bp 的 *atzC* 基因（图 2-18）。将序列测序后与 GenBank 数据库中的抑制序列比对，结果显示菌株 TT3 中含有的 *trzN* 基因（GenBank 登录号 MF774327）与 *Arthrobacter aurescens* TC1（AY456696）和 *Nocardioides* sp. C190（AF416746）中含有的 *trzN* 基因分别具有 99%和 100%的同源性。*atzB* 基因（GenBank 登录号 MF774328）与 *Pseudomonas* sp. ADP（U66917）(de Souza 等，1995）的 *atzB* 基因同源性分别为 100%。基因 *atzC*（GenBank 登录号 MF774329）与 *Arthrobacter aurescens* TC1（AY456696）的 *atzC* 基因的同源性为 99%。

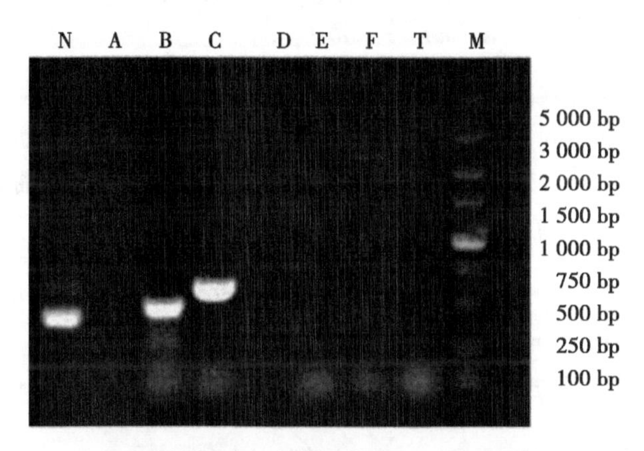

图 2-18　1%琼脂糖凝胶电泳检测菌株 TT3 的阿特拉津降解基因

注：N：*trzN*；A：*atzA*；B：*atzB*；C：*atzC*；D：*atzD*；E：*atzE*；F：*atzF*；T：*trzD*

以菌株 CS3 的基因组为 DNA 模板进行 PCR 扩增得到 444 bp 的 *trzN* 基因、537 bp 的 *atzB* 基因和 630 bp 的 *atzC* 基因（图 2-19）。通过与 GenBank 数据库中的序列比对得出，菌株 CS3 中的基因 *trzN*（GenBank 登录号 MF774327）分别与 *Arthrobacter* sp. SD41（KP994319）和 *Arthrobacter* sp. C3（KR263873）的 *trzN* 基因同源性分别为 100%、99%。基因 *atzB*（GenBank 登录号 MF774328）和 *atzC*（GenBank 登录号 MF774329）与 *Arthrobacter aurescens* TC1（AY456696）的 *atzB* 和 *atzC* 基因的同源性分别为 98%和 99%。

尽管本研究还尝试了用不同的扩增条件和引物去扩增菌株 TT3 和 CS3

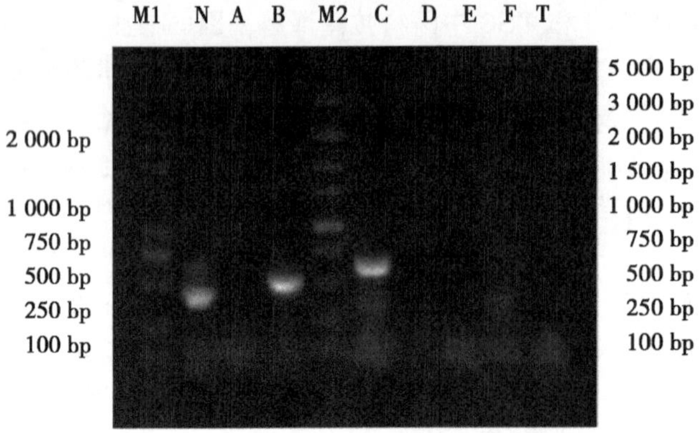

M1 N A B M2 C D E F T

2 000 bp
1 000 bp
750 bp
500 bp
250 bp
100 bp

5 000 bp
3 000 bp
2 000 bp
1 500 bp
1 000 bp
750 bp
500 bp
250 bp
100 bp

图 2-19　1%琼脂糖凝胶电泳检测菌株 CS3 的阿特拉津降解基因

注：M1：DL 2000 DNA marker；N：*trzN*；A：*atzA*；B：*atzB*；M2：DL 5000 DNA marker；C：*atzC*；D：*atzD*；E：*atzE*；F：*atzF*；T：*trzD*

中的其他 5 种降解基因，但是最终都未成功（图 2-18，图 2-19），表明这两种降解菌含有相同的阿特拉津降解基因组成（*trzN*，*atzB*，*atzC*）。

2.2.2.6　菌株 TT3 和 CS3 的生长曲线及对阿特拉津的降解曲线

图 2-20 显示了在最佳环境条件下，在阿特拉津初始浓度为 50 mg/L 的

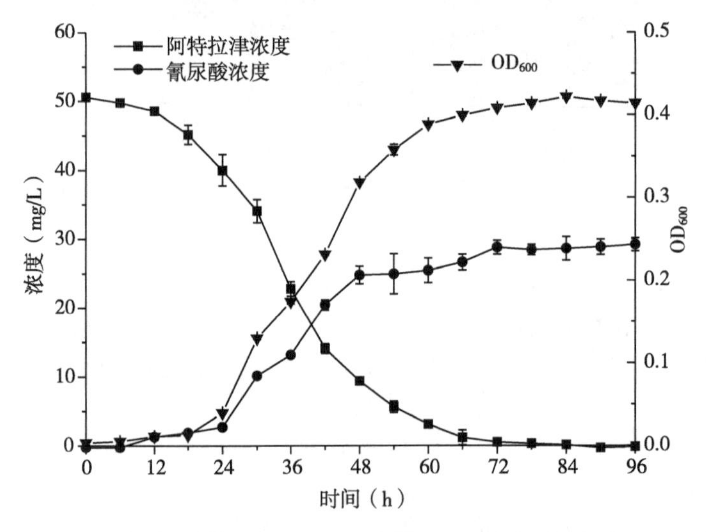

图 2-20　菌株 TT3 的生长曲线及阿特拉津降解曲线

注：OD_{600}表示菌浓度；误差线表示三次重复的标准偏差

含有 1 g/L 蔗糖的基础无机盐培养基中，96 h 内的菌株 TT3 生长、对阿特拉津的降解及降解产物氰尿酸的浓度变化情况。可以看出，24 h 内 OD_{600}的值增加缓慢，对阿特拉津的降解效果也不是明显，可能因为前 24 h 菌株 TT3 处于延滞期，对于环境需要一个适应的过程。从 30 h 开始菌株进入对数生长期，OD_{600}的值增长迅速，其对阿特拉津的降解速度也相应加快。到 72 h 时菌株 TT3 进入生长稳定期，OD_{600}的值基本保持不变，此时阿特拉津也被降解完全。在整个实验过程中，氰尿酸的浓度变化与阿特拉津浓度变化趋势完全相反，到 72 h 后氰尿酸保持在 30 mg/L 左右不再增加。相关性分析也表明，菌株 TT3 的生长与阿特拉津的降解之间具有极显著正相关性（$R=0.991^{**}$），而氰尿酸浓度与阿特拉津浓度之间具有极显著负相关性（$R=-0.954^{**}$）。

从图 2-21 可以看出，菌株 CS3 在 12 h 内 OD_{600}的值增加缓慢，对阿特拉津的降解效果也不是明显，可能因为前 12 h 菌株 CS3 处于延滞期，对于环境需要一个适应的过程。从 12 h 开始菌株进入对数生长期，OD_{600}的值增长迅速，其对阿特拉津的降解速度也相应加快。到 48 h 时菌株 CS3 进入生长稳定期，OD_{600}的值基本保持不变，此时阿特拉津也被降解完全。从 12~

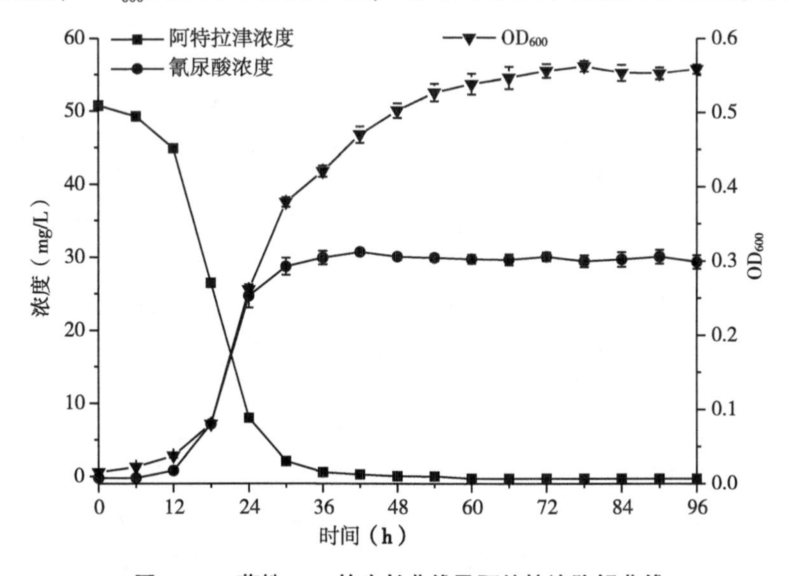

图 2-21　菌株 CS3 的生长曲线及阿特拉津降解曲线

注：OD_{600}表示菌浓度；误差线表示三次重复的标准偏差

36 h，氰尿酸的浓度急剧增加，到 48 h 后保持在 30 mg/L 左右不再增加。相关性分析也表明，菌株 CS3 的生长与阿特拉津的降解之间具有极显著正相关性（$R=0.991^{**}$），而氰尿酸浓度与阿特拉津浓度之间具有极显著负相关性（$R=-0.989^{**}$）。

菌株 TT3 和 CS3 两株菌的生长降解试验中，菌株的生长和它们对阿特拉津的降解基本同步。阿特拉津的初始平均摩尔浓度均等于最终累积的氰尿酸的平均摩尔浓度。结合对它们降解基因的检测结果，推测菌株 TT3 和 CS3 可能都只能降解阿特拉津为无毒的氰尿酸，而不能进一步代谢氰尿酸为 CO_2 和 NH_3。

2.2.3 结论与讨论

本研究中菌株 TT3 和 CS3 均能够利用阿特拉津为唯一氮源生长。外加氮源对这两株菌的生长影响不大，但是对它们降解阿特拉津的影响不同。外加氮源会轻微抑制菌株 TT3 对阿特拉津的降解，降低其降解速率，对菌株 CS3 降解阿特拉津则没有太大影响。研究报道多数阿特拉津降解菌能够以阿特拉津为氮源进行生长并将它降解。外加氮源会抑制多数菌株对阿特拉津的利用和降解，对外源氮源不敏感的阿特拉津降解菌的报道很少，如菌株 *Arthrobacter* sp. HB-5 和 *Arthrobacter* sp. 菌株 DAT1。因此，外加氮源对不同阿特拉津降解菌的影响不同。

与许多菌株相比，如 HB-5、DNS10、T3AB1、X-4、FM326 等，菌株 TT3 和 CS3 能够生长并降解阿特拉津的 pH 值范围更宽。菌株 TT3 和 CS3 降解阿特拉津的 pH 值范围不仅很宽，且具有一定的嗜碱性，在值为 11 的条件下，也具有很高的降解特性，这对于未来偏碱环境中修复阿特拉津提供了更好的选择。

阿特拉津降解基因及其相关降解途径目前已经研究得非常透彻。一般水解脱氯是阿特拉津降解的第一步，由 *atzA* 或 *trzN* 基因编码的阿特拉津氯水解酶催化。然后由羟基阿特拉津乙氨基水解酶（*atzB* 基因编码）和 N-异丙基氰尿酰胺异丙基氨基水解酶（*atzC* 基因编码）催化羟基阿特拉津转化为氰尿酸。氰尿酸是一些不能将阿特拉津完全矿化的降解菌的最终降解产物，如 *Nocardioides* sp. EAA-3，*Arthrobacter* sp. DAT1 和 *Nocardioides* sp. SP12。同时氰尿酸也是一些阿特拉津降解菌的一种重要的中间代谢产物，这些菌株能通过 *atzD/trzD* 协同 *atzE* 和 *atzF* 基因编码的酶将阿特拉津完全矿化为 CO_2 和 NH_3，如 *Pseudomonas aeruginosa* S86 和 *Ensifer* sp. CX-T。PCR 试验结果表明菌株 TT3 和 CS3 所包含的降解基因组合（*trzN-atzBC*）与菌株 TC1 的相同。研究表明许多阿特拉津降解菌都包含 *trzN-atzBC* 基因。已经证明 *Nocardioides* sp. SP12 通过 *trzN*、*atzB*、*atzC* 基因编码的酶将阿特拉津最终降解为氰尿酸。Vibber 等（2007）从农田中分理出 6 株 *Nocardioides* sp. 和 *Arthrobacter* sp. 的革兰氏阳性细菌，研究发现其中一株含有 *trzN-atzBC* 基因组合，其余 5 株均包含 *trzN-atzC* 基因组合。Devers 等（2007）首次在革兰氏阴性菌（*Sinorhizobium* sp. 和 *Polaromonas* sp.）中发现 *trzN-atzC* 基因组合。已经分离到的节杆菌属阿特拉津降解菌株中，除 AD1、MCMB-436、C3 外，许多其他 *Arthrobacter* sp. 菌株都含有 *trzN*、*atzB*、*atzC* 基因。迄今为止，报道的能将阿特拉津完全矿化的节杆菌只有一株。菌株 TT3 和 CS3 降解阿特拉津的实验结果显示，当阿特拉津被降解时会积累氰尿酸，且阿特拉津的初始平均摩尔浓度等于累积的氰尿酸的平均摩尔浓度。因此可以推测菌株 CS3 通过 *trzN-atzB-atzC* 代谢途径，经水解脱氯和脱烷基化，将阿特拉津转化为氰尿酸，但不能进一步催化三嗪环的裂解，使氰尿酸进一步降解为 CO_2和 NH_3。

通过生长降解实验表明菌株 TT3 和 CS3 均具有较好的降解性，对低浓度和高浓度阿特拉津都具有较好的降解能力。其中菌株 TT3 降解速率远远高于已经报道的菌株 B-30，J14a，EAA-4 和 NI86/21，前三者在 72 h 内分别将 16 mg/L、50 mg/L 和 25 mg/L 阿特拉津降解完全，菌株 NI86/21 则能在 48 h 内分别将 55 mg/L 阿特拉津完全降解。菌株 CS3 降解速率远远高于 Vaishampayan 等（2007）报道的菌株 MCMB-436，该菌株在 30 h 将 25 mg/L 的降解完全。

目前本研究只是在实验室条件下进行，下一步将重点研究菌株 TT3 和 CS3 在生态环境中的实际应用效果及特性，为进一步提高其实际应用效果提供基础。此外，关于菌株 TT3 和 CS3 与其他降解菌之间是否存在共存互作以及相互之间的互作机制也在进一步研究当中。

2.3　固定化菌藻的构建

2.3.1　材料与方法

2.3.1.1　实验材料

（1）试剂

阿特拉津标准样品和 97%阿特拉津原药，购自北京百灵威科技有限公司。将97%阿特拉津原药配制成10 000 mg/L的甲醇母液。所用甲醇为色谱纯，为西陇科学股份有限公司产品。其他化学试剂均为分析纯。

（2）主要仪器

参考第2.1节和第2.2节。

（3）供试菌株和微藻

已分离鉴定的菌株：柠檬球菌属（*Citricoccus*. sp）菌株TT3。

普通小球藻（*Chlorella vulgaris*）购自中国淡水藻种库，编号FACHB-1227。保种培养基为BG-11液体培养基。

（4）培养基

LB培养基：胰蛋白胨10 g、酵母粉5 g、NaCl 10 g，蒸馏水定容至1 L，调节pH值至7.0。在121℃条件下灭菌30 min。

无机盐基础培养基（mm）：NaCl 1.0 g、K_2HPO_4 1.5 g、KH_2PO_4 0.5 g、Mg_2SO_4 0.2 g，蒸馏水定容至1 L，调节pH值至7.0，121℃条件下灭菌30 min。

BG11培养基：每升溶液中0.001 g $EDTANa_2$、1.5 g $NaNO_3$、0.006 g柠檬酸铁铵、0.006 g柠檬酸、0.075 g $MgSO_4 \cdot 7H_2O$、0.04 g K_2HPO_4、0.02 g Na_2CO_3、2.86 mg H_3BO_3、1.86 mg $MnCl_2 \cdot 4H_2O$、0.22 mg $ZnSO_4 \cdot 7H_2O$、0.08 mg $CuSO_4 \cdot 5H_2O$、0.05 mg $Co(NO_3)_2 \cdot 6H_2O$、0.39 mg $NaMoO_4 \cdot 2H_2O$。用NaOH或HCl调节pH值至7.1。在121℃条件下灭菌30 min。

2.3.1.2 实验方法

（1）菌悬液的制备

从LB培养平板上挑取单菌落，接种到装有20 mL液体LB培养基的50 mL锥形瓶中，于30℃、180 rpm条件下过夜培养后，将菌液在高速冷冻离心机中5 000 rpm离心3 min收集菌体。然后用灭菌的蒸馏水洗涤、离心两次，收获细胞。最后用无菌水调节菌液浓度至5×10^8 CFU/mL，于4℃下保存备用。

（2）藻悬液的制备

在无菌的条件下用移液枪接种一定量的藻种（藻种与培养液比例为1∶10~1∶5）于含150 mL培养基的250 mL三角瓶中，混匀，在温度（25±1）℃，光强2 000 lux，光暗比L/D（light∶dark）=14∶10的条件下培养，每天手动摇动3~4次。取培养至对数期的藻液离心浓缩（3 000 rpm，5 min），然后用无菌的蒸馏水洗涤、离心两次，加入少量蒸馏水配成藻密度

为 5×10^6个/mL 的藻细胞悬浮液（陈娟，2007），于 4℃下保存备用。

（3）固定化微球的制备方法

按照正交实验选取的固定化微球最佳制备条件进行。共固定化菌藻微球制备具体步骤如下：取 5 g 海藻酸钠（SA）加入盛有 100 mL 蒸馏水的烧杯中，配制成 5%的海藻酸钠溶液。另外配制 4%的 $CaCl_2$溶液，将 5%的海藻酸钠溶液和 4%的 $CaCl_2$溶液于 121℃高压灭菌 30 min，取出后自然冷却至 35℃左右。分别取 30 mL 上述方法制备的菌悬液和藻悬液（菌悬液和藻悬液的浓度分别为 5×10^8 CFU/mL、5×10^6个/mL）加入上述灭菌冷却后的 SA 凝胶溶液中搅拌混合均匀（即加入的菌悬液、藻悬液和海藻酸钠溶液以 3∶3∶10 体积比均匀混合），用 50 mL 注射器缓慢滴入灭菌冷却的 4% $CaCl_2$溶液中，形成直径约为 3 mm 的固定化菌藻微球。静置于室温交联 4 h 后取出小球用无菌水冲洗 3 次，于 4℃下保存备用。

固定单菌微球、固定单藻微球和固定空白微球的制备方法同上，其中固定单菌微球制备时加入 30 mL 上述菌悬液和 30 mL 无菌水；固定单藻微球制备时加入 30 mL 上述藻悬液和 30 mL 无菌水；固定空白微球制备时加入 60 mL 无菌水。

（4）阿特拉津的测定

参见第二章 2.2.1.2 的方法。制备流程如图 2-22 所示。

（5）正常条件下固定化与游离态菌藻降解阿特拉津效果的对比

制备固定化单菌、固定化单藻和共固定化菌藻微球，并分别接种到盛有 100 mL 无机盐培养液的 250 mL 三角瓶中，小球与培养液的体积比为 1∶10。同时设立空白微球为对照。然后分别接种相同生物量的游离菌悬液、游离藻悬液和游离菌藻混合液到盛有 100 mL 无机盐培养液的 250 mL 三角瓶中，并设立不接种微生物的作为游离空白对照。之后向培养液中加入 0.5 mL 浓度为 10 000 mg/L 的 AT 甲醇母液，使阿特拉津的终浓度为 50 mg/L。每种样品设立三个重复。将所有样品 30℃、180 rpm、光强 2 000 lx，光暗比 L/D（light∶dark）= 14∶10 的条件下培养，每天取样测定样品中阿特拉津的残余浓度，并计算阿特拉津的降解率。

（6）固定化微球最佳投加量的确定

制备固定化单菌微球、共固定化菌藻微球和固定化空白微球，并分别接种到盛有 100 mL 无机盐培养液的 250 mL 三角瓶中。分别设定固定化微球与培养液的体积比为 1∶20、1∶10、1∶5、3∶10 四个处理，即 100 mL 无机

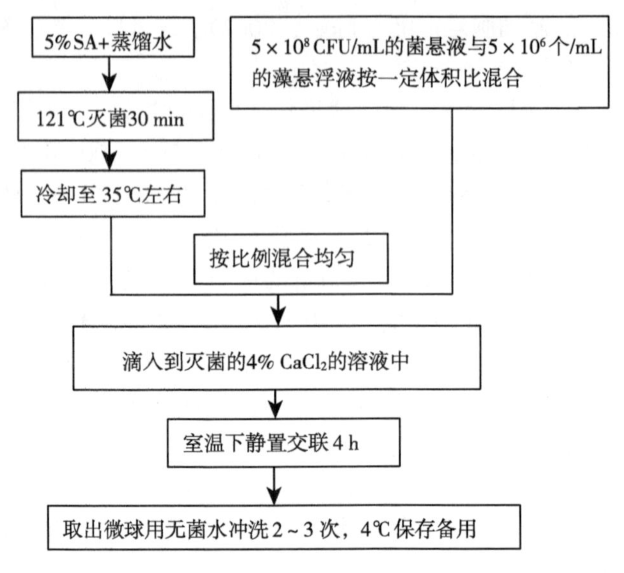

图 2-22　固定化微球的制备流程

盐培养液中加入固定化微球的总体积分别为 5 mL、10 mL、20 mL、30 mL。之后向培养液中加入 0.5 mL 浓度为 10 000 mg/L 的 AT 甲醇母液，使阿特拉津的终浓度为 50 mg/L。每种样品设立三个重复。将所有样品 30℃、180 rpm 条件下培养，每天取样测定样品中阿特拉津的残余浓度，并计算阿特拉津的降解率，以确定固定化微球最佳接入量。

因为通过前面的实验已经确定了普通小球藻不具有阿特拉津降解能力，所以后续实验中均不设置固定化单藻微球和游离态单藻处理。

（7）酸碱胁迫条件下固定化与游离态菌藻降解阿特拉津效果的对比

配制 pH 值分别为 5.0 和 12.0 的基础无机盐培养基。制备固定化单菌微球、共固定菌藻微球和固定化空白微球，并分别接种到 pH 值分别为 5.0 和 12.0 的 100 mL 无机盐培养液中，小球与培养液的体积比为 1∶10。然后分别接种相同生物量的游离菌悬液和游离菌藻混合液到 pH 值分别为 5.0 和 12.0 的 100 mL 无机盐培养液中，并设立不接种微生物的作为游离空白对照。之后向培养液中加入 0.5 mL 浓度为 10 000 mg/L 的 AT 甲醇母液，使阿特拉津的终浓度为 50 mg/L。每种样品设立三个重复。将所有样品 30℃、180 rpm、光强 2 000 lx，光暗比 L/D（light∶dark）= 14∶10 的条件下培养，每天取样测定样品中阿特拉津的残余浓度，并计算阿特拉津的降解率。

（8）高低温胁迫条件下固定化与游离态菌藻降解阿特拉津效果的对比

制备固定化单菌微球、共固定菌藻微球和固定化空白微球，并分别接种到pH值7.0的100 mL无机盐培养液中，小球与培养液的体积比为1：10。然后分别接种相同生物量的游离菌悬液和游离菌藻混合液到pH值为7.0的100 mL无机盐培养液中，并设立不接种微生物的作为游离空白对照。之后向培养液中加入0.5 mL浓度为10 000 mg/L的AT甲醇母液，使阿特拉津的终浓度为50 mg/L，然后分别置于10℃、37℃的摇床中180 rpm，光强2 000 lx，光暗比L/D（light：dark）= 14：10的条件下振荡培养。每种样品设立三个重复。每天取样测定样品中阿特拉津的残余浓度，并计算阿特拉津的降解率。

（9）重金属胁迫条件下固定化与游离态菌藻降解阿特拉津效果的对比

制备固定化单菌微球、共固定菌藻微球和固定化空白微球，并分别接种到pH值7.0的100 mL无机盐培养液中，小球与培养液的体积比为1：10。然后分别接种相同生物量的游离菌悬液和游离菌藻混合液到pH值为7.0的100 mL无机盐培养液中，并设立不接种微生物的作为游离空白对照。之后向培养液中加入0.5 mL浓度为10 000 mg/L的AT甲醇母液，使阿特拉津的终浓度为50 mg/L。然后再分别向培养液中加入0.5 mL浓度为10 000 mg/L的5种重金属离子母液（Cu^{2+}、Co^{2+}、Pb^{2+}、Mn^{2+}、Cd^{2+}），使每种重金属离子的终浓度为50 mg/L。每种样品设立三个重复。将所有样品30℃、180 rpm、光强2 000 lx，光暗比L/D（light：dark）= 14：10的条件下培养。每天取样测定样品中阿特拉津的残余浓度，并计算阿特拉津的降解率。

（10）固定微球的储存稳定性及重复利用性研究

为了考察固定化降解菌微球的重复利用性，制备固定化单菌微球、共固定菌藻微球和固定化空白微球，重复用于几个连续的阿特拉津降解过程。以3 d为一个降解周期，培养3 d后，取样测定样品中阿特拉津的残余浓度计算降解率，并在无菌条件下收集固定化微球，用无菌水冲洗3次。然后重新接种于新的含有50 mg/L阿特拉津的无机盐培养基中，按照相同的培养条件进行培养。如此循环，将固定化小球重复接种。在此期间，同时观察小球的破损率并记录。最终根据阿特拉津降解率和小球破损率评估重复利用的海藻酸钠固定化微球的阿特拉津降解能力。

为了测试固定化降解菌微球的储存稳定性，制备固定化单菌微球、共固定菌藻微球和固定化空白微球和游离的菌悬液、藻悬液分别放入20℃存储

0 d、10 d、20 d、30 d、40 d、50 d。然后分别接种到 pH 值为 7.0 的 100 mL 无机盐培养液中，并向培养液中加入 0.5 mL 浓度为 10 000 mg/L 的 AT 甲醇母液，使阿特拉津的终浓度为 50 mg/L。将所有样品 30℃、180 rpm、光强 2 000 lx，光暗比 L/D（light：dark）= 14：10 的条件下培养 3 d 后，取样测定阿特拉津的残余浓度，并计算阿特拉津的降解率。每种样品设立三个重复。

（11）数据分析统计方法

实验结果用平均值和标准差来表示。采用软件 SPSS 21.0 对数据进行单因素方差分析（ANOVA）和相关性分析以确定所有处理组之间的差异。设定 $P<0.05$ 为显著性差异。利用 origin 9.0 软件进行作图。

2.3.2 结果与分析

2.3.2.1 制备的固定化微球的形态结构

根据正交实验获得的最佳制备条件固定化微球。图 2-23 分别为新鲜制备的共固定菌藻微球、固定化单菌微球和固定化空白微球。可以看出，所制备的固定化微球表面光滑，无拖尾现象，呈规则圆球形，直径在 3 mm 左右。其中共固定菌藻微球因添加普通小球藻的缘故，呈浅绿色，固定化单菌微球和固定化空白微球则分别呈白色和米白色。

A　　B　　C

图 2-23　固定化微球的数码照片

注：A：固定化菌藻微球；B：固定化单菌微球；C：固定化空白微球。

2.3.2.2 正常条件下固定化与游离态菌藻降解阿特拉津效果的对比

固定化小和游离态对阿特拉津的去除效果如图 2-24 所示。由图可以看出，固定化单藻微球与固定化空白微球 3 d 后的阿特拉津降解基本相同且相互之间无显著性差异。游离态单藻处理与游离空白对照结果与固定化单藻微球与固定化空白微球相似，表明普通小球藻并不具备降解阿特拉津的功能。固定化空白微球对阿特拉津的吸附量在 8%～10%，吸附平衡后，基本保持不变，说明微球内的降解菌的生物降解是阿特拉津被去除的主要动力。

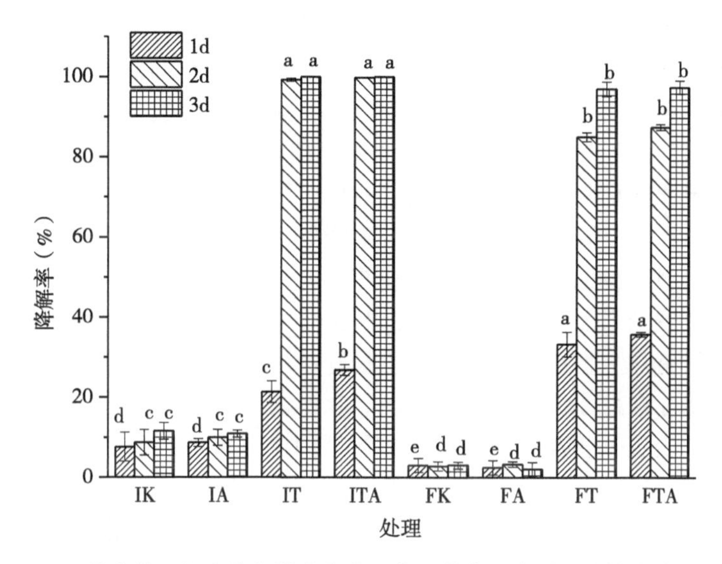

图 2-24　正常条件下固定化与游离态菌、藻及菌藻组合对阿特拉津的降解效果

注：IK、IA、IT、ITA 分别表示固定化空白微球、固定化单藻微球（普通小球藻）、固定化单菌微球（*Citricoccus* sp. TT3）、共固定菌藻微球（*Citricoccus* sp. TT3 和普通小球藻）；FK、FA、FT、FTA 分别表示游离态空白对照、游离态单藻（普通小球藻）、游离态单菌（*Citricoccus* sp. TT3）、游离态菌藻共生组合（*Citricoccus* sp. TT3 和普通小球藻）。

图 2-24 显示了第 1 d 游离态单菌和游离菌藻组合处理组对阿特拉津的降解率分别为 33.25%、35.73%，而固定化单菌和共固定菌藻微球对阿特拉津的降解率分别为 21.39%、26.83%。游离态单菌和游离菌藻组合处理组在第 2 d 对阿特拉津的降解率分别为 85.02%、89.76%。相比之下，第 2 d 固定化单菌和共固定菌藻微球处理组对阿特拉津的降解率均已达到 99%以上。可以看出在最佳生长条件下，固定化处理初期的降解效果低于游离处理，这与前人的研究结果和规律是符合的，因为固定化以后，初期降解菌的扩散和生长都受到了限制。之后固定化微生物逐渐适应了环境开始在有限空间内迅速生长，所以最终固定化提高了阿特拉津降解菌 *Citricoccus* sp. TT3 的降解效率，缩短了降解时间。这与之前报道的同类实验效果相吻合。

根据图 2-24 可知，固定化处理第 1 d 对阿特拉津的降解率低于游离态处理，可能是因为最开始游离态降解菌能够与阿特拉津完全接触，而固定化处理中，降解菌还不能完全与降解菌充分接触，所以降解较慢。第 2 d 之后，由于随着培养时间的延长，阿特拉津逐渐被吸附到固定化微球中，使被包埋的降解菌与阿特拉津接触面积增大。且随着培养时间的增加，游离降解菌的活力逐渐下降，而固定化微球中的降解菌仍保持较强的生命活力，因为固定化能将微生物细胞固定在载体空间内，独立环境使微生物在载体内部大量增殖，从而达到较高的菌种浓度，进而加快了阿特拉津的降解。Chen 等比较了固定化前后降解菌降解原油的效果，结果表明与游离降解菌相比，固定化细菌对原油的降解过程加速。游离降解菌对原油的降解在前 7 d，而固定化降解菌对原油的降解主要集中在前 5 d。

本研究中结果表明，游离态菌藻共生处理与游离单菌处理对阿特拉津的降解效果没有显著性差异。菌藻共生只有经过固定化处理之后，其降解阿特拉津的效果才会好于固定化单菌处理。原因之一可能是由于游离菌藻组合在生长过程中出现了相互竞争、抑制作用，因此并没有预想的协同促进作用，导致降解率差异不显著；另外也可能是因为游离条件下，小球藻本身不但没有降解阿特拉津的能力，而且还受到阿特拉津对其毒害作用已经死亡，所以不能表现出对降解菌的协同促进作用。经固定之后，共固定菌藻对阿特拉津降解效果优于固定单菌可能是因为固定化之后，固定化载体对普通小球藻起到一定的保护作用使其免受阿特拉津的毒害，所以表现出了菌藻共生的协同作用，促进了降解菌的生长造成的。固定化菌藻微球中的小球藻在生长过程中利用光能以及 CO_2 进行光合作用，产生的氧气促进降解菌 TT3 生长，同时降解菌 TT3 代谢产生 CO_2 提供给小球藻，并且代谢产物也可被小球藻利用，表现出协同作用。

2.3.2.3 固定化微球最佳投加量的确定

在阿特拉津初始浓度为 50 mg/L 条件下，研究了不同固定化微投加量对阿特拉津去除效果的影响。结果如图 2-25 所示。

由图 2-25 的图 A 可以看出，在第 1 d 时，随着小球数量的增加，3 种固定化微球对阿特拉津的降解率也随之增大。第 2 d 开始（图 2-25，B、C），在一定范围内（小球与培养液的体积比为 1：20~1：10 时），随着小球数量的增加，阿特拉津的降解率随之增大。当小球与培养液的体积比大于 1：10 时，虽然阿特拉津的降解率依然呈增加趋势，但增幅明显缩小。本研究结果与 Partovinia 和 Naeimpoor 报道的结果不同，他们观察到不同接种量对生物降解没有显著影响。大部分研究报道指出固定化微球的量直接与反应体系中微生物的数量相关，因此越多的微球意味着越多的微生物量。当微球达到一定数量时，继续增加微球使用量，虽然含有的菌藻微生物数量也随之增加，但是培养基中的营养物质是一定的，只能够提供一定数量的微生物进行生长，当微生物数量超过一定数量，则没有足够的营养进行生长繁殖，所以对阿特拉津的降解效果也不再有明显的增加趋势。因此，从实验操作、运行成

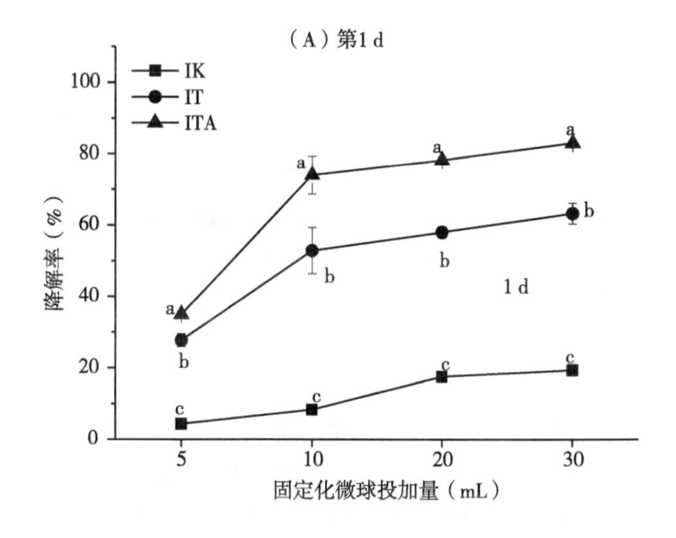

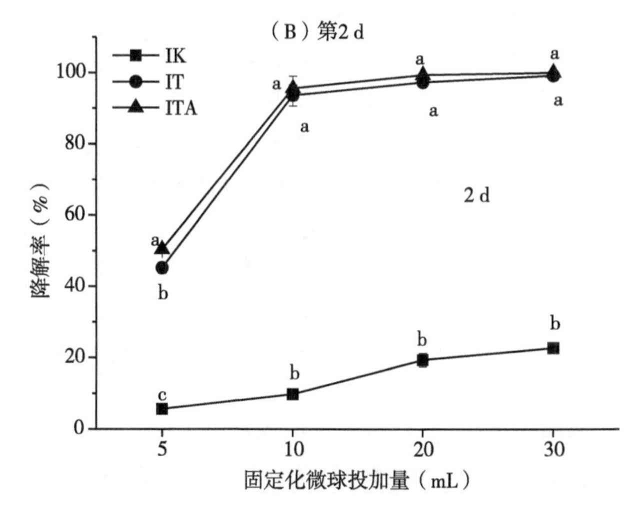

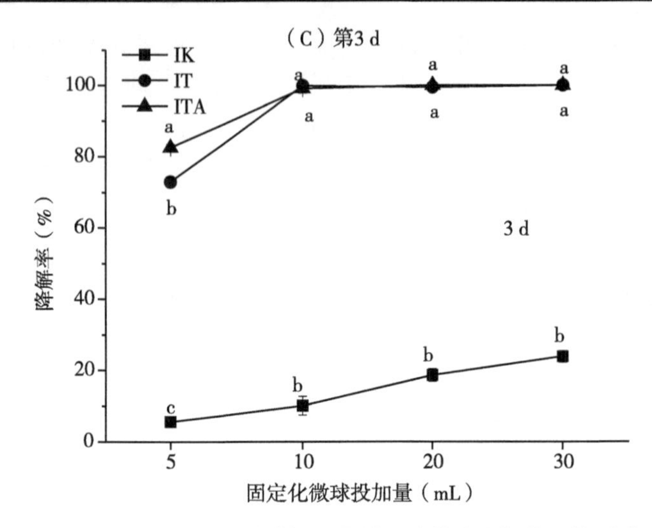

图 2-25　不同固定化微球投加量对阿特拉津降解效果的影响

注：IK、IT、ITA 分别表示固定化空白微球、固定化单菌微球（*Citricoccus* sp. TT3）、共固定菌藻微球（*Citricoccus* sp. TT3 和普通小球藻）。

本等各方面考虑，宜选用小球与培养液的体积比等于 1∶10 为固定化微球最佳投加量，即 100 mL 无机盐培养液中加入小球总体积分别为 10 mL。

由图 2-25 还可以看出，在第 1 d 时（图 2-25，A），共固定菌藻对阿特拉津的降解效果比固定单菌的降解效果高出 10%以上。第 2 d（图 2-25，B）共固定菌藻微球和固定化单菌微球对阿特拉津的降解率均达到 90%以上，第 3 d（图 2-25，C）都在 99%以上。在第 2 d 以后，虽然共固定菌藻比固定单菌对阿特拉津的降解率略高，但是并没有显著性差异，表明共固定菌藻可以通过缩短降解阿特拉津的时间，进而提高对阿特拉津的降解效率，降低成本。

2.3.2.4　酸碱胁迫条件下固定化与游离态菌藻降解阿特拉津效果的对比

由之前的研究可知，菌株 TT3 在 pH 值 6~11 范围内具有较高的降解性，因此为了确定在酸碱胁迫条件下固定化 TT3 菌株及固定化菌藻共生处理对阿特拉津生物降解的影响，我们选择一个较低 pH 值（5.0）和一个较高 pH 值（12.0）进行实验，同时与未固定化的处理组进行对比，其结果如图 2-26 所示。从图 2-26 中可以看出，相比于未经固定化的阿特拉津降解菌和菌藻共生处理，经固定化之后的降解菌和共固化菌藻在两种 pH 值条件下的降解率都有了一定的提升，这与前人的许多研究结果一致。在 pH 值为 5 的酸性环境中（图 2-26，A），游离降解菌和游离菌藻组合培养 3 d 之后对阿特拉津的降解率分别为3.15%和4.35%，降解菌的阿特拉津降解活性基本完全被抑制，然而相同条件下，固定化降解菌和共固定菌藻对阿特拉津的降

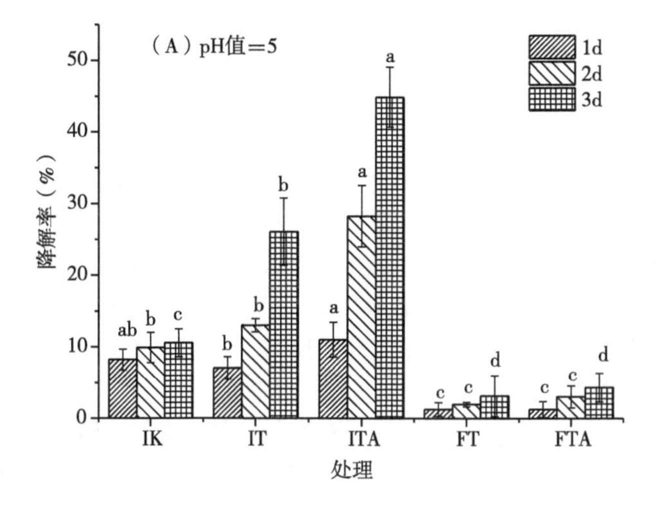

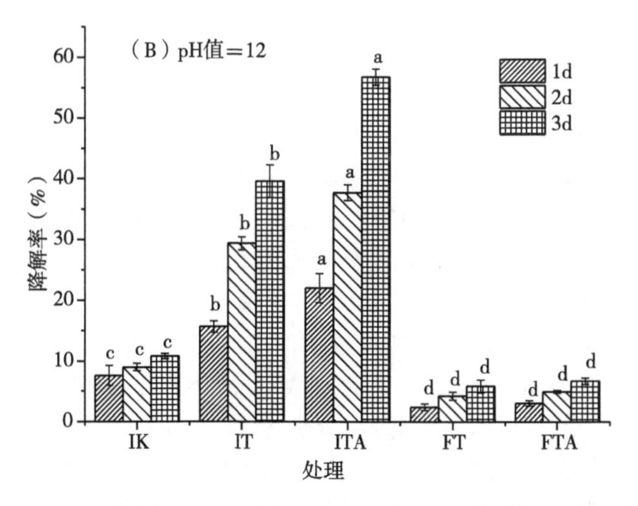

图2-26　酸碱胁迫对固定化与游离态菌及菌藻组合降解阿特拉津效果的影响

注：A：pH值=5.0；B：pH值=12.0；IK、IT、ITA分别表示固定化空白微球、固定化单菌微球（*Citricoccus* sp. TT3）、共固定菌藻微球（*Citricoccus* sp. TT3和普通小球藻）；FK、FT、FTA分别表示游离态空白对照、游离态单菌（*Citricoccus* sp. TT3）、游离态菌藻共生组合（*Citricoccus* sp. TT3和普通小球藻）。图中不同的字母表示不同处理之间的差异是显著性差异（$P<0.05$）。

解率分别为 26.08%和 44.92%，分别是游离降解菌和游离菌藻组合的 8.28 倍和 10.33 倍。培养 3 d 之后，在 pH 值为 12 的碱性环境中（图 2-26，B），固定化之后降解菌 TT3 对阿特拉津的降解率从不足 6%提高到了 39.60%，菌藻共生对阿特拉津的降解率从不足 6.72%提高到了 56.79%。曾有报道说 pH 值变化可以影响酶化合物的溶解性和稳定性。通常极高或极低的 pH 值会导致大部分酶的活性完全丧失。本研究结果说明，固定化处理在一定程度上提高了降解菌对酸性环境和碱性环境的耐受性，从而提高了其对阿特拉津的降解率。其中菌藻共生处理在游离态时由于受到酸碱胁迫和阿特拉津的毒害抑制作用，与游离单菌处理之间并无显著性差异。经固定化之后，共固定菌藻微球处理组对阿特拉津的降解效果与固定化单菌处理相比明显有所提高，表明菌藻之间是存在协同作用的，所以能通过促进降解菌的生长提高其对阿特拉津的降解效果。

2.3.2.5 高低温胁迫条件下固定化与游离态菌藻降解阿特拉津效果的对比

有文献指出，较低温度会导致降解菌活性减弱，会对微生物的生物降解速率有负面影响，而温度过高（如高于 40℃）可能会引起微生物降解酶失活。由于实际环境中不会有太低或太高的温度，所以选择温度 10℃和 37℃条件进行实验，以研究温度胁迫对经固定化处理后的降解菌及菌藻组合降解阿特拉津的影响，并与游离处理进行对比。其结果如图 2-27 所示。

从图 2-27 中可以看出，相比于未经固定化的阿特拉津降解菌和菌藻共生处理，经固定化之后的降解菌和共固化菌藻在两种温度条件下的降解率都有了一定的提高。在温度为 37℃时（图 2-27，B），未经固定化的游离降解菌 TT3 和游离菌藻组合培养 3 d 之后对阿特拉津的降解率分别为 82.32%和 92.01%，固定化降解菌 TT3 和共固定菌藻对阿特拉津的降解率分别为 97.40%和 99.97%，分别是游离降解菌 TT3 和游离菌藻组合的 1.18 倍和 1.09 倍。在温度为 10℃时（图 2-27，A），游离降解菌 TT3 和游离菌藻组合培养 3 d 之后对阿特拉津的降解率分别为 71.41%和 80.75%，固定化降解菌 TT3 和共固定菌藻对阿特拉津的降解率分别为 98.88%和 99.81%，分别是游离降解菌 TT3 和游离菌藻组合的 1.38 倍和 1.24 倍。以上结果表明，固定化处理提高了菌株对不良外界温度的耐受性。其原因可能是，在固定化载体的保护下，固定化小球内部温度受周围环境的影响较小。特别是在极端环境温度下，可以使内部温度相对保持稳定，从而使微生物能够在相对较适宜的温度下生长，提高微生物活性及存活数量，使其在不良温度条件下也能发

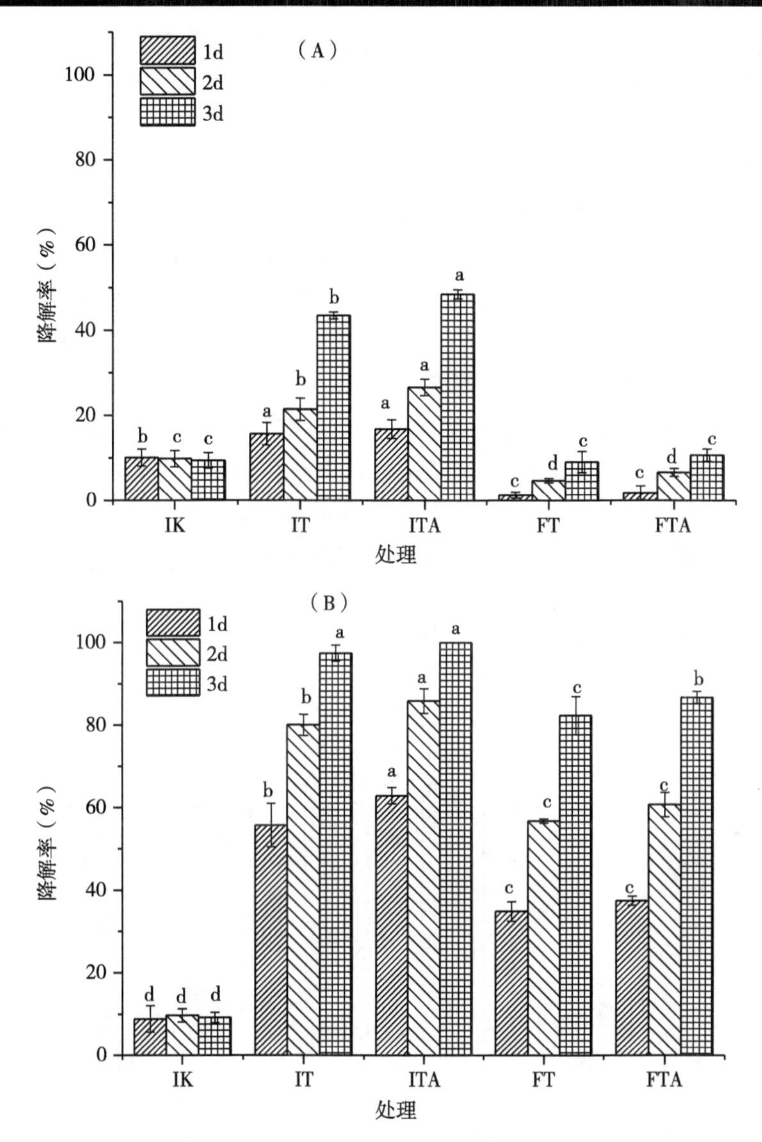

图 2-27　温度胁迫对固定化与游离态菌及菌藻组合降解阿特拉津效果的影响

注：IK、IT、ITA 分别表示固定化空白微球、固定化单菌微球（*Citricoccus* sp. TT3）、共固定菌藻微球（*Citricoccus* sp. TT3 和普通小球藻）；FK、FT、FTA 分别表示游离态空白对照、游离态单菌（*Citricoccus* sp. TT3）、游离态菌藻共生组合（*Citricoccus* sp. TT3 和普通小球藻）。图中不同的字母表示不同处理之间的差异是显著性差异（$P<0.05$）。

挥一定的降解作用。经固定化之后，共固定菌藻微球处理组对阿特拉津的降解效果与固定化单菌处理相比明显有所提高，表明菌藻之间是存在协同作用的，所以能通过促进降解菌的生长提高其对阿特拉津的降解效果。

2.3.2.6 重金属胁迫条件下固定化与游离态菌藻降解阿特拉津效果的对比

实际环境中经常存在阿特拉津与重金属复合污染现象。所以在生物修复阿特拉津污染环境时需要考虑重金属离子对阿特拉津生物降解菌的毒害作用，如何有效避免重金属对降解菌的影响，以最大程度的发挥降解菌的降解效率成为众多研究者研究的热点。本研究比较了 5 种不同重金属离子胁迫条件下固定化与游离态菌藻降解阿特拉津的降解效果。图 2-28 显示了当存在重金属离子 Mn^{2+} 胁迫时固定化与游离态菌藻降解阿特拉津的效果。游离态阿特拉津降解菌 TT3 和游离态菌藻组合处理组在培养 3 d 后对阿特拉津的降解率分别为 65.64%和 71.77%，高于其余所有重金属离子胁迫时的降解率，分析原因可能是因为降解菌 TT3 对重金属离子 Mn^{2+} 不是很敏感，所以重金

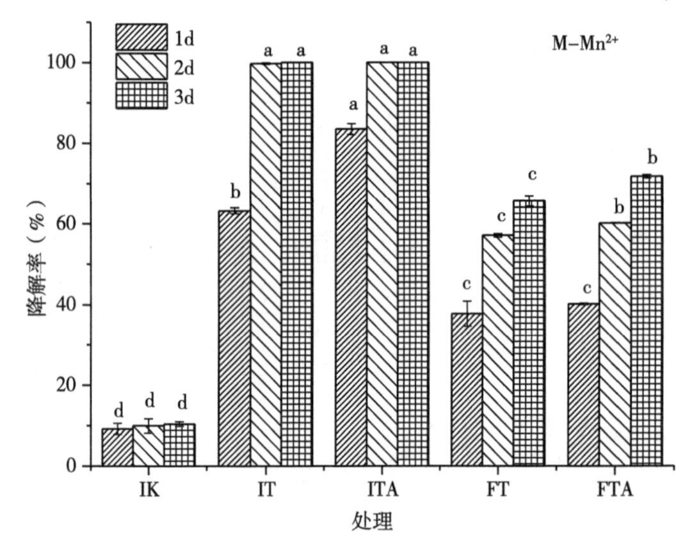

图 2-28　重金属离子（Mn^{2+}）胁迫对固定化与游离态菌及菌藻组合降解阿特拉津效果的影响

注：IK、IT、ITA 分别表示固定化空白微球、固定化单菌微球（*Citricoccus* sp. TT3）、共固定菌藻微球（*Citricoccus* sp. TT3 和普通小球藻）；FK、FT、FTA 分别表示游离态空白对照、游离态单菌（*Citricoccus* sp. TT3）、游离态菌藻共生组合（*Citricoccus* sp. TT3 和普通小球藻）。图中不同的字母表示不同处理之间的差异是显著性差异（$P<0.05$）。

属离子 Mn^{2+}对降解菌 TT3 降解阿特拉津的效果影响不是很大。实验培养的 3 d 中，固定化处理组队阿特拉津的降解率远远高于游离处理组。其中共固定菌藻处理在第 1 d 时对阿特拉津的降解率高于固定化单菌，之后 2 d 两个处理组对阿特拉津的降解效果无显著性差异，这与之前最佳条件下研究的结果基本一致，说明菌藻共生处理和固定化处理在逆境或者不良环境条件下更能体现出其对阿特拉津的降解优势。

当存在重金属离子 Pb^{2+}胁迫时（图 2-29），游离态阿特拉津降解菌 TT3 和游离态菌藻组合处理组在培养 3 d 后对阿特拉津的降解率分别为 49. 20% 和 52. 92%，略低于重金属离子 Mn^{2+}胁迫时的降解率，均高于其余 3 种重金属离子 Cd^{2+} 、Co^{2+}和 Cu^{2+}胁迫时的降解率。分析原因可能是因为降解菌 TT3 对重金属离子 Pb^{2+}没有对重金属离子 Cd^{2+} 、Co^{2+}和 Cu^{2+}敏感，但是比对重金属离子 Mn^{2+}敏感，所以重金属离子 Pb^{2+}对降解菌 TT3 降解阿特拉津的效果影响小于重金属离子 Cd^{2+} 、Co^{2+}和 Cu^{2+}对降解菌 TT3 降解阿特拉津的效果影

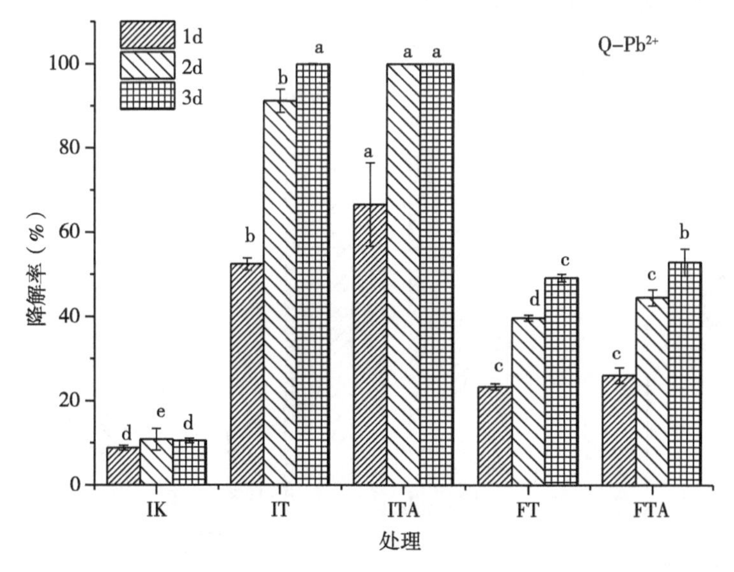

图 2-29　重金属离子（Pb^{2+}）胁迫对固定化与游离态菌及菌藻组合降解阿特拉津效果的影响

注：IK、IT、ITA 分别表示固定化空白微球、固定化单菌微球（*Citricoccus* sp. TT3）、共固定菌藻微球（*Citricoccus* sp. TT3 和普通小球藻）；FK、FT、FTA 分别表示游离态空白对照、游离态单菌（*Citricoccus* sp. TT3）、游离态菌藻共生组合（*Citricoccus* sp. TT3 和普通小球藻）。图中不同的字母表示不同处理之间的差异是显著性差异（$P<0.05$）。

响，但是其受到重金属离子 Pb^{2+} 的毒害作用比受到重金属离子 Mn^{2+} 的毒害作用大。共固定菌藻处理组第 2 d 对阿特拉津的降解率即达到 100%，固定化单菌处理组在第 3 d 对阿特拉津的降解率才达到 99.90%。

当存在重金属离子 Cd^{2+} 胁迫时（图 2-30），游离态阿特拉津降解菌 TT3 和游离态菌藻组合处理组在培养 1 d 后对阿特拉津的降解率分别为 21.78% 和 25.15%，3 d 后对阿特拉津的降解率分别为 31.20% 和 33.04%。也就是说从第 1 d 之后，降解率基本没有明显增长，分析原因可能是因为重金属离子 Cd^{2+} 胁迫对游离态降解菌 TT3 产生了毒害作用，所以降解菌的存活数量越来越少，降解作用越来越不明显。相比之下，固定化处理后，降解菌和菌藻共生处理组第 1 d 对阿特拉津的降解率分别为 44.53% 和 67.01%，均高于游离态培养 3 d 后的降解率。固定化降解菌和共固定菌藻培养 3 d 之后对阿特拉津的降解率均高于 95%。其中在整个实验过程中，共固定菌藻对阿特拉津的降解率都高于固定化单菌。

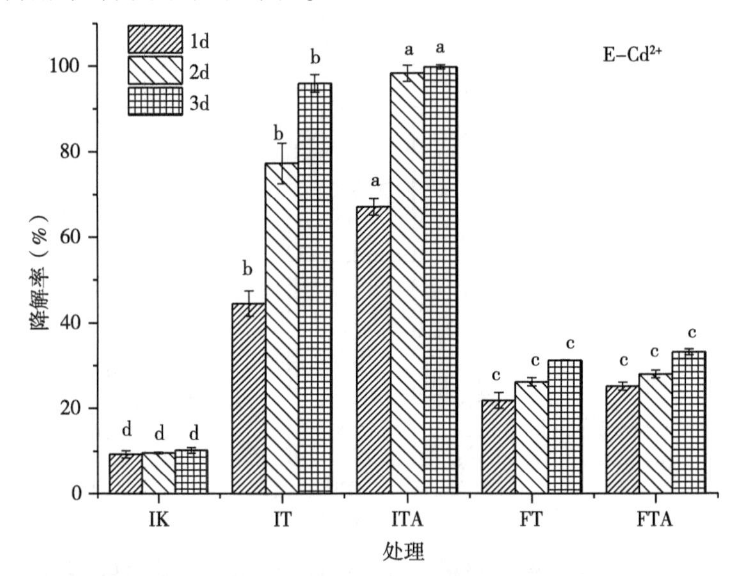

图 2-30　重金属离子（Cd^{2+}）胁迫对固定化与游离态菌及菌藻组合降解阿特拉津效果的影响

注：IK、IT、ITA 分别表示固定化空白微球、固定化单菌微球（*Citricoccus* sp. TT3）、共固定菌藻微球（*Citricoccus* sp. TT3 和普通小球藻）；FK、FT、FTA 分别表示游离态空白对照、游离态单菌（*Citricoccus* sp. TT3）、游离态菌藻共生组合（*Citricoccus* sp. TT3 和普通小球藻）。图中不同的字母表示不同处理之间的差异是显著性差异（$P<0.05$）。

当存在重金属离子 Co^{2+} 胁迫时（图 2-31），游离态阿特拉津降解菌 TT3 和游离态菌藻组合处理组在培养 3 d 后对阿特拉津的降解率分别为 15.12% 和 16.29%，均未超过 20%，与重金属离子 Cd^{2+} 胁迫时相比，降解率低大约 15 个百分点，分析原因可能是因为降解菌 TT3 对重金属离子 Co^{2+} 比重金属离子 Cd^{2+} 更敏感，所以重金属离子 Co^{2+} 对降解菌 TT3 产生的毒害作用大，导致对阿特拉津的降解率明显降低。相比之下，固定化处理后，降解菌和菌藻共生处理组第 1 d 对阿特拉津的降解率分别为 32.75% 和 48.07%，均高于游离态培养 3 d 后的降解率。培养 3 d 之后共固定菌藻对阿特拉津的降解率高达 91.50%，明显高于单固定降解菌处理组。王新等人也研究了游离菌和固定菌在浓度为 0.1 mmol/L 的 Cd^{2+} 和 Pb^{2+} 胁迫下的生物降解效果，结果发现在相同的时间内，游离菌的降解率明显低于固定菌。分析原因可能是金属离子 Pb^{2+} 和 Cd^{2+} 对微生物具有毒害作用，而固定化微球对各种离子的吸附能力具有一定的阈值，高于这一阈值后，吸附量几乎不变，因此对于微生物

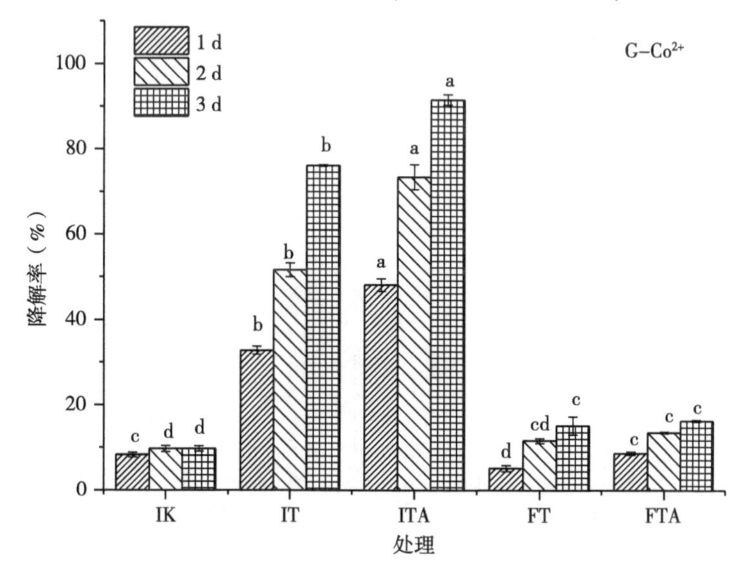

图 2-31　重金属离子（Co^{2+}）胁迫对固定化与游离态菌及菌藻组合降解阿特拉津效果的影响

注：IK、IT、ITA 分别表示固定化空白微球、固定化单菌微球（*Citricoccus* sp. TT3）、共固定菌藻微球（*Citricoccus* sp. TT3 和普通小球藻）；FK、FT、FTA 分别表示游离态空白对照、游离态单菌（*Citricoccus* sp. TT3）、游离态菌藻共生组合（*Citricoccus* sp. TT3 和普通小球藻）。图中不同的字母表示不同处理之间的差异是显著性差异（$P<0.05$）。

来说具有一定的缓冲时间，因此对于其降解性能影响不大。

当存在重金属离子 Cu^{2+} 胁迫时（图 2-32），游离态阿特拉津降解菌 TT3 和游离态菌藻组合处理组在培养 3 d 后对阿特拉津的降解率分别为 3.64%和 6.31%，均低于其余 4 种重金属离子 Mn^{2+}、Pb^{2+}、Cd^{2+} 和 Co^{2+} 胁迫时的降解率。固定化处理后，降解菌和菌藻共生处理组培养 3 d 之后对阿特拉津的降解率分别为 33.19%和 57.69%，相同条件下同样明显低于其他 4 种重金属离子胁迫时对阿特拉津的降解率。分析原因可能是因为降解菌 TT3 对重金属离子 Cu^{2+} 非常敏感，所以 Cu^{2+} 能显著抑制降解菌 TT3 对阿特拉律的降解，所以无论是在游离态还是经固定化处理之后，其对降解菌 TT3 降解阿特拉津的效果影响都比其他 4 种重金属离子的影响大，所以存在重金属离子 Cu^{2+} 胁迫时，游离态和固定化处理对阿特拉津的降解率都是最低的。分析总趋势的话，固定化处理组队阿特拉津的降解率均高于游离处理组，共固定菌藻处理组对阿特拉津的降解率也都高于固定化单菌。该结果同样说明固定化处理

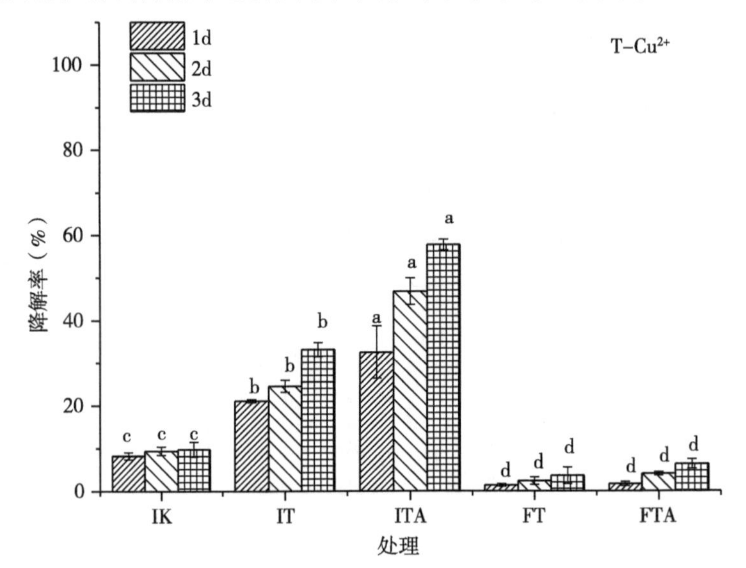

图 2-32　重金属离子（Cu^{2+}）胁迫对固定化与游离态菌及菌藻组合降解阿特拉津效果的影响

注：IK、IT、ITA 分别表示固定化空白微球、固定化单菌微球（*Citricoccus* sp. TT3）、共固定菌藻微球（*Citricoccus* sp. TT3 和普通小球藻）；FK、FT、FTA 分别表示游离态空白对照、游离态单菌（*Citricoccus* sp. TT3）、游离态菌藻共生组合（*Citricoccus* sp. TT3 和普通小球藻）。图中不同的字母表示不同处理之间的差异是显著性差异（$P<0.05$）。

能够减轻重金属离子和阿特拉津对降解菌 TT3 的毒害抑制作用，并且菌藻共生处理对阿特拉津的降解效果要好于固定化单菌处理。

有报道指出，重金属之所以能杀死细菌主要是因为重金属可以和细胞蛋白质结合使其变性，还可以与细胞内的酶结合使酶失活，亦或与中间代谢产物结合阻碍代谢，亦或将细胞结构上主要元素取代后使正常代谢产物变为无效化合物，通过以上几种方式重金属可以抑制微生物生长或杀死微生物。但是因为环境中诸多因素都能影响重金属离子的毒性。这些因素不仅包括重金属的自身性质，也包括环境因素（氧化还原电位、磷酸盐、有机物等），所以不同微生物对不同重金属离子的敏感度有所差异。因而本研究中 Cu^{2+} 对降解菌 TT3 降解阿特拉津的抑制作用最为明显，Mn^{2+} 和 Pb^{2+} 对降解菌 TT3 降解阿特拉津的效果影响最小。降解菌 TT3 对重金属离子的敏感性从高到低依次为：$Cu^{2+}>Co^{2+}>Cd^{2+}>Pb^{2+}>Mn^{2+}$。本研究结果可为有机污染物与重金属离子复合污染的生物环境修复应用提供参考。

2.3.2.7　固定微球的储存稳定性及重复利用性

可重复利用性和储存稳定性是考察固定化细胞能否实际应用的一个重要指标，因为它们可以减少浪费，节省时间并降低培养成本。因此我们对海藻酸钠固定化微球的可重复利用性能进行研究。由图 2-33 可知，两次循环后，固定化菌和共固定菌藻微球对阿特拉津的降解率基本没有降低，都在 99%以上，经过 4 次循环后，固定化单菌和共固定菌藻微球对阿特拉津的降解率均维持在 95%以上，也没有显著性降低。5 次循环后，单固定化菌和共固定菌藻小球对阿特拉津的降解率分别为 90. 12%和 94. 22%，虽然有所降低，但都在 90%以上。在实验过程中我们还观察了固定化微球在每次循环之后的破损情况，发现前两次循环之后，固定化微球基本没有破损，且比较坚固，培养液也比较清澈。在第 3 次循环时微球的破损率在 5%左右，之后固定化微球开始发生不同程度的破损，有的残缺不全，有的甚至全部溶解，培养液也变得非常浑浊，微球的破损率却随着循环数的增加而增加。第 4 次循环后的破损率突然增加至 80%左右，到第 5 次的破损率高达 90%以上。所以本研究中的海藻酸钠固定化微球可以重复利用 3 次（每次 3 d），在 3 次循环利用过程中，固定化单菌微球和共固定菌藻微球对阿特拉津的降解率均保持在 95%以上，且微球也能保持较好的完整状态。

长期储存对微生物的稳定性和活性也有很大的影响。本研究比较了长期储存在 20℃条件下的固定化和游离态降解菌及菌藻共生对阿特拉津的降解

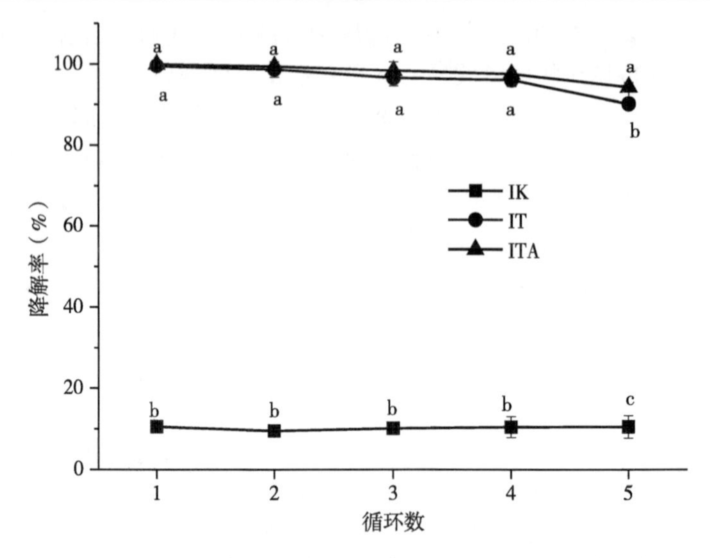

图 2-33　固定化微球重复利用对阿特拉津降解效果的影响

注：IK、IT、ITA 分别表示固定化空白微球、固定化单菌微球（*Citricoccus* sp. TT3）、共固定菌藻微球（*Citricoccus* sp. TT3 和普通小球藻）。图中不同小写字母表示不同处理在 0.05 水平上差异显著。

效果，结果如图 2-34 所示。可以看出，储存 50 d 之后固定化单菌微球和共固定菌藻微球对阿特拉津的降解率均高于 80%，保持较稳定的阿特拉津降解效率。游离状态下随着储存时间的增加，降解菌对阿特拉津的降解率也随之逐渐降低。储存 50 d 之后游离降解菌和游离菌藻组合对阿特拉津的降解率分别降低至 19. 49%和 20. 89%。以上结果说明储存 50 d 之后固定化降解菌依然保持着较稳定的降解能力，显著高于游离态细胞。

国内外已有许多关于固定化及菌藻共生降解多种污染物的报道，但是关于应用固定化微生物技术降解阿特拉津的报道还是比较少的。2006 年朱鲁生等将阿特拉津降解菌 HB-5 通过海藻酸钠包埋发进行了固定并用于降解阿特拉津研究，结果表明固定化之后的菌株的降解能力高于未固定菌株。孟雪梅研究了多孔木炭固定微生物对土壤中阿特拉津的吸附于降解，通过比较得出，固定化的降解效率明显高于游离菌。范玉超等通过竹炭固定研究了其对土壤中阿特拉津的降解，研究结果与孟雪梅等的研究结果一致。刘虹等研究了低温下固定化微生物降解水体中阿特拉津的效果，结果表明固定化处理效果明显高于悬浮态。马尧研究发现固定化提高了微生物的密集程度和生存稳定性，大大提高了其对阿特拉津降解效果。李颖等用聚乙烯醇固定微球菌

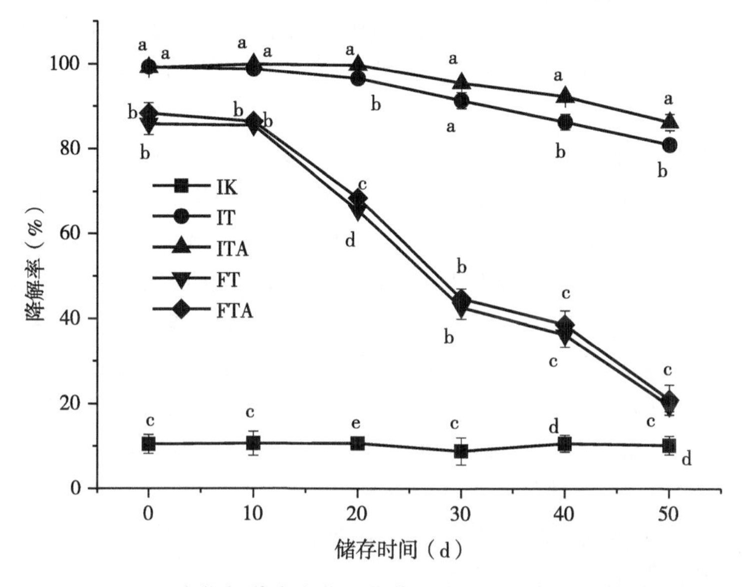

图 2-34　固定化与游离态菌及菌藻组合之间储存稳定性的比较

注：IK、IT、ITA 分别表示固定化空白微球、固定化单菌微球（*Citricoccus* sp. TT3）、共固定菌藻微球（*Citricoccus* sp. TT3 和普通小球藻）；FT、FTA 分别表示游离态单菌（*Citricoccus* sp. TT3）、游离态菌藻共生组合（*Citricoccus* sp. TT3 和普通小球藻）。

AD3，并对其降解特性进行研究，结果表明固定化能提高降解菌对阿特拉津的降解率，并能够重复使用，具有较好的稳定性。但是以上报道都是利用固定化单菌降解阿特拉津，关于共固定化菌藻降解阿特拉津的研究报道目前还未发现。本研究通过比较固定化降解菌 TT3 和共固定菌株 TT3 与普通小球藻对阿特拉津的降解效果发现，将菌藻共生与固定化技术相结合会进一步提高降解菌降解阿特拉津的效果，为阿特拉津污染修复提供新的思路和技术支持。

通过对各种环境条件下固定化与游离态降解菌及菌藻共生对阿特拉津的降解发现，在 pH 值为 7.0，温度为 30℃ 的最适条件下，培养 3 d 后固定化和游离态对阿特拉津降解效果差异不是很明显。但是在酸碱胁迫、高低温胁迫和重金属胁迫条件下，经固定化之后的阿特拉津降解率明显得到提高，说明固定化处理可以提高阿特拉津降解菌对于不良环境的耐受性。原因可能是固定化载体对微球内的微生物起到了一定的保护作用，使其能在这种特殊环境中依然保持一定的降解活性。本研究选取了 5 种不同的重金属离子研究在重金属胁迫条件下固定化与游离态微生物降解阿特拉津的情况，结果发现降解菌 TT3 对 5 种重金属离子的敏感性有所不同，敏感性从高到低依次为：Cu^{2+}>Co^{2+}>Cd^{2+}>Pb^{2+}>Mn^{2+}。不过从总的趋势来看，无论哪种重金属离子胁迫，固定化处理的效果都明显好于游离态，菌藻共生处理对阿特拉津的降解效果也优于单菌处理。以上结果表明，固定化处理能够保护降解菌免受外界环境中重金属离子的毒害作用，使其在逆境环境中也能发挥一定的降解作用，甚至不受其影响。已经有报道指出，经过固定化的微生物其密集程度和生存的稳定性都有了比较大的提高，外界的不良环境透过固定化材料对微生物的影响会大大降低。菌藻共生处理经固定化之后能够较好的发挥菌藻之间的互利共生作用，提高降解菌的生物降解作用，这与前人的研究结果和规律是一致的。Lin 等（2015）有类似的报道，它们将 *Acinetobacter venetianus* 固定在蔗渣上之后研究了在重金属污染压力下其降解正十四烷的效果，结果表明其对不同重金属离子污染胁迫显示出明显的不同反应，且与游离细胞相比，固定化细胞的耐受力有所增加。

根据本研究中海藻酸钠固定化菌藻微球的重复利用性和储存稳定性实验结果可知，微生物经固定化之后的储存稳定性大大提高。不过本研究中海藻酸钠固定化微球的机械强度不是很大，导致其重复利用性降低。实际应用生产中，微球机械强度越高，实际应用价值也越高，所以需要考虑如何提高微球的机械性能。陈庆国等研究报道，随着循环数的增加，固定化小球可能因为水的机械剪切和溶胀作用，导致破损率逐渐增加。另有研究报道指出，由于培养液中含有磷酸盐，能够与固定化小球载体中的钙离子发生作用，从而使小球的机械强度降低，致使小球逐渐破裂溶解。所以后续研究工作中需要考虑如何进一步增强海藻酸钠固定化微球的机械强度，同时又不影响其传质性。

利用固定化微生物修复阿特拉津污染环境的研究目前较少。本研究中通过海藻酸钠包埋法将阿特拉津降解菌 TT3 进行固定化，同时对降解菌 TT3 和普通小球藻进行共固定，分别与游离状态的处理效果进行了比较。结果发现，固定化处理在一定程度上提高了阿特拉津降解菌 TT3 对不良环境的适应能力，受不良环境的影响变小了。相同条件下固定化处理对阿特拉津的降解效果优于未固定化处理，共固定菌藻对阿特拉津的降解效果优于固定化单菌。所以未来在阿特拉津污染环境的修复工作中可以考虑将固定化技术应用其中。此外，本研究将固定化处理和菌藻共生处理相结合，为阿特拉津污染修复，特别是对修复阿特拉津污染的水环境提供了新思路和新方法。因为生物修复水体中阿特拉津污染存在菌体易流失，微生物指标超标以及水体溶解氧低等问题，共固定菌藻可以利用菌藻之间的互利共生关系，在一定程度上解决溶解氧限制问题，且同时发挥固定化的优势，避免因菌体流失而造成的微生物超标问题。

2.4　固定化微球对阿特拉津吸附机制和降解动力学的研究

研究固定化微球对阿特拉津的吸附动力学有助于了解固定化微球吸附阿特拉津的机理，通过对固定化微球吸附阿特拉津的动力学和等温吸附线的研究，揭示了固定化微球对阿特拉津的吸附机理，同时为进一步的降解动力学研究奠定基础。根据比较常用的动力学模型，对用海藻酸钠包埋法制备的固定化菌藻微球及固定单菌微球对阿特拉津的生物降解动力学进行了研究，同时与游离态细胞进行比较。通过拟合得到的动力学参数分析了固定化藻微球及固定单菌微球对阿特拉津的降解。

2.4.1　材料与方法

2.4.1.1　实验材料

（1）试剂

阿特拉津标准样品和 97%阿特拉津原药，购自北京百灵威科技有限公司。将 97%阿特拉津原药配制成 10 000 mg/L 的甲醇母液。所用甲醇为色谱纯，为西陇科学股份有限公司产品。其他化学试剂均为分析纯。

（2）主要仪器

参见第 2 章。

（3）供试菌株和微藻

已分离鉴定的菌株：柠檬球菌属（*Citricoccus* sp.）菌株 TT3。

普通小球藻（*Chlorella vulgaris*）购自中国淡水藻种库，编号 FACHB-1227。保种培养基为 BG-11 液体培养基。

（4）培养基

LB 培养基：胰蛋白胨 10 g、酵母粉 5 g、NaCl 10 g，蒸馏水定容至 1 L，调节 pH 值至 7.0。在 121℃条件下灭菌 30 min。

无机盐基础培养基（MM）：NaCl 1.0 g、K_2HPO_4 1.5 g、KH_2PO_4 0.5 g、

Mg_2SO_4 0.2 g，蒸馏水定容至 1 L，调节 pH 值至 7.0，121℃条件下灭菌 30 min。

BG11 培养基：每升溶液中 0.001 g $EDTANa_2$、1.5 g $NaNO_3$、0.006 g 柠檬酸铁铵、0.006 g 柠檬酸、0.075 g $MgSO_4 \cdot 7H_2O$、0.04 g K_2HPO_4、0.02 g Na_2CO_3、2.86 mg H_3BO_3、1.86 mg $MnCl_2 \cdot 4H_2O$、0.22 mg $ZnSO_4 \cdot 7H_2O$、0.08 mg $CuSO_4 \cdot 5H_2O$、0.05 mg $Co(NO_3)_2 \cdot 6H_2O$、0.39 mg $NaMoO_4 \cdot 2H_2O$。用 NaOH 或 HCl 调节 pH 值至 7.1。在 121℃条件下灭菌 30 min。

2.4.1.2 实验方法

(1) 固定化微球的制备

参见第 2 章 2.3.1.2 的方法。

(2) 固定化微球对阿特拉津吸附动力学的研究

吸附动力学：准确量取一系列 10 mL 固定化空白微球（平均质量 8.2095 g）置于盛有 200 mL 无机盐培养液的 500 mL 三角瓶中。之后向培养液中加入 1 mL 浓度为 10 000 mg/L 的 AT 甲醇母液，使阿特拉津的终浓度为 50 mg/L。设立三个重复。于 30℃、180 rpm 的条件下，分别振荡培养 10、20、30、40、50、60、80、100、120、150、180、240、300、360、480、540 min，取样测定样品中阿特拉津的残余浓度，计算吸附量。根据时间和吸附量绘制动力学曲线。

吸附量 q 根据以下公式（2-1）计算：

$$q = (c_0 - c_t)\,v/m \tag{2-1}$$

式 2-1 中：q 为吸附量（mg/g）；c_0、c_t 分别为阿特拉津的初始浓度（mg/L）和 t 时刻阿特拉津的浓度（mg/L）；v 为加入的溶液体积（L）；m 为固定化小球的投加量（g）。

为了进一步了解固定化微球对阿特拉津的吸附动力学，分别采用准一级动力学方程和准二级动力学方程对不同时间的吸附量进行拟合，找到最优方程，用模型线性化的相关性系数 R^2 的大小及通过模型计算出的平衡吸附量与实验得出的平衡吸附量的接近程度来判断模型的拟合程度。

准一级动力学方程式：

$$q_t = q_e(1 - e^{-k_1 t}) \tag{2-2}$$

准二级动力学方程式：

$$q_t = k_2 q_e^{\,2} t/(1 + k_2 q_e t) \tag{2-3}$$

其中，q_t 和 q_e 分别为 t 时刻和吸附平衡时固定化微球吸附阿特拉津的吸附量（mg/g）；t 为吸附时间（min）；k_1 为准一级动力学方程的吸附速率常数（min^{-1}）；k_2 为准二级动力学方程的吸附速率常数［g/(mg · min)］。

（3）固定化微球对阿特拉津等温吸附的研究

等温吸附线：准确称取一系列 10 mL 的固定化空白微球于装有 100 mL 无机盐培养基的锥形瓶中，分别加入 0.05 mL、0.25 mL、0.5 mL、0.75 mL、1 mL、2 mL、5 mL 浓度为 10 000 mg/L 的 AT 甲醇母液，使溶液中阿特拉津的浓度分别为 5 mg/L、25 mg/L、50 mg/L、75 mg/L、100 mg/L、200 mg/L、500 mg/L，于 30℃、180 rpm 的条件下振荡培养 6 h。取样测定样品中阿特拉津的残余浓度，并根据公式-1 计算吸附量。根据平衡浓度和吸附量绘制等温曲线。

为了考察固定化微球对阿特拉津的吸附过程，利用经典 Langmuir 和 Freundich 吸附等温方程对绘制出的等温曲线进行拟合，以研究吸附机理。

1）Langmuir 等温方程式（Langmuir，1917）

Langmuir 等温方程式为：

$$q_e = k_L q_m c_e/(1 + k_L c_e) \qquad (2-4)$$

式中，q_e为吸附平衡时阿特拉津被吸附的吸附量（mg/g）；c_e为吸附平衡时溶液中阿特拉津的平衡浓度（mg/L）；q_m为阿特拉津的理论最大吸附量（mg/g）；k_L为 Langmuir 等温吸附方程式的参数（L/mg），代表了固定化微球和阿特拉津之间吸附的强弱。

2）Freundlich 等温方程式

Freundlich 等温方程式为：

$$q_e = k_F c_e^{1/n} \qquad (2-5)$$

式中，q_e为吸附平衡时阿特拉津被吸附的吸附量（mg/g）；c_e为吸附平衡时溶液中阿特拉津的平衡浓度（mg/L）；n 为 Freundlich 指数，可以作为吸附难易的参考，一般认为 n 在 0.1～1 时，容易吸附，n 大于 2 时，则表示不易吸附。一般 n 越小，吸附效果越好；k_F为 Freundlich 等温吸附方程式的吸附容量参数（$mg^{1-n} \cdot g^{-1} \cdot L^{-n}$），可大致反映吸附能力的强弱。

（4）固定化微球对阿特拉津的降解动力学研究

利用制备的固定化单菌微球、共固定化菌藻微球和固定化空白微球，在阿特拉津初始浓度分别为 25 mg/L、50 mg/L、75 mg/L、100 mg/L、200 mg/L 条件下进行实验，同时分别接种相同生物量的游离菌悬液和游离菌藻混合液与固定化进行对比，以分析固定化和游离单菌及菌藻共生的降解动力学，为了区分生物降解或吸附导致的阿特拉津降低的原因，固定化空白微球被用来作为对照。所有样品设立三个重复，于30℃、180 rpm、光强2 000 lx，光暗比L/D（light：dark）= 14：10的条件下培养，定期取样测定样品中阿特拉津的残余浓度，并计算阿特拉津的降解率。

特定的阿特拉津降解率（q）根据S/Si的负对数与时间之间的斜率来确定。根据研究的不同阿特拉津初始浓度（S_0）的值来计算降解速率q的值。Haldane模型、Aiba模型和Andrew模型被用来与这些实验值进行拟合。根据这些模型方程式，使用origin 9.0软件中的非线性拟合进行分析，以得出不同模型中的动力学参数。

（5）数据分析统计方法

实验结果用平均值和标准差来表示。采用软件SPSS 21.0对数据进行单因素方差分析（ANOVA）和相关性分析以确定所有处理组之间的差异。设定$P<0.05$为显著性差异。利用origin 9.0软件进行作图。

2.4.2 结果与分析

2.4.2.1 固定化微球对阿特拉津吸附动力学的研究

研究固定化微球对阿特拉津的吸附动力学有助于了解固定化微球吸附阿特拉津的机理，同时有助于进一步了解共固定菌藻微球去除阿特拉津的降解动力学。固定化空白微球对阿特拉津的吸附实验结果如图2-35所示，由图可知：在吸附初始阶段，固定化微球对阿特拉津的吸附量随时间迅速增加，吸附速率非常快，之后吸附速率逐渐降低，到100 min左右时，已基本达到吸附平衡。初始阶段的吸附速率非常快，可能是因为吸附剂上存在大量的吸附位点。在固定化微球用量为10 mL，阿特拉津的终浓度为50 mg/L时，吸附平衡时间为180 min，平衡吸附量为0.065 mg/g。潘丽萍在研究生物质炭对镉-阿特拉津复合污染土壤的修复时发现生物质炭对阿特拉津的吸附平衡时间约为120 min，而对镉的吸附平衡时间较长。由此可以看出，不同的吸附剂，不同的吸附质都会对吸附平衡的时间有一定的影响。

然后根据准一级动力学方程式（2-2）和准二级动力学方程式（2-3），对不同时间的吸附量进行origin非线性拟合，拟合参数如表2-7所示。对比两种动力学方程拟合结果可知，准一级动力学模型的相关系数大于准二级动力学模型，并且由准一级动力学模型拟合得出的平衡吸附量参数值q_e为0.06542±0.0006 mg/g，与实验得出的平衡吸附量的值0.064 mg/g更接近。

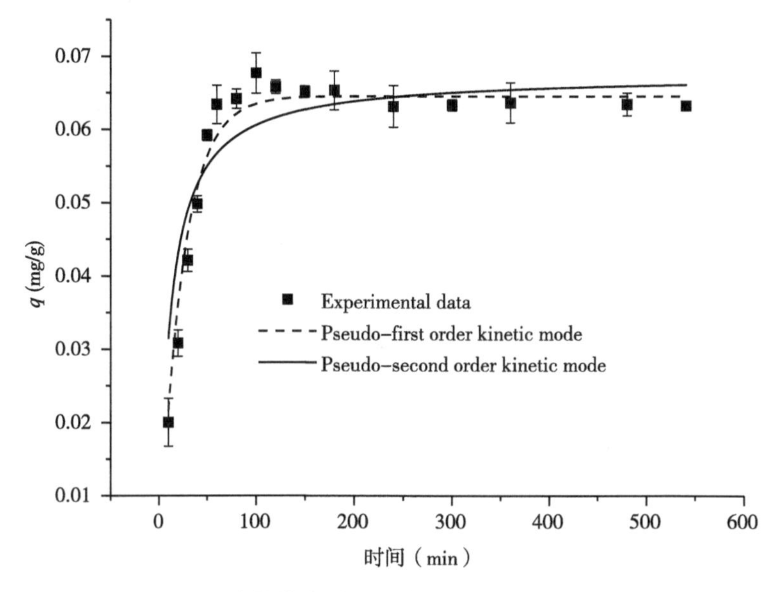

图 2-35　固定化微球对阿特拉津的吸附动力学方程拟合

因此，固定化微球对阿特拉津的吸附更符合准一级动力学模型，准一级动力学吸附速率常数为（0. 04119±0. 00257）min^{-1}。

表 2-7　固定化微球对阿特拉津的吸附动力学参数

动力学模型	拟合值	动力学模型	拟合值
准一级动力学		准二级动力学	
q_e（mg/g）	0. 06542±0. 0006	q_e（mg/g）	0. 06746±0. 00174
k_1（min^{-1}）	0. 04119±0. 00257	k_2［g/(mg · min)］	1. 30241±0. 32513
R^2	0. 92641	R^2	0. 71824

2. 4. 2. 2　固定化微球对阿特拉津等温吸附的研究

Langmuir 等温模型和 Freundlich 等温模型在吸附机制研究中常用来描述离子在吸附质上的吸附作用，并用来探索吸附机理。为了进一步考察固定化微球对阿特拉津的吸附过程和机理，本研究按照 Langmuir 等温方程式（2-4）和 Freundlich 等温方程式（2-5）对固定化微球吸附阿特拉津的数据进行了 origin 非线性拟合，拟合曲线结果如图 2-36 所示，拟合参数值如表 2-8 所示。

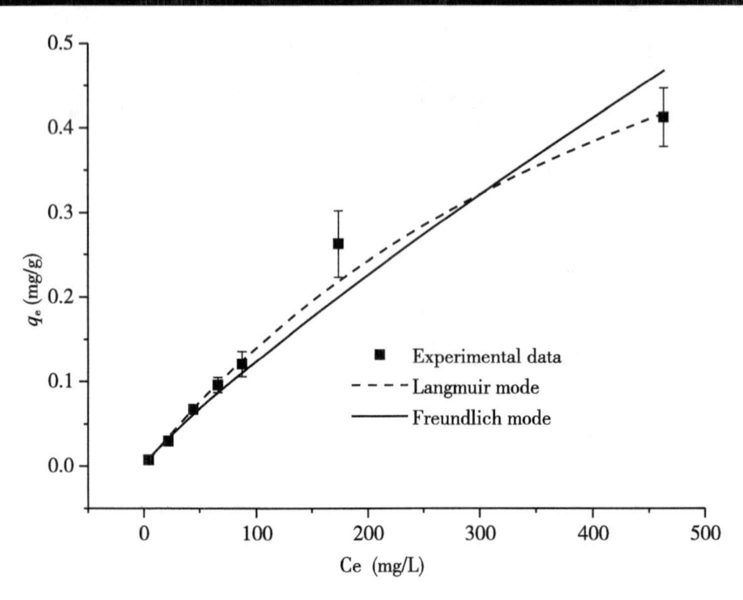

图 2-36　固定化微球对阿特拉津的等温吸附线拟合

从图 2-36 中可以看出，固定化微球对阿特拉津的平衡吸附量随着平衡溶液中阿特拉津的浓度增而逐渐增加。在低浓度时固定化小球对阿特拉津的吸附量增加的较快，在高浓度是固定化小球对对阿特拉津吸附量增加的较为缓慢。

表 2-8　固定化微球吸附阿特拉津的等温方程参数

吸附等温线模型	拟合值	吸附等温线模型	拟合值
Langmuiradsorption isotherm		Freundlichadsorption isotherm	
q_m（mg/g）	0. 91958±0. 13274	n	0. 86786±0. 0306
k_L（L/mg）	0. 00179±0. 0003	k_F（$mg^{1-n}\cdot g^{-1}\cdot L^{-n}$）	0. 00227±0. 0003
R^2	0. 99367	R^2	0. 97647

结合图 2-35 以及表 2-8 的拟合参数可知，Langmuir 等温模型拟合的相关系数为 0. 99367，高于 Freundlich 等温模型拟合的相关系数 0. 97647。因此，Langmuir 等温模型能更好地反映固定化微球对阿特拉津的吸附行为。另外，通过 Langmuir 等温模型拟合曲线可以算出固定化微球对阿特拉津的理论最大吸附量为（0. 91958±0. 13274） mg/g。根据 Freundlich 等温模型拟合

曲线可知，Freundlich 指数 n 等于 0.86786±0.0306。研究表明，当 n 在 0.1~1 时，容易吸附，n 大于 2 时，则表示不易吸附。一般 n 越小，吸附效果越好。因此，本研究中固定化微球是容易吸附阿特拉津的，这有助于降解菌更好的降解阿特拉津。同时，通过 Langmuir 等温吸附方程式的参数 k_L 可以引入无量纲分离因子 R_L，其表达式如式 2-6 所示：

$$R_L = 1/(1 + k_L c_0) \tag{2-6}$$

R_L 的大小能够表示吸附等温线的类型，$R_L=0$ 表示该等温线的类型属于不可逆吸附，R_L 在 0~1 表示该等温线的类型属于优惠吸附，$R_L>1$ 表示该等温线的类型不属于优惠吸附；$R_L=1$ 时表示该等温线的类型能够可逆进行。本研究通过计算得出的 R_L 值在 0.53~0.99，所以本研究中固定化微球对阿特拉津的等温线的类型属于优惠吸附，表明具有良好的吸附能力。

2.4.2.3　固定化微球对阿特拉津的降解动力学研究

选取 3 种常用和比较适用的降解动力学模型，即 Haldane 模型（Jianlong 等，2011）、Aiba 模型和 Andrew 模型（Basak 等，2014b；Bhunia 等，2012）与本研究中的实验获得的各种 S_0 值下的底物降解速率数据进行拟合，以估算出固定化和游离细胞的降解动力学模型参数。各动力学模型的方程式如下：

Haldane 模型：$q = q_{max} S_0 / [K_s + S_0 + (S_0{}^2 / K_I)]$

Aiba 模型：$q = (q_{max} S_0) \times e^{(-S_0/K_I)/(K_s+S_0)}$

Andrew 模型：$q = (q_{max} S_0) / [K_s + S_0 + (K_I S_0{}^2)]$

这些模型中，q（mg/L·h）是降解速率，S_0 是初始阿特拉津浓度（mg/L），K_S 是底物亲和常数（mg/L），K_I 是底物抑制常数（mg/L），K_I 的值越大表示培养物对底物的抑制作用越不敏感。降解速率 q 的值根据 S/S_0 的负对数与时间之间的曲线的斜率来确定。所有的 q 值都是根据实验中游离以及固定化菌株及菌藻共生在生物降解阿特拉津中所有 S_0 的值计算出来的。根据这些模型方程式，使用 origin 9.0 软件中的非线性拟合进行分析，以得出不同模型中的动力学参数，如表 2-9 所示。

表 2-9　拟合各种模型得到的阿特拉津降解动力学参数

动力学模型	动力学参数	固定化单菌	游离单菌	共固定菌藻	游离菌藻
Haldane model	q_{max}(mg/L·h)	5.59	2.29	8.67	2.28
	K_S(mg/L)	211.95	139.33	322.06	121.90

续表

动力学模型	动力学参数	固定化单菌	游离单菌	共固定菌藻	游离菌藻
	K_I(mg/L)	732.81	−469.24	359.44	−449.88
	R^2	0.95687	0.9459	0.97149	0.93686
Aiba model	q_{max}(mg/L·h)	−9.93	−4.62	−14.19	−5.09
	K_S(mg/L)	−357.73	−274.91	−502.18	−263.48
	K_I(mg/L)	121.26	104.10	162.94	96.45
	R^2	0.95798	0.94878	0.97145	0.9422
Andrew model	q_{max}(mg/L·h)	5.59	2.29	8.68	2.28
	K_S(mg/L)	211.95	139.38	322.25	121.88
	K_I(mg/L)	0.0014	−0.0021	0.0028	−0.0022
	R^2	0.95687	0.9459	0.97149	0.93686

分析底物抑制常数 K_I 发现，3 种模型中固定化细胞的 K_I 均大于游离细胞，说明降解菌和菌藻经固定后，对阿特拉津的抑制作用不如游离细胞敏感，所以其降解效果会比游离细胞好。3 种模型拟合得到的相关系数 R^2 很相近，但是综合不同处理对应的数值可知，游离菌藻处理组拟合 Haldane 模型的相关系数最高，所以可能 Haldane 模型比其余两种模型更适用于解释本研究中的阿特拉津生物降解动力学。从 Haldane 模型拟合的动力学参数值可以看出，固定化单菌和固定化菌藻获得的 q_{max} 值分别为 5.59 和 8.67，明显高于游离单菌和游离菌藻所获得的 q_{max} 值（2.29 和 2.28）表明固定化的菌株 TT3 可以有效地降解阿特拉津，该研究结果与文献报道的许多结果是一致的。

2.4.3 结论与讨论

文献报道指出，准一级动力学模型比较适用于固液相之间平衡的可逆反应。准二级动力学模型则是假设化学吸附为速控步骤，且吸附过程包括物理扩散和化学吸附两部分，反应更为复杂，而控制吸附速率的主要是化学作用。根据文献研究报道，大多数吸附研究都与准二级动力学方程吻合得较好。陈文娟研究了改性膨润土对水中有机污染物和重金属的吸附动力学，结果表明 CTMAB 改性膨润土对双酚 E 和阿特拉津的吸附都更好地符合准二级动力学模型。潘丽萍在研究生物质炭对镉-阿特拉津复合污染土壤的修复时发现生物质炭对阿特拉津和镉的吸附都能很好地用准二级动力学模型进行拟合。吴蒨蒨对生物炭吸附阿特拉津的吸附机理研究表明有机质组分吸附阿特拉津符合准二级动力学模型，其可能主要是由化学吸附控制。沈伟松的研究报道指出 $ZnO/ZnFe_2O_4/C$ 对 Pb（Ⅱ）离子的吸附过程更符合准二级动力学模型。不过也有研究报道了与准一级动力学模型比较吻合的吸附行为。如唐美珍等（2016）研究了 *Pseudomonas flava* WD-3 固定化小球对 SRB 污水中各污染物的降解机理，结果表明该降解过程符合准一级动力学模型。本研究中固定化微球对阿特拉津的吸附也较好的符合准一级动力学模型，说明该吸附过程是由单因素决定的。

Langmuir 等温模型是假设吸附发生在均匀的表面，吸附质在吸附剂表面为单分子层吸附，吸附剂表面性质均一，并且吸附在固定表面的分子之间没有相互作用力；Freundlich 等温模型是假设吸附剂表面是非均一的并且常用于多层吸附，是一个经验方程方程。由于 Freundlich 等温模型的参数比较简单而且能够较好地模拟重金属在土壤或土壤组分上的吸附，所以常用于描述土壤或土壤组分对重金属的吸附平衡。陈文娟研究了改性膨润土对水中有机污染物和重金属的吸附机制，结果表明 CTMAB 改性膨润土对双酚 E 和铀的吸附行为能更好地遵循 Langmuir 等温方程，而对阿特拉津的吸附遵循 Freundlich 等温方程。吴蒨蒨对生物炭吸附阿特拉津的吸附机理研究表明，阿特拉津在土壤和有机质上的吸附可以用 Freundlich 等温方程进行拟合。本研究中固定化微球对阿特拉津的吸附就遵循 Langmuir 等温方程，因此可以认为，固定化微球对阿特拉津的吸附过程符合单分子吸附模式。

2.5　固定化菌藻对阿特拉津降解的动态模拟

通过之前实验研究结果可以初步确定固定化处理特别是菌藻共固定处理能够提高阿特拉津降解菌 *Citricoccus* sp. TT3 对阿特拉津降解效果。特别是在逆境胁迫条件下，固定化菌藻微球表现出显著优势。所以本研究采用海藻酸钠包埋法制备固定化菌藻微球，以研究其在连续动态条件下对阿特拉津废水的处理效果，为实际环境中污染修复奠定基础。

2.5.1 材料与方法

2.5.1.1 实验材料

(1) 试剂

阿特拉津标准样品和97%阿特拉津原药，购自北京百灵威科技有限公司。将97%阿特拉津原药配制成10 000 mg/L的甲醇母液。所用甲醇为色谱纯，为西陇科学股份有限公司产品。其他化学试剂均为分析纯。

(2) 主要仪器

兰格（Longer Pump）蠕动泵BT600-2J，产自河北保定兰格恒流泵有限公司。

(3) 供试菌株和微藻

已分离鉴定的菌株：柠檬球菌属（*Citricoccus* sp.）菌株TT3。

普通小球藻（*Chlorella vulgaris*）购自中国淡水藻种库，编号FACHB-1227。保种培养基为BG-11液体培养基。

(4) 培养基

LB培养基：胰蛋白胨10 g、酵母粉5 g、NaCl 10 g，蒸馏水定容至1 L，调节pH值至7.0。在121℃条件下灭菌30 min。

无机盐基础培养基（mm）：NaCl 1.0 g、K_2HPO_4 1.5 g、KH_2PO_4 0.5 g、Mg_2SO_4 0.2 g，蒸馏水定容至1 L，调节pH值至7.0，121℃条件下灭菌30 min。

BG11培养基：每升溶液中0.001 g $EDTANa_2$、1.5 g $NaNO_3$、0.006 g柠檬酸铁铵、0.006 g柠檬酸、0.075 g $MgSO_4 \cdot 7H_2O$、0.04 g K_2HPO_4、0.02 g Na_2CO_3、2.86 mg H_3BO_3、1.86 mg $MnCl_2 \cdot 4H_2O$、0.22 mg $ZnSO_4 \cdot 7H_2O$、0.08 mg $CuSO_4 \cdot 5H_2O$、0.05 mg $Co(NO_3)_2 \cdot 6H_2O$、0.39 mg $NaMoO_4 \cdot 2H_2O$。用NaOH或HCl调节pH值至7.1。在121℃条件下灭菌30 min。

2.5.1.2 实验方法

(1) 固定化微球的制备

参见第2章2.3.1.2的方法。

(2) 实验装置

实验装置为有机玻璃制成的圆柱状反应器，高420 mm，内径70 mm，径高比为1∶6，有效体积约为750 mL，反应器设有直径为5 mm的进出水口。反应器与蠕动泵配合使用，以保证实验废水以匀速循环流动（图2-37）。

（3）实验方案

首先将固定化菌藻微球按填充率为 1∶3 的比例投入到整个反应器中，然后使用蠕动泵自下而上泵入含初始浓度为 50 mg/L 阿特拉津，初始 pH 值调节为 7.0 的实验废水，设置水力停留时间为 20 h，室温条件下进行，每天按时取出水水样 5 mL，测定其中的阿特拉津残留浓度。当阿特拉津快降解完全时，及时添加含有初始浓度为 50 mg/L 阿特拉津实验废水，如此反复持续运行一个月。同时设置固定化空白微球作为对照，添加到另外一个反应器内，在相同条件下运行。两组反应器同时运行，各装置使用聚四氟乙烯管连接，如图 2-38 所示。

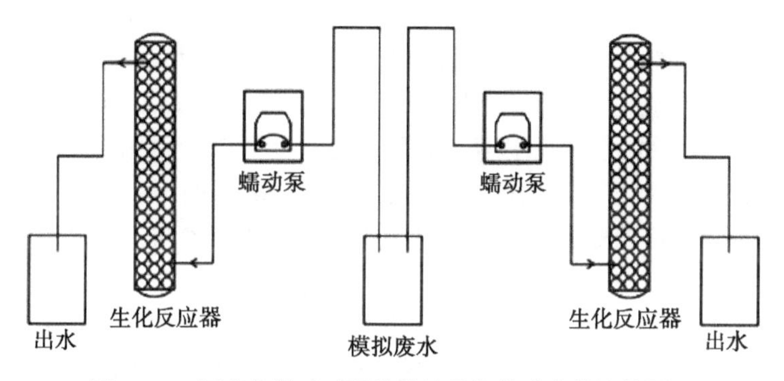

图 2-37　固定化微球对阿特拉津降解的动态模拟装置图

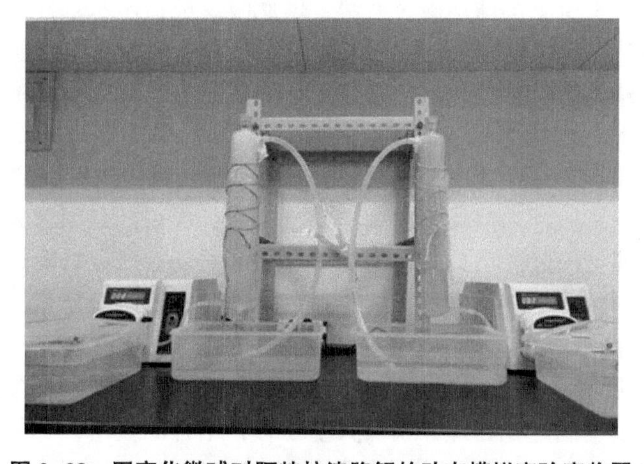

图 2-38　固定化微球对阿特拉津降解的动态模拟实验实物图

(4) 阿特拉津的测定

参见第2章2.2.1.2的方法。

(5) 数据分析统计方法

实验结果用平均值和标准差来表示。采用软件SPSS 21.0对数据进行单因素方差分析（ANOVA）和相关性分析以确定所有处理组之间的差异。设定$P<0.05$为显著性差异。利用origin 9.0软件进行作图。

2.5.2 结果与分析

2.5.2.1 固定化菌藻微球对阿特拉津降解的动态模拟结果

从图2-39可以看出，在30 d的模拟实验过程中，共固定菌藻微球表现出高效且持久的阿特拉津降解效果。固定化空白微球对阿特拉津则一直维持10%左右的吸附能力，达到吸附平衡后，基本没有明显变化。两者对比可知，对阿特拉津的去除主要以微球内降解菌的生物降解作用为主，微球本身对阿特拉津仅有10%左右的吸附能力，并无生物降解作用。以3 d为周期，每隔3 d后固定化菌藻微球对阿特拉津的降解率达到最高，而之后的一天由于又及时添加了含初始浓度为50 mg/L的阿特拉津实验废水，所以降解率突然呈急剧下降趋势。除了初始的前3 d反应器还不稳定之外，其余时间最低阿特拉津降解率均在55%以上。到第15 d之后，微球出现轻微溶胀现象，微球有轻微破损。第21 d之后微球的破损率陡增，达到50%以上。到第27 d时反应器内几乎所有小球均破裂溶解，但此时反应器出水水样中阿特拉津的降解率仍高达85.27%，分析原因可能是因为此时虽然微球破损，但是此时微球内的菌藻依然保持有较好的阿特拉津降解能力，所以仍能维持较高的阿特拉津降解率。在此之后，能发现阿特拉津降解率明显呈降低趋势，30 d后的阿特拉津降解率降到76.05%。首先这可能是因为随着反应器的流动性运行，造成了从微球内泄露出的菌藻的流失；其次可能是因为失去了海藻酸钠微球这个保护屏障之后，菌藻的活性也逐渐减弱，所以对阿特拉津的降解能力随之逐渐减弱。总体来看，固定化菌藻微球在连续流动运行状态下，可以运行15 d且不会降低阿特拉津降解能力，也不会出现微球变形破裂现象。虽然在24 d后的降解率逐渐减小，但在第30 d仍具有较高的降解效果。以上实验结果表明固定化处理和菌藻共生处理相结合的技术在实际阿特拉津污染废水的修复中不仅能保持高效的阿特拉津降解能力，还可以持久发挥作用，这与江群等的研究结果是相似的。不过目前该实验装置规模较小，且实验条件控制在最佳，所以还不能完全与实际环境中复杂的环境相比。魏小娜等（2012）对固定化微生物处理模拟污染地表水的研究结果也表明，固定化包埋法技术对微生物的固定化效果稳定，微生物流失少，因而能长时间保持较高的微生物密度。下一步实验应该寻找适合研究的真实阿特拉津污染水环境进行验证分析，才能为大规模实际应用提供更有力的参考数据。

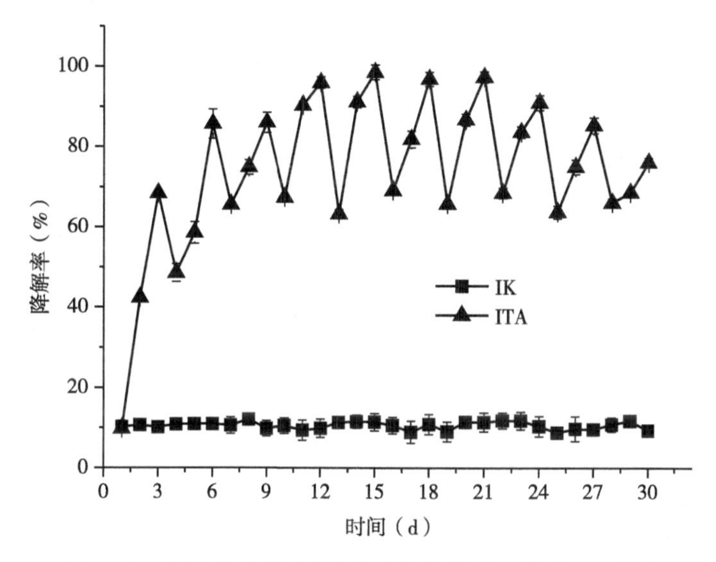

图 2-39　固定化微球对阿特拉津降解的动态模拟实验结果

2. 5. 3　结论与讨论

连续操作对于评估生物降解过程的潜在工业应用至关重要。为期 30 d 的动态模拟实验结果表明，固定化菌藻微球具有高效且持久的阿特拉津降解效果。运行 15 d 共固定菌藻微球对阿特拉津的降解能力不会降低，也不会出现微球变形破裂现象。在第 20 d 时对阿特拉津的降解率虽有所降低，仍然具有较高活性，只是微球开始出现破损现象，未来可能需要在提高微球的机械强度方面进行更深入的研究。

参考文献

包蔚，杨兴明，吴洪生，等. 2009. 海藻酸钠固定化包埋对氨氧化细菌除氨效果的影响［J］．土壤学报，46（6）：121-126.
陈庆国，王杏娣，刘梅，等．2015．固定化菌藻组合对含油污水的处理研究［J］．安徽农业科学（13）：213-216.
代先祝．2005．阿特拉津降解菌 AG1、ADG1 和 SA1 的分离鉴定及其降解特性的研究［D］．南京：南京农业大学.
东秀珠，蔡妙英．2001．常见细菌系统鉴定手册［M］．北京：科学出版社：248-378.
范玉超，刘文文，司友斌，等．2011．竹炭固定化微生物对土壤中阿特拉津的降解研究［J］．土壤，43（6）：954-960.
傅海燕，许鹏成，柴天，等．2013．3 种载体固定化菌藻共生系统脱氮除磷果的对比［J］．环境工程学报，7（9）：3256-3262.
郭平，康春莉，包国章，等．2006．固定化细菌对 Pb2+和 Cd2+吸附的热力学和动力学研究［J］．吉林大学学报：理学版，44（6）：1019-1022.
韩鹏，洪青，何丽娟，等．2009．阿特拉津降解菌 ADH-2 的分离、鉴定及其特性研究［J］．农业环境科学学报，28（2）：406-410.
何建红．2012．高效液相色谱法快速测定水中氰尿酸的含量［J］．发酵科技通讯，41（2）：29-30.
康海彦，杨治广，黄晓楠．2015．海藻酸钠/β-环糊精固定化纳米 Fe0 去除重金属的性能研究［J］．环境工程，33（6）：144-147.
李颖，李婧，温雪松，等．2006．聚乙烯醇固定化的微球菌 AD3 对除草剂阿特拉津的生物降解［J］．离子交换与吸附，22（5）：416-422.
刘春光，杨峰山，卢星忠，等．2010．阿特拉津降解菌 T3AB1 的分离鉴定及土壤修复［J］．微生物学报，50（12）：1642-1650.
刘清，徐伟昌，张宇．2004．重金属离子对氧化亚铁硫杆菌活性的影响［J］．铀矿冶，23（3）：155-157.
孟睿，何连生，席北斗，等．2009．利用菌-藻体系净化水产养殖废水［J］．环境科学研究，22（5）：511-515.
孟雪梅．2007．多孔木炭固定化微生物对土壤中阿特拉津的吸附与降解研究［D］．合肥：安徽农业大学.
钱存柔，黄仪秀．2008．微生物学实验教程．第 2 版［M］．北京：北京大学出版社.
沈伟松．2016．基于纳米铁酸盐材料去除染料、重金属和有机污染物及点位能量分布的研究［D］．南昌：南昌航空大学.
孙雪莹．2013．寡营养条件下阿特拉津降解菌株筛选及降解途径研究［D］．哈尔滨：哈尔滨工业大学.
王庆海，张威，李翠，等．2011．水体阿特拉津残留对千屈菜的毒性效应［J］．应用与环境生物学报，17（6）：814-818.
吴莆莆. 2016. 生物炭增强土壤吸附阿特拉津的作用及机理［D］. 杭州：浙江大学.
辛承友. 2004. 细菌 HB-5 及其固定化在土壤污染修复和莠去津生产废水处理中的应用［D］. 泰安：山东农业大学.
闫彩芳，娄旭，洪青，等. 2011. 一株阿特拉津降解菌的分离鉴定及降解特性［J］. 微生物学通报，38（4）：493-497.
严清，孙连鹏. 2010. 菌藻混合固定化及其对污水的净化实验［J］. 水资源保护，26（3）：57-60.
郑佩，陈芳艳，唐玉斌，等. 2014. 固定化菌藻微球的制备、表征及其对富营养化湖水的修复［J］. 环境工程学报，8（5）：1999-2005.
周宁，王荣娟，孟庆娟，等. 2008. 寒地黑土中阿特拉津降解菌的筛选及降解特性［J］. 环境工程学报，2（11）：1560-1563.
周文俊，郑立，韩笑天. 2012. 微藻异养化培养的研究进展［J］. 海洋科学，36（2）：136-142.
朱鲁生，辛承友，王倩，等. 2006. 莠去津高效降解细菌 HB-5 的固定化研究［J］. 农业环境科学学报，25（5）：1271-1275
朱希坤，李清艳，蔡宝立. 2009. 节杆菌 AD26 的分离鉴定及其与假单胞菌 ADP 对阿特拉津的联合降解［J］. 农业环境科学学报，28（3）：627-632.
张凤杰. 2013. 铜在土壤上的吸附行为及共存污染物对其吸附的影响［D］. 大连：大连理工大学.
魏小娜，李刚，吴波，等. 2012. 固定化微生物处理模拟污染地表水［J］. 生态学杂志，31（7）：1882-1886.
Struthers J K, Jayachandran K, Moorman T B. 1998. Biodegradation of atrazine by Agrobacterium radiobacter J14a and use of this strain in bioremediation of contaminated soil [J]. Applied & Environmental Microbiology, 64 (9): 3368-3375.
Abhay P C, Rawat P, Singh D P. 2016. Isolation of Alkaliphilic Bacterium Citricoccus alkalitolerans CSB1: An Efficient Biosorbent for Bioremediation of Tannery Waste Water [J]. Cellular and Molecular Biology, 62 (3): 135.
Aislabie J, Bej A K, Ryburn J, et al. 2005. Characterization of Arthrobacter nicotinovorans, HIM, an atrazine-degrading bacterium, from agricultural soil New Zealand [J]. Fems Microbiology Ecology, 52 (2): 279-286.
Arbeli Z, Fuentes C. 2010. Prevalence of the gene trzN and biogeographic patterns among atrazine-degrading bacteria isolated from 13 Colombian agricultural soils [J]. Fems Microbiology Ecology, 73 (3): 611-623.
Banerjee A, Ghoshal A K. 2010. Isolation and characterization of hyper phenol tolerant

Bacillus sp. from oil refinery and exploration sites [J]. Journal of Hazardous Materials, 176 (1-3): 85.

Behki R M, Khan S U. 1994. Degradation of Atrazine, Propazine, and simazine by Rhodococcus strain B-30 [J]. Journal of Agricultural & Food Chemistry, 42 (5): 1237-1241.

Bhunia B, Basak B, Bhattacharya P, et al. 2012. Kinetic Studies of Alkaline Protease from Bacillus licheniformis NCIM-2042 [J]. Journal of Microbiology & Biotechnology, 22 (12): 1758.

Cai B, Han Y, Liu B, et al. 2003. Isolation and characterization of an atrazine-degrading bacterium from industrial wastewater in China [J]. Letters in Applied Microbiology, 36 (5): 272-276.

Chen C, Zhou W, Yang Q, et al. 2014. Sorption characteristics ofnitrosodiphenylamine (NDPhA) and diphenylamine (DPhA) onto organo-bentonite from aqueous solution [J]. Chemical Engineering Journal, 240 (6): 487-493.

Chen Q, Li J, Liu M, et al. 2017. Study on the biodegradation of crude oil by free and immobilized bacterial consortium in marine environment [J]. Plos One, 12 (3): e0174445.

Collins M D, Pirouz T, Goodfellow M, et al. 1977. Distribution of menaquinones in actinomycetes and corynebacteria [J]. Journal of General Microbiology, 100 (2): 221-30.

Dursun A Y, Tepe O. 2005. Internal mass transfer effect on biodegradation of phenol by Ca-alginate immobilized Ralstonia eutropha [J]. Journal of Hazardous Materials, 126 (1-3): 105.

Edwards V H. 1970. The influence of high substrate concentrations on microbial kinetics [J]. Biotechnology & Bioengineering, 12 (5): 679.

Elnaas M H, Almuhtaseb S A, Makhlouf S. 2009. Biodegradation of phenol by Pseudomonas putida immobilized in polyvinyl alcohol (PVA) gel [J]. Journal of Hazardous Materials, 164 (2-3): 720-725.

Gadd G M. 1977. Microorganisms and Heavy Metal Toxicity [J]. Microbial Ecology, 4 (4): 303.

Getenga Z, Dörfler U, Iwobi A, et al. 2009. Atrazine and terbuthylazine mineralization by an *Arthrobacter* sp. isolated from a sugarcane-cultivated soil in Kenya [J]. Chemosphere, 77 (4): 534.

Groth I, Schumann P, Rainey F A, et al. 1997. *Demetria terragena* gen. nov. sp. nov. a new genus of actinomycetes isolated from compost soil [J]. Int J Syst Bacteriol, 47 (4): 1129-1133.

Huang G, Sun H, Cong LL. 2000. Study on the physiology and degradation of dye with immobilized algae [J]. Artificial Cells Blood Substitutes & Immobilization Biotechnology, 28 (4): 347.

Khleifat K M. 2006. Biodegradation of phenol by Ewingella americana: Effect of carbon starvation and some growth conditions [J]. Process Biochemistry, 41 (9): 2010–2016.

Kroppenstedt R M. 1985. Fatty acid and menaquinone analysis of actinomycetes and related organisms [J]. Society for Applied Bacteriology Technical.

Krutz L J, Shaner D L, Accinelli C, et al. 2008. Atrazine dissipation in s–triazine–adapted and non–adapted soil from Colorado and Mississippi: implications of enhanced degradation on atrazine fate and transport parameters [J]. Journal of Environmental Quality, 37 (3): 848–857.

Kumar A, Singh N. 2016. Atrazine and its metabolites degradation in mineral salts medium and soil using an enrichment culture [J]. Environmental Monitoring & Assessment, 188 (3): 1–12.

Li W J, Chen H H, Zhang Y Q,et al. 2005. *Citricoccus alkalitolerans* sp. nov., a novel actinobacterium isolated from a desert soil in Egypt [J]. International Journal of Systematic & Evolutionary Microbiology, 55 (1), 87–90.

Lin H, Chen Z, Megharaj M, et al. 2013. Biodegradation of TNT using Bacillusmycoides, immobilized in PVA–sodium alginate–kaolin [J]. Applied Clay Science, s 83–84 (5): 336–342.

Mansour M S, Ossman M E, Farag H A. 2011. Removal of Cd (Ⅱ) ion from waste water by adsorption onto polyaniline coated on sawdust [J]. Desalination, 272 (1–3): 301–305

Meier A, Kirschner P, Schröder K H, et al. 1993. *Mycobacterium intermedium* sp. nov [J]. International Journal of Systematic Bacteriology, 43 (2): 204.

Meng F X, Yang X C, Yu P S, et al. 2010. *Citricoccus zhacaiensis* sp. nov. isolated from a bioreactor for saline wastewater treatment [J]. International Journal of Systematic & Evolutionary Microbiology, 60 (Pt 3): 495.

Merdy P, Gharbi L T, Lucas Y. 2009. Pb, Cu and Cr interactions with soil: Sorption experiments and modelling [J]. Colloids & Surfaces A Physicochemical & Engineering Aspects, 347 (1–3): 192–199.

Mulbry W W, Zhu H, Nour S M, et al. 2002. The triazine hydrolase gene trzN from *Nocardioides* sp. strain C190: Cloning and construction of gene–specific primers [J]. Fems Microbiology Letters, 206 (1): 75–79.

Partovinia A, Naeimpoor F. 2013. Phenanthrene biodegradation by immobilized microbial consortium in polyvinyl alcohol cryogel beads [J]. International Biodeterioration & Biodegradation, 85 (7): 337-344.

Raji C, Anirudhan T S. 1998. Batch Cr (VI) removal by polyacrylamide - grafted sawdust: Kinetics and thermodynamics [J]. Water Research, 32 (12): 3772-3780.

Sajjaphan K, Shapir N, Wackett L P, et al. 2004. Arthrobacter aurescens TC1 atrazine catabolism genes trzN, atzB, and atzC are linked on a 160-kilobase region and are functional in Escherichia coli [J]. Applied & Environmental Microbiology, 70 (7): 4402-4407.

Singh P, Mishra L C, Pandey A, et al. 2006. Degradation of 4-aminobenzenesulfonate by alginate encapsulated cells of *Agrobacterium* sp. PNS - 1 [J]. Bioresource Technology, 97 (14): 1655.

Strong L C, Rosendahl C, Johnson G, et al. 2002. Arthrobacter aurescens TC1 metabolizes diverse s-triazine ring compounds [J]. Applied & Environmental Microbiology, 68 (12): 5973-5980.

Tamura K, Stecher G, Peterson D, et al. 2013. MEGA6: Molecular Evolutionary Genetics Analysis Version 6. 0 [J]. Molecular Biology and Evolution, 30 (12): 2725-2729.

Tütem E, Apak R, Çağatay F. Ünal. 1998. Adsorptive removal of chlorophenols from water by bituminous shale [J]. Water Research, 32 (8): 2315-2324.

Vibber L L, Pressler M J, Colores G M. 2007. Isolation and characterization of novel atrazine-degrading microorganisms from an agricultural soil [J]. Applied Microbiology & Biotechnology, 75 (4): 921-928.

Wang J, Zhu L, Wang Q, et al. 2014. Isolation and characterization ofatrazine mineralizing Bacillus subtilis strain HB-6. [J]. Plos One, 9 (9): e107270.

Yan J, Wen J, Li H, et al. 2005. The biodegradation of phenol at high initial concentration by the yeast Candida tropicalis [J]. Biochemical Engineering Journal, 24 (3): 243-247.

Zhang Y, Jiang Z, Cao B, et al. 2011. Metabolic ability and gene characteristics of *Arthrobacter* sp. strain DNS10, the sole atrazine-degrading strain in a consortium isolated from black soil [J]. International Biodeterioration & Biodegradation, 65 (8): 1140-1144.

第3章　固定化硫酸盐还原菌——微藻降解效果研究

3.1　SRB-微藻固定化影响条件的正交实验研究

固定化微生物废水处理技术与传统的悬浮生物处理工艺方法相比，具有处理效率高、运行稳定、保持高效优势菌种、反应器生物量大、污泥产生量少以及固液分离效果好等一系列优点，然而由于厌氧消化的特殊性，此工艺还有众多的问题有待解决。就目前的研究结果看，还存在单一生物的固定性化、包埋颗粒易破碎、发胀及粘连上浮、活性丧失大等妨碍固定化细胞在废水处理领域大规模应用的缺陷。

因此，寻找优良的包埋剂及确定最优化包埋技术条件解决上述存在关键，本实验旨在采用廉价载体 PVA 为主要包埋骨架的混合载体法对固定化小球生态特性进行优化，并添加其他有助于提高包埋效果的添加剂，进一步改变固定化条件，以处理含硫酸盐的模拟废水，同时综合参照小球传质性能、机械强度、成球难易，来确定最佳包埋条件。

3.1.1　实验方法

3.1.1.1　包埋条件正交试验范围的确定

根据单因素实验，确定在以上浓度范围内，以硫酸盐转化率为主要指标，以小球强度、传质性能、成球难易为辅助性指标，安排 5 个因素，每个因素 4 个水平。各因素如下：PVA 用量（A）、海藻酸钠（B）、二氧化硅（C）、$CaCl_2$（D）、菌藻包埋量（E）。采用正交表 L16（5^4），按表确定的因素及其水平安排试验，因素的取值范围及其水平如表 3-1 所示。

表 3-1　固定化小球优化条件正交实验设置

水平因子	PVA (%)	海藻酸钠 (%)	SiO_2 (%)	$CaCl_2$ (%)	菌藻含量 (mL)
1	4	0.50	0.5	2	20
2	6	1.00	1	4	30
3	6	1.50	2	6	40
4	8	2.00	4	8	50

3.1.1.2　正交实验内聚小球性能的测试

（1）内聚小球 30 h 后 SO_4^{2-}还原率的测定

探索实验中，暂不考虑重金属离子对体系的影响，取 9.0705 g K_2SO_4溶于少量水中，置于 1 000 mL 容量瓶中定容，标准液硫酸根离子为 5 mg/mL，取标准液 50 mL 于 500 mL 锥形瓶中，加入 450 mL 纯净水，用 100 mL 量筒量取 100 mL 小球于锥形瓶中，放入摇床中遮光摇动 30 h 后，测量锥形瓶中 SO_4^{2-}的浓度。

（2）小球性能的测定

固定化小球强度试验：将 SRB 固定化小球放入 100 mL 注射器中，加一定的压力，观察小球的破损情况；或用手捏包埋好的固定化小球，用以来定性描述小球的机械强度。

固定化小球传质性能的测定：取数粒 SRB 固定化小球投入盛有 20 mL 纯净水的小烧杯中，滴加一滴结晶紫试剂，定时观察（5 min、10 min、20 min、30 min）结晶紫进入各种粒径 SRB 小球的情况，以此为指标定性判断固定化小球的传质性能。

固定化小球成球难易在小球制作过程中观察。

3.1.2　实验结果

3.1.2.1　包埋条件对小球传质性能的影响

在滴加结晶紫试剂后，对进入溶液中的小球进行计时，5 min 内浸入球心传质性能为好，记为 4 min，10 min 内浸入球心传质性能为较好，记为 3 min，20 min 球心被染为紫色传质性能为较差，记为 2 min，30 min 染为紫色传质性能差，记为 1（表 3-2）。

从正交实验结果分析，对小球传质性能影响最大的因素为 PVA 的含量，且随着 PVA 含量的增加，传质性能逐渐降低；其次对小球传质性能影响较大的因素是海藻酸钠浓度及交联剂氯化钙的百分比，但相较于 PVA 百分比来说影响相对较小，二氧化硅及菌藻含量对小球的传质性能影响较小，尤其是包埋菌藻的含量，对小球的传质性能几乎没有影响（表 3-3）。

表 3-2　固定化小球传质性能测试结果

试验号	5 min	10 min	20 min	30 min	综合传质性能
1	1/3 球径（R）	球心	球心	球心	较好
2	球心	球心	球心	球心	好
3	球心	球心	球心	球心	好
4	1/2 R	球心	球心	球心	较好
5	表层	1/4 R	1/2 R	球心	较差
6	表层	1/5 R	1/4 R	球心	较差
7	1/2 R	球心	球心	球心	较差
8	1/3 R	球心	球心	球心	好
9	1/4 R	1/3 R	1/2 R	球心	差
10	1/4 R	1/3 R	2/3 R	球心	差
11	1/5 R	1/2 R	球心	球心	较差
12	1/5 R	1/2 R	球心	球心	较差
13	表层	1/4 R	1/3 R	球心	差
14	表层	1/3 R	2/3 R	球心	差
15	表层	1/3 R	1/2 R	球心	差
16	表层	1/4 R	球心	球心	较差

表 3-3　固定化小球传质性能正交实验表

实验号	因素					传质性能
	PVA（A%）	海藻酸钠（B%）	$CaCl_2$（C%）	SiO_2（D%）	菌藻（E/mL）	
1	2	0. 5	6	0. 5	50	3
2	2	1	8	1	40	4
3	2	1. 5	4	4	20	4
4	2	2	2	2	30	3

续表

实验号	因素					传质性能
	PVA (A%)	海藻酸钠 (B%)	$CaCl_2$ (C%)	SiO_2 (D%)	菌藻 (E/mL)	
5	4	0.5	4	1	30	2
6	4	1	2	0.5	20	2
7	4	1.5	6	2	40	2
8	4	2	8	4	50	4
9	6	0.5	2	4	40	1
10	6	1	4	2	50	1
11	6	1.5	8	0.5	30	2
12	6	2	6	1	20	2
13	8	0.5	8	2	20	1
14	8	1	6	4	30	1
15	8	1.5	2	1	50	1
16	8	2	4	0.5	40	2
均值 1	3.50	2.75	1.75	2.25	2.25	
均值 2	2.50	2.00	2.25	2.25	2.00	
均值 3	1.50	2.25	2.00	1.75	2.25	
均值 4	1.23	2.75	2.75	2.50	2.25	
极差 R	2.25	1.00	1.00	0.75	0.25	
主次顺序	A>B=C>D>E					
优水平	A1	B1，B4	C4	D4	E1，E3，E4	
优组合	A4B2（4）C4D4E1（3，4）					

3.1.2.2 包埋条件对小球成球难易的影响

通过对内聚小球正交实验的分析结果极差的计算分析，海藻酸钠含量对小球成球的影响因素对大，极差为 2.25，其次是 PVA 的含量，极差为 1.25，在此为二氧化硅含量，氯化钙及菌藻含量对小球的成球难易几乎没有影响。由正交实验列表可以看出，海藻酸钠的海量为 0.5%~2%，占小球的配比较小，但整个小球成球影响较大，从而影响小球在水中的溶胀率。

3.1.2.3 包埋条件对硫酸盐还原率的影响

从正交实验结果分析可知，二氧化硅的含量是影响 SO_4^{2-}还原率的主要因素，由效应曲线图（图 3-1）可知，当 SiO_2 含量为 1%时，小球对 SO_4^{2-} 还原率最高，1%~2%时，SO_4^{2-} 还原率急速降低，当大于 2%时，SO_4^{2-} 还原率随二氧化硅的含量变化不大；其次是 PVA 的含量，当 PVA 的含量由 2% 到 6%逐渐增加时，SO_4^{2-} 还原率不断降低，这可能由小球的传质性能逐渐变低引起的，当 PVA 含量达到 8%时，小球对 SO_4^{2-} 还原率又稍稍增加，可能由于 PVA 增加到一定程度，传质性能边低，但小球表面对 SO_4^{2-} 的吸附作用增强，导致 SO_4^{2-} 还原率的增大。

$CaCl_2$ 对 SO_4^{2-} 还原率的影响也较大，在海藻酸钠包埋固定化过程中，凝胶化剂 $CaCl_2$ 中的 Ca^{2+} 与海藻酸根离子螯合形成不溶于水的海藻酸钙凝胶，从而将细胞固定，因此 $CaCl_2$ 浓度对小球的机械强度影响较大，当 $CaCl_2$ 浓度较低时，在还原 SO_4^{2-} 过程中会出现溶胀现象，不利于 SO_4^{2-} 的还原，当 $CaCl_2$ 过大又会影响小球的传质性，降低 SRB 菌的活性；菌藻的含量对小球的 SO_4^{2-} 的还原也有一定影响，当菌藻含量越大时，SO_4^{2-} 的还原就越好；海藻酸钠对 SO_4^{2-} 的还原影响最小，当海藻酸钠百分比大于 1%时，SO_4^{2-} 的还原率几乎不随海藻酸钠的上升而变化。

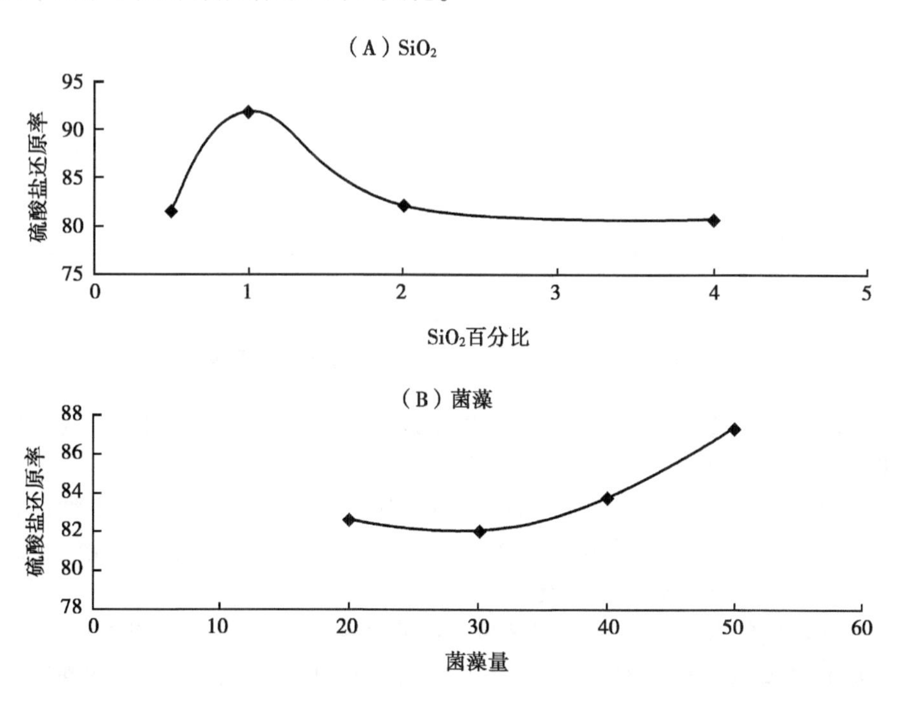

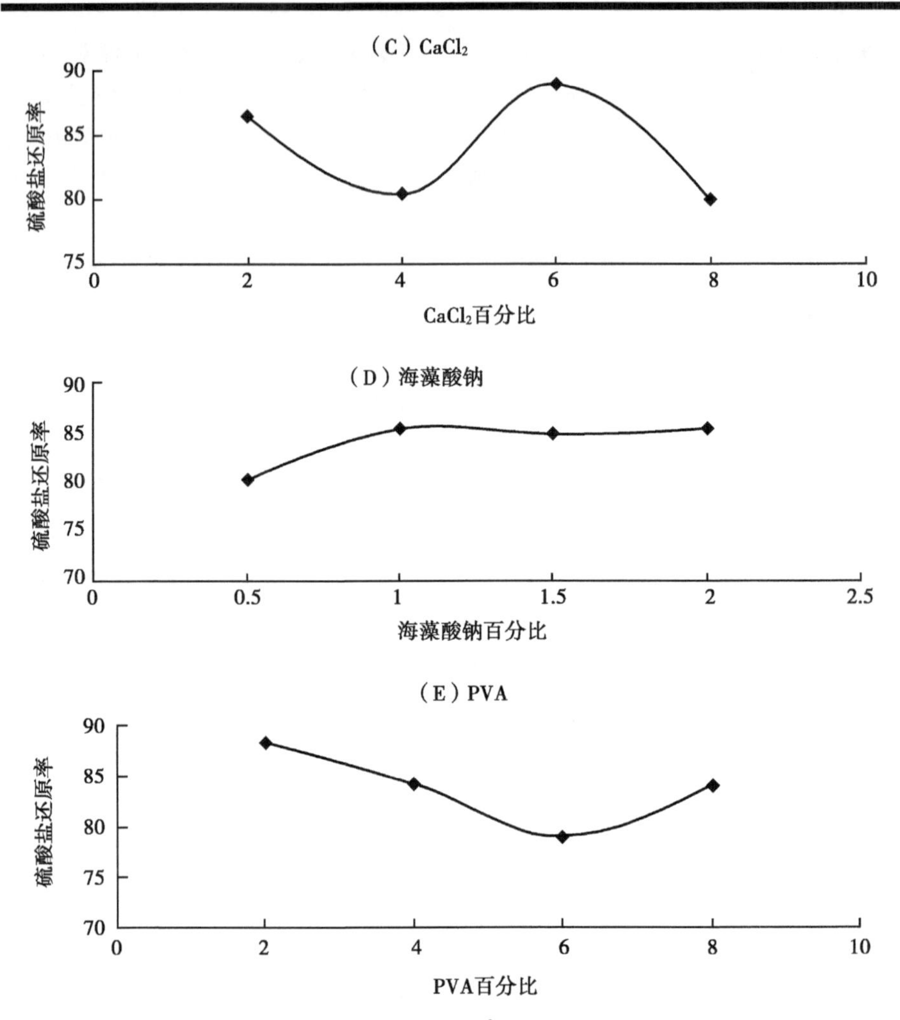

图 3-1　各影响因素对 SO_4^{2-} 还原率的效应曲线

以硫酸盐转化率为主要指标，以小球强度、传质性能、成球难易为辅助性指标，按 $A_1B_2C_3D_2E_4$ 组合，即 PVA 2%、海藻酸钠 1%、$CaCl_2$ 6%、SiO_2 1%、菌藻 50 mL，内聚小球的 SO_4^{2-} 的还原率最高，同时传质性能正交表（表 3-4）可以看出，当 PVA 浓度为 2% 时，小球的传质性能也最好，小球传质性能越好，越有利于 SO_4^{2-} 的还原。当小球为 SO_4^{2-} 的还原率最高的最优组合时，小球制作容易，传质性高，因此通过正交实验结果，选定 PVA 2%、海藻酸钠 1%、$CaCl_2$ 6%、SiO_2 1%、菌藻 50 mL 的固定化菌藻内聚小球为最优条件。

表 3-4　固定化小球性能正交实验表

实验号	因素					成球性	机械强度	传质性	30 h 后转化率/100%
	PVA（A%）	海藻酸钠（B%）	$CaCl_2$（C%）	SiO_2（D%）	菌藻（E/mL）				
1	2	0.5	6	0.5	50	较难	弱	较好	90.45%
2	2	1.0	8	1	40	易	较弱	好	93.35%
3	2	1.5	4	4	20	较易	强	好	81.13%
4	2	2.0	2	2	30	较难	强	较好	88.51%
5	4	0.5	4	1	30	易	较弱	较差	82.74%
6	4	1.0	2	0.5	20	易	强	较差	84.34%
7	4	1.5	6	2	40	较易	较强	较差	88.04%
8	4	2.0	8	4	50	较易	强	好	81.81%
9	6	0.5	2	4	40	易	有韧性	差	74.27%
10	6	1.0	4	2	50	较易	有韧性	差	78.38%
11	6	1.5	8	0.5	30	较难	有韧性	较差	71.47%
12	6	2.0	6	1	20	难	有韧性	较差	91.81%
13	8	0.5	8	2	20	易	有韧性	差	73.26%
14	8	1.0	6	4	30	较易	有韧性	差	85.35%
15	8	1.5	2	1	50	难	有韧性	差	98.58%
16	8	2.0	4	0.5	40	难	有韧性	较差	79.22%
均值 1	88.360	80.180	86.425	81.370	82.635				
均值 2	84.233	85.355	80.368	91.620	82.017				
均值 3	78.982	84.805	88.913	82.047	83.720				
均值 4	84.102	85.338	79.972	80.640	87.305				
极差 R	9.378	5.175	8.941	10.980	5.288				
主次顺序	D>A>C>E>B								
优水平	A1	B2	C3	D2	E4				
优组合	A1B2C3D2E4								

3.2　固定化硫酸盐还原菌—微藻小球的制备条件优化

生物细胞固定化技术是指利用物理和化学手段将游离细胞定位于限定的

空间区域并使其保持活性和可以反复使用的一种基础技术。弥补了游离态SRB还原重金属时营养源不能被其充分利用，导致的出水COD值高的缺陷，同时也可以避免SRB菌免受重金属的毒害。固定化细胞技术的研究主要集中在固定化材料、种质保存、污水处理和生物传感器等应用方面，但是上述的研究多局限于单一微生物的固定化，对于藻菌混合固定化的研究还比较少见。硫酸盐还原菌通常可利用的简单碳源包括易生物降解、结构简单的低分子有机物，将微藻高温失去活性化，在其他菌群的作用下，其发酵分解的产物可以被SRB菌利用。因此本实验以微藻为营养源，构建包埋菌—藻固定化体系，从而达到更好的还原SO_4^{2-}的目的，降低出水COD值。

选用适当的固定方法与包埋剂来固定菌种对细菌的活性及还原硫酸盐的能力有很大的影响，另外添加不同的包埋材料从小球的机械强度、传质性能等生物物理化学性能进行探索，从而确定最佳的包埋条件。在此基础上，通过内聚微藻SRB处理含重金属硫酸盐废水。

3.2.1 实验方法

（1）固定化硫酸盐还原菌—微藻小球的制作

A. 配置菌藻混合液，根据前人研究成果，藻菌比在1∶300左右取得效果处理效果较好，故取20 mL微藻溶液（10^6 CFU/mL），60 mL SRB菌液（10^8 CFU/mL）。

B. 称取60 g PVA加入到1 000 mL蒸馏水中，在80℃下完全溶解，然后加入2 g海藻酸钠、6 g二氧化硅、0.5 g碳酸钙混合均匀，形成凝胶溶液。

C. 取一定生物量的混合菌藻培养液，分别离心弃去上清液，与冷却到35℃的凝胶溶液混合均匀。

D. 将凝胶菌藻溶液用胶头滴管滴入到含有2%~4% $CaCl_2$的饱和硼酸溶液中，在室温下硬化24 h。

E. 将小球取出，用生理盐水洗2~3次，冷藏备用。

（2）包埋条件对固定化小球制作的影响

影响固定化SRB微球制备的因素较多，主要包括包埋剂、交联剂及交联时间等。本实验通过单因子实验考察包埋剂（聚乙烯醇、海藻酸钠）、交联剂（饱和硼酸硫化钙溶液）、二氧化硅及包埋菌量对固定化小球机械强度、传质性能、成球难易及还原硫酸根离子的速度的影响。

首先采用单因素试验考察不同 PVA 质量比对 SO_4^{2-}还原率的影响，综合文献得出碳酸钙对试验结果影响不大，故不予考虑。试验采用氨水调节 pH 值，二氧化硅 6%，在包埋颗粒与废水比例为 1 ∶ 10，废水 SO_4^{2-}浓度为 500 mol/mL，测定 24 h SO_4^{2-}还原率。

设定海藻酸钠浓度梯度为：0.05%、0.5%、1.0%、1.5%、2.0%、2.5%、3.0%，在不加聚乙烯醇的条件下，制作方法同（1）。

安装（1）的做法，将小球滴到 2%~8%的 $CaCl_2$ 饱和硼酸溶液中。

测试方法：

固定化小球强度试验：将 SRB 固定化小球放入 100 mL 注射器中，加一定的压力，观察小球的破损情况；或用手捏包埋好的固定化小球，用以来定性描述小球的机械强度。

固定化小球传质性能的测定：取数粒 SRB 固定化小球投入盛有 200 mL 自来水的锥形瓶中，滴加两滴亚甲蓝液，定时观察亚甲蓝进入各种粒径 SRB 小球的情况，以此为指标定性判断固定化小球的传质性能。

硫酸根离子的还原能力：探索实验中，暂不考虑重金属离子对体系的影响，用 Na_2SO_4配成含 SO_4^{2-}浓度为 500 mg/L 的溶液，在 500 mL 锥形瓶中放入熟化后的小球，铺匀，2~3 cm 厚，加满水样，塞进装置塞，静置，每 24 h 取样一次，测定 pH 值，SO_4^{2-}浓度。

SO_4^{2-}浓度用紫外分光光度计采用铬酸钡光度法分析。pH 值用精密 pH 值计测定。取样点位于小球上方 2~3 cm 处。

3.2.2　实验结果

（1）包埋载体浓度对固定化小球的影响

①海藻酸钠浓度对小球成球的影响

海藻酸钠的浓度会影响固定化细胞的机械强度、质量传递等，进而影响到微生物的活性。采用单因子实验，考察不同海藻酸钠质量比对成球难易的影响。从表 3-5 可以看出，随着海藻酸钠浓度的增加，当海藻酸钠浓度为 0.05%时，成球黏度不够，不易形成小球，固定化微生物颗粒的机械强度太弱；当海藻酸钠浓度高达 3.0%时，由于黏度增加，使成球比较困难。包埋颗粒的黏度随海藻酸钠用量的增大而增大，导致传质阻力增大，使营养物质的扩散受到限制，进而影响微生物的活性，导致去除率下降。

表 3-5　不同浓度海藻酸钠浓度对成球的影响

海藻酸钠浓度（%）	成球难易	海藻酸钠浓度（%）	成球难易
0.05	不易	2.0	易
0.5	易	2.5	较易
1.5	易	3.0	难

②聚乙烯醇浓度对小球成球的影响

聚乙烯醇作为一种廉价、无毒合成聚合物，目前已广泛应用于微生物固定化。其中，聚乙烯醇-硼酸法是最为简易和经济的方法之一。海藻酸钠质量比较聚乙烯醇质量比对小球成球的影响较大，但通过实验研究发现，在不添加海藻酸钠的情况下，当聚乙烯醇浓度<4%时，微球机械强度低，当聚乙烯醇浓度>10%时，因聚乙烯醇成球黏度大，易粘连，形成“尾巴”。

（2）氯化钙浓度对固定化小球的影响

在海藻酸钙包埋固定化过程中，凝胶化剂 $CaCl_2$ 中的 Ca^{2+} 与海藻酸根离子螯合形成不溶于水的海藻酸钙凝胶，从而将细胞固定。$CaCl_2$ 浓度对固定化细胞的机械强度影响较大，$CaCl_2$ 溶液的浓度。

对固定化小球的影响见表 3-6，当氯化钙含量较低时，固定化微球规则性差；当氯化钙含量提高到一定程度时，固定化微球成型困难。

表 3-6　$CaCl_2$ 溶液的浓度对固定化小球的影响

$CaCl_2$ 浓度	2	3	4	5	6	8	10
机械轻度	较好	较好	较好	好	好	好	好

（3）二氧化硅浓度对固定化小球的影响

SiO_2 用量继续增大时，制备包埋颗粒的难度增加了，而且颗粒表面容易开裂，从而使部分污泥泄漏，故处理效果降低。随着 SiO_2 用量的增加，包埋颗粒的比重增加而减少上浮，直接影响小球的密度。

（4）包埋条件正交试验范围的确定

根据单因素实验，确定在以上浓度范围内，以硫酸盐转化率为主要指标，以小球强度、传质性能、成球难易为辅助性指标，安排 5 个因素，每个因素 4 个水平。各因素如下：PVA 用量（A）、海藻酸钠（B）、二氧化硅（C）、$CaCl_2$（D）、菌藻包埋量（E）。因素的取值范围及其水平如表 3-7 所示。

表 3-7　固定化小球优化条件正交实验表

水平因子	PVA (%)	海藻酸钠 (%)	SiO_2 (%)	$CaCl_2$ (%)	菌藻含量 (mL)
1	2	0.50	0.5	2	20
2	4	1.00	1	4	30
3	6	1.50	2	6	40
4	8	2.00	4	8	50

3.3　内聚微藻——SRB 固定化小球还原硫酸根离子研究

游离态的硫酸盐还原菌虽然在处理高硫酸盐、富含重金属废水等方面的研究已经取得了较大的进展，同时以微藻为 SRB 营养源可以满足低 COD 出水水质要求，解决了以其他营养源出水 COD 较高的问题，但同时也暴露了一些缺陷，如各种毒性离子的侵害作用、生物活性保持问题、活性污泥膨胀流失问题、耐受冲击负荷能力较弱等问题。为此，固定化技术是解决这一问题的有效方法之一。

生物细胞固定化技术是指利用物理和化学手段将游离细胞定位于限定的空间区域并使其保持活性和可以反复使用的一种基础技术。微生物经固定化后，对有毒物质的承受及降解能力明显提高，同时采用营养源与 SRB 共故技术使营养源得到充分利用而不进入废水中，避免了在处理无机的重金属废水过程中，由于外加的有机营养源不能被微生物完全利用而产生的二次污染问题。

根据正交实验固定化小球制作的优化条件，包埋四种微藻，使小球与含硫酸根模拟废水充分接触，因为优化的小球具有较好的传质性能，硫酸根离子通过传质作用进入小球内，被包裹在小球内部的硫酸盐还原菌所利用，从而还原二价硫离子，实现硫酸根离子的还原，而二价硫离子可以与大多数重金属离子反应，形成沉淀，达到去除重金属的目的。

3.3.1　实验方法

3.3.1.1　最优配比固定化小球的制作

根据正交实验固定化小球最优条件，制作小球。

（1）配置菌藻混合液，取一定藻液、菌液在 5 000 r/min 转速下富集离心，将离心后的菌藻加入一定蒸馏水中，测其吸光度，根据微藻干重—吸光度、活菌数—吸光度标准曲线配置菌藻液，根据前人研究成果，藻菌比在 1∶300 左右取得效果处理效果较好，故取 50 mL 微藻溶液（10^6 CFU/mL），150 mL SRB 菌液（10^8 CFU/mL）。

（2）称取 8 g 聚乙烯醇（PVA）、50 mL（干重约为 1.342 g）藻液加入到 350 mL 蒸馏水中，在 80℃下完全溶解，然后加入 4 g 海藻酸钠、4 g 二氧化硅混合均匀，形成凝胶溶液。

（3）待凝胶溶液冷却至 30℃时，取一定生物量的菌液，离心弃去上清液与凝胶溶液混合均匀。

（4）将凝胶菌藻溶液用胶头滴管滴入到含有 6% $CaC1_2$的饱和硼酸溶液中，在室温下硬化 24 h。

（5）将小球取出，用生理盐水洗 2~3 次，冷藏备用。

3.3.1.2 内聚小球还原硫酸根离子

分别取 400 mL 含 SO_4^{2-} 1 000 mg/L 的标准液置于 6 个 500 mL 锥形瓶中，待用。将硬化 24 h 的 6 种小球分别取出，用 NaCl 浓度为 8.5%的生理盐水反复冲洗 5 次，将冲洗后的小球用 100 mL 的量筒量取 100 mL，分别置于留个锥形瓶内，标记 R1~R6（R1：普通小球藻；R2：斜生栅藻；R3：羊角月牙藻；R4 螺旋鱼腥藻；R5：四种藻混合；R6：对照）置于摇床中，135 rpm 遮光培养。在液面下 2~3 cm 处取样，测定 SO_4^{2-}的含量。

硫酸根离子的测定：按照 HJ/T342.2007 铬酸钡分光光度法测定硫酸根离子，方法如下。

向水样中各加 1 mL 2.5mol/L 盐酸溶液，加热煮沸 5 min 左右。取下后再各加 2.5 mL 铬酸钡悬浊液，再煮沸 5min 左右。取下锥形瓶，稍冷后，向各瓶逐滴加入（1+1）氨水至呈柠檬黄色，再多加 2 滴。待溶液冷却后，用慢速定性滤纸过滤，滤液收集于 50 mL 比色管内（如滤液浑浊，应重复过滤至透明）。用蒸馏水洗涤锥形瓶及滤纸 3 次，滤液收集于比色管中，用蒸馏水稀释至标线。在 420 nm 波长，用 10 mm 比色皿测量吸光度，绘制校准曲线。

3.3.2 实验结果

反应器 R1~R6（R1：普通小球藻；R2：斜生栅藻；R3：羊角月牙藻；

R4 螺旋鱼腥藻；R5：四种藻混合；R6：对照）中 SO_4^{2-}的含量如表 3-8 所示。R6 中 SO_4^{2-}的浓度总体高于其他反应器中 SO_4^{2-}的浓度。较起始 SO_4^{2-}的浓度 1 000 mg/L，小球对 SO_4^{2-}的吸附作用强烈，可以达到迅速去除水中 SO_4^{2-}的作用，同时包埋的 SRB 菌以微藻为营养源利用 SO_4^{2-}繁殖，同时还原 SO_4^{2-}，使其形成 S^{2-}，从而与重金属离子形成硫化物沉淀，达到去除重金属的目的。

表 3-8　R1～R6 反应器中 SO_4^{2-}浓度值

时间（d）	R1（mg/L）	R2（mg/L）	R3（mg/L）	R4（mg/L）	R5（mg/L）	R6（mg/L）
1	174.28	189.09	197.60	210.54	195.05	219.22
2	148.24	135.31	135.99	126.12	136.50	241.17
3	114.54	97.86	93.95	82.04	118.97	191.13
4	100.08	86.12	88.16	95.31	77.61	129.01
5	110.97	97.01	86.46	80.16	96.84	118.80
6	101.27	73.53	81.18	97.18	77.61	106.54
7	87.14	81.87	105.86	96.16	86.46	119.48
8	100.93	92.08	97.18	107.40	69.27	114.54
9	77.61	75.91	90.38	106.88	85.61	122.37
10	82.04	72.33	81.18	99.91	78.97	130.20
15	83.23	66.89	79.14	86.97	82.89	101.61
20	76.08	76.25	80.16	94.63	88.84	107.40
25	83.74	67.23	65.36	88.67	86.63	114.71
30	72.50	64.16	71.65	79.65	79.48	124.59
35	77.10	73.36	67.91	68.76	71.48	126.29
40	78.97	67.74	73.70	82.04	68.93	130.20

图 3-2 为各反应器中 SO_4^{2-}去除率的变化曲线，从图中可以看出，反应前 3 d，各反应器中 SO_4^{2-}的去除率迅速升高，主要是小球对 SO_4^{2-}的物理吸附起主导作用，从图中可以看出，前 3 d R6 中 SO_4^{2-}的去除率低于其他反应器中 SO_4^{2-}的去除率，根据 Avery 等研究发现死藻细胞壁能够为有机或无机盐提供更多的吸附位点，这些吸附位点比活藻细胞上的更具有可利用性，微藻本身也就有一定的吸附作用，这个时期的 R6 明显低于其他反应器，很可能是微藻对 SO_4^{2-}的吸附起到了很大作用。其中，第 2 d、第 3 d 中，R4 中

的 SO_4^{2-} 的去除率较高些，很可能是由于螺旋鱼腥藻藻丝群集，对 SO_4^{2-} 的吸附较为明显。

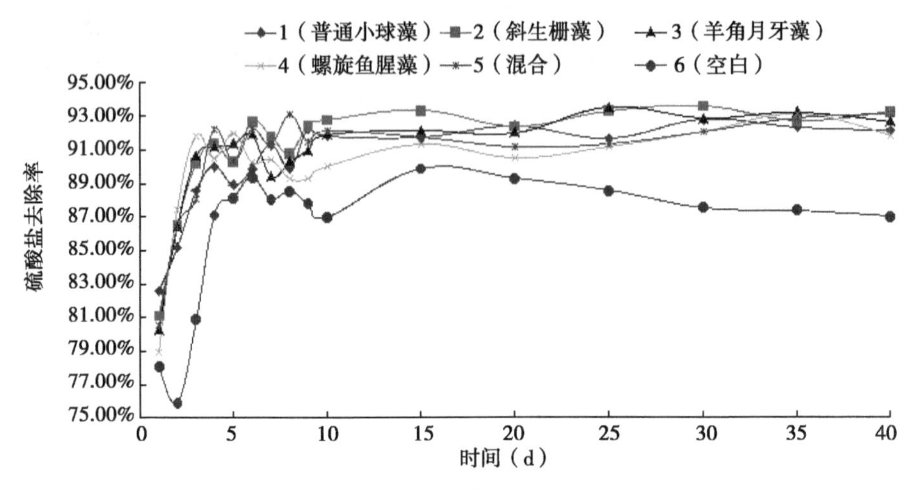

图 3-2 反应器中 SO_4^{2-} 去除率的变化曲线

在第 4～8 d 中，R6 中的 SO_4^{2-} 的还原率整体上升，R1～R5 反应器中 SO_4^{2-} 的还原率成波动状态，但整体高于 R6，很有可能是因为添加的微藻仅 1.342 g，吸附量有限，而藻对 SO_4^{2-} 的吸附能力要由于小球球体对 SO_4^{2-} 的吸附，造成反应初期对 SO_4^{2-} 的吸附明显，后期趋同的现象，反应 10 d 后，R6 中 SO_4^{2-} 的去除率呈平稳波动下降趋势，可能由于其对 SO_4^{2-} 吸附饱和造成的，而 R1～R5 反应器中，SO_4^{2-} 的去除率呈现较平稳的波动，且与 R6 有一定差距，可能是这时候 SRB 还原 SO_4^{2-} 离子已经起到一定作用，从小球上的 SO_4^{2-} 已经被其利用，导致 SO_4^{2-} 的去除率要高于对照中的空白实验。

3.4 微藻-SRB 复合体系连续化处理含铜废水的研究

矿山废水主要来自采矿生产中排出的矿坑水、废石场的雨淋污水和选矿厂排出的洗矿、尾矿废水，往往伴生着大量可溶性重金属离子及高浓度硫酸盐，且营养物质贫乏。目前，主要通过沉淀法、离子交换法、电解法、凝聚法等物理、化学方法进行处理，但它们往往存在处理费用过高、出水硫酸盐浓度高、易导致二次污染等诸多缺点。

生物法作为一种新兴的处理技术，具有成本低、适应性强、环境友好等优点受到国内外学者的广泛关注。硫酸盐还原菌在处理高硫酸盐矿山废水中取得了较大进展，具有处理彻底、成本低廉、处理重金属种类多样、处理潜力大等特点，但也存在营养源不能被生物充分利用导致出水 COD 偏高，重金属离子对 SRB 菌的毒害作用影响处理效果等缺陷。因此运用包埋固定化方式将 SRB 所需碳源包埋在小球内部，构造微藻-SRB-惰性材料复合体系。

前期试验主要对微藻-SRB-惰性材料复合体处理高含量硫酸盐污水进行了研究，没有考虑重金属离子对复合体系中 SRB 菌影响，因此运用上流式厌氧填充床反应器（UAPB）系统考察了微藻-SRB-惰性材料复合体系连续处理含铜污水的稳定性，并测定了连续运行系统对各污染处理效果、同时对铜的去除机理，硫酸盐的还原动力学、复合体系的传质性能及对铜离子的吸附过程进行系统评价及相关动力学的计算的理论研究。

3.4.1　实验

采用上流式厌氧生化反应器进行微藻-SRB-惰性材料复合体处理含铜高硫酸根模拟废水的研究。流式厌氧生化反应器，圆柱形，高 420 mm，内径 70 mm，径高比为 1∶6，净空体积约为 750 mL，设直径为 5 mm 进出水口各一个，使用蠕动泵泵提含铜模拟废水自下端入水口进入，自上而下均匀穿过微藻-SRB-惰性材料复合体系，由上端出水口排出，使用聚四氟乙烯管连接装置，装置图见图 3-3。

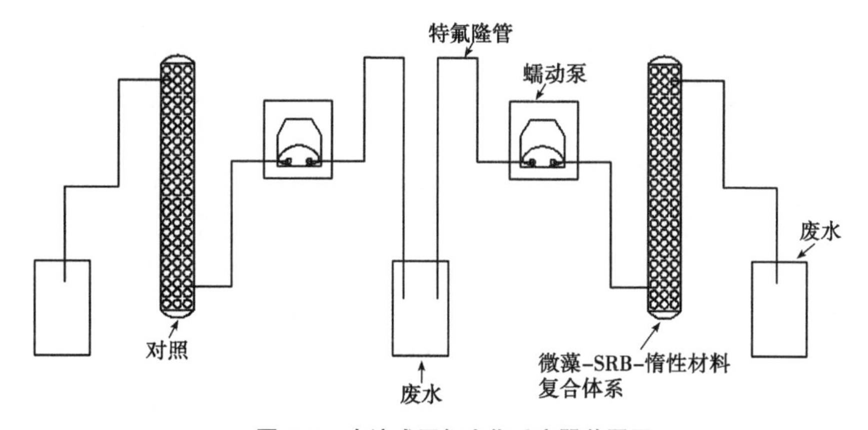

图 3-3　上流式厌氧生化反应器装置图

3.4.2 实验方法

根据前期试验结果，采用效果最好的斜生栅藻作为包埋营养源，按照正交实验最优配比结果制作微藻-SRB-惰性材料复合体，硬化 24 h 后，用 NaCl 浓度为 7%的生理盐水洗涤 5 次后，装入反应器内。称取质量为 1.2546 g 的 Na_2SO_4、0.39292 g 的 $CuSO_4 \cdot 5H_2O$ 定容至 1 000 mL，配置 SO_4^{2-}浓度为 1 000 mL/L、Cu^{2-}浓度为 50 mL/L 的模拟废水，使用蠕动泵泵提含铜模拟废水，调解蠕动泵转速，使废水自下而上慢速通过微藻-SRB-惰性材料复合体，使流出速度大于为 5～6 s 一滴，每 24 h 取样一次每次取样时间约 1.5 h，取样量 30 mL。

pH 值的测定采用 METTLER TOLEDO pH 值计；SO_4^{2-}采用离子色谱法测定；Cu^{2-}采用原子火焰吸收光谱法测定。

3.4.3 实验结果

如图 3-4 所示，实验前 4 d，微藻-SRB-惰性材料复合体系和对照组 pH 值均有一个小幅增加的过程，可能由于进水 pH 值较低，受包埋体系的吸附中海藻酸钠中含有大量游离的羧基，能够与重金属离子发生反应，吸附重金属离子与其中的金属离子（Na^+）发生离子交换，交换出的 Na^+影响了出水 pH 值。

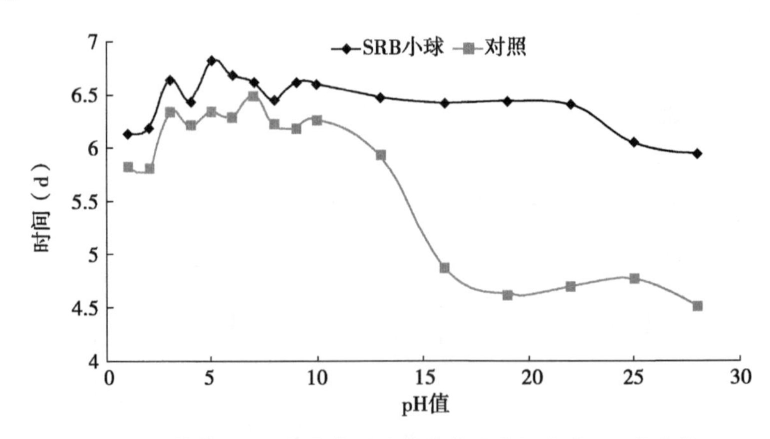

图 3-4　微藻-SRB 复合体系连续化处理含铜废水 pH 值变化

经过反应初期阶段后 pH 值有小幅的波动后，对照体系的 pH 值降低较快，而复合体系却缓慢降低，主要可能是由于海藻酸钠对重金属吸附饱和造成的，就很少有 Na^+ 从体系中交换出来，致使对照组的 pH 值迅速降低。而复合体系中，由于包埋了 SRB 菌，它可以是模拟废水中的 SO_4^{2-} 还原成 S^{2-} 及 OH^-，反应机理如图 3-5，减缓了出水 pH 值的降低速度，然而 SRB 菌的还原作用没有海藻酸钠的吸附作用迅速，故出水 pH 值出现缓慢讲的过程。

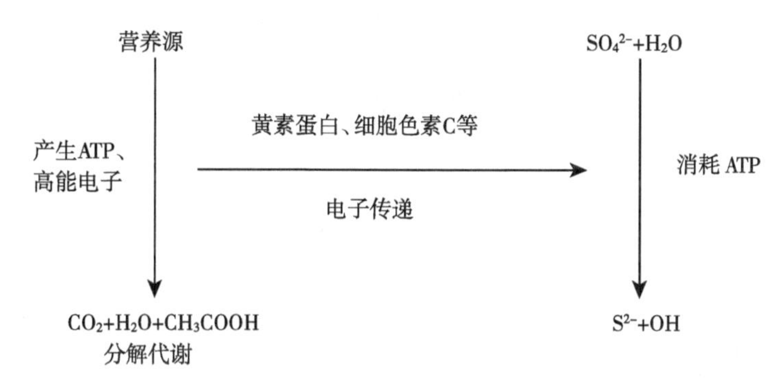

图 3-5　SRB 菌的代谢机理简图

如图 3-6 所示，上流式厌氧生化反应器初始出水值由入水值 1 000 mg/L 迅速降低至 200 mg/L，主要是微藻-SRB-惰性材料复合体系对 SO_4^{2-} 的吸附作用造成的，由于海藻酸钠微粒表面具有不饱和离子和具有孤对电子的羧基、羟基等化学基团，可以与离子进行交换、螯合、吸附，导致模拟废水进

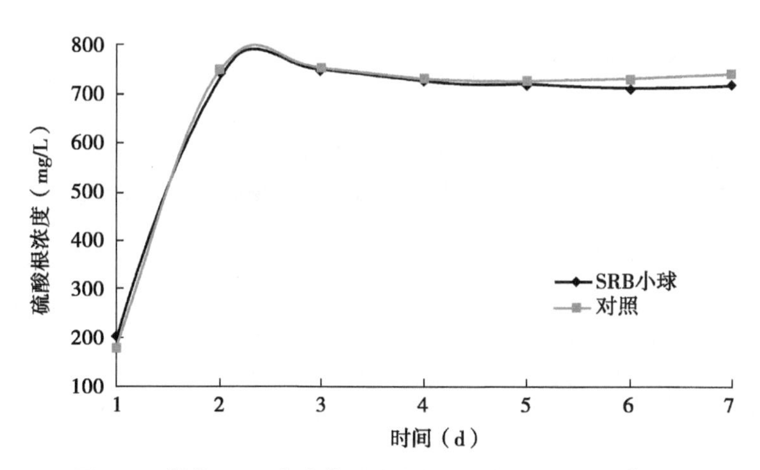

图 3-6　微藻-SRB 复合体系连续化处理含铜废水 SO_4^{2-} 变化

入体系后，出水硫酸根含量急剧降低。随着含铜高硫酸盐废水连续进入体系，出水 SO_4^{2-} 含量变得平稳缓慢降低的趋势，对照组降低的速度较微藻-SRB-惰性材料复合体系较快，这主要是包埋在体系中的 SRB 菌还原硫酸盐导致硫酸盐较对照组产生差距。

3.4.3.1 Cu^{2+}标准曲线

辅助气流量 0.5 L/ min；泵速 50 rpm；功率 1 150 W；垂直观测高度 15.0 mm。

标准曲线：将 1 000 mg/L 的铜标准溶液逐级稀释至 0.0、0.50、1.0、5.0、10.0、50.0、100.0 mg/L（图 3-7）。

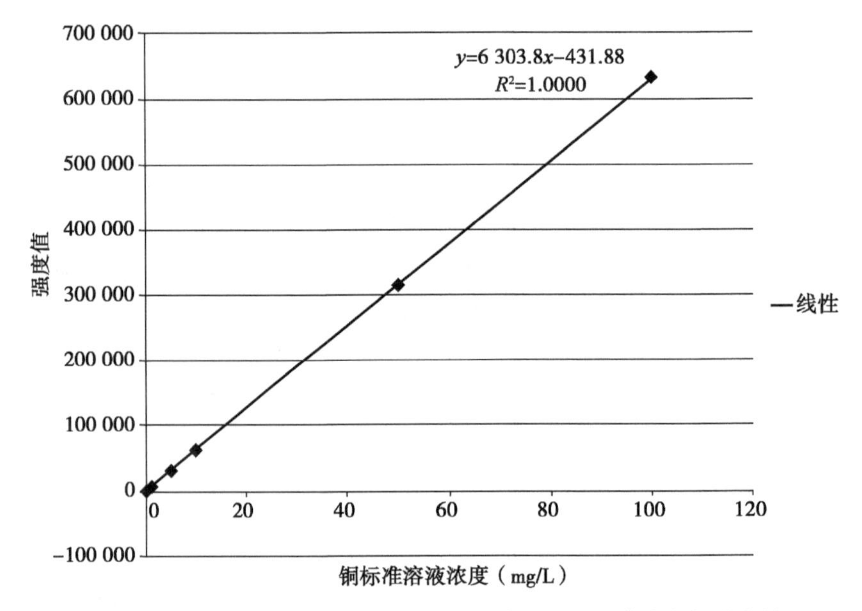

图 3-7　微藻-SRB 复合体系连续化处理含铜废水 Cu^{2+}变化标准曲线

检出限：0.00435 mg/L

浓度（μg/L）	0	0.50	1.0	5.0	10.0	50.0	100.0
强度值	15.34	3 211	6 321	31 254	62 314	312 210	631 242
线性关系	$y=6\ 303.8x-431.88$ $R^2=1$						

3.4.3.2　体系中 Cu^{2+}的变化

从图 3-8 可以看出，出水中 Cu^{2+}和 SO_4^{2-}的浓度并不同步，海藻酸钠对 Cu^{2+}有很强的吸附作用，其吸附机制为对重金属离子的吸附作用机制是由于海藻酸钠微粒表面具有不饱和离子和具有孤对电子的羧基、羟基等化学基团，一方面海藻酸钠的不饱和离子与重金属离子发生离子交换反应；另一方面，海藻酸钠微粒表面的羧基、羟基等与重金属离子发生螯合作用，其吸附作用强于 SO_4^{2-}。同时由于模拟废水中 Cu^{2+}浓度较 SO_4^{2-}低，海藻酸钠微粒表面的与 Cu^{2+}螯合位点空余更多，致使反应初期对照组及 SRB 体系的出水中铜离子的含量均很低，在 9 d 左右，对照组出水 Cu^{2+}浓度开始增加，但至 18 d 左右又降低，可能是和因为实验扰动造成的，至 21 d 后，对照组 Cu^{2+}浓度不断升高至吸附饱和。SRB 体系中，由于 SO_4^{2-}含量过剩，经过 SRB 还原作用，生产 S^{2-}较多，其与铜离子形成沉淀，致使铜离子浓度在空白组升高时仍然减少，由于 S^{2-}过剩，致使反应平衡像产生 CuS 沉淀一侧移动，使得出水中 Cu^{2+}很少。在反应 35 d 后，系统由于吸附性能的丧失及铜离子的累积造成对 SRB 的毒害作用，使得整个还原系统崩溃，导致出水值几乎等于入水值。

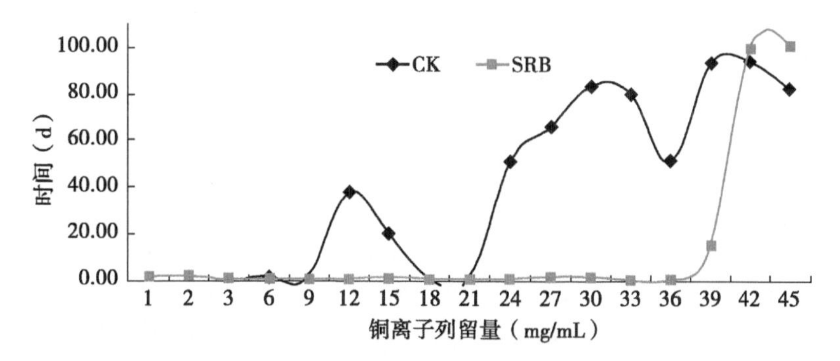

图 3-8　微藻-SRB 复合体系连续化处理含铜废水 Cu^{2+}变化

参考文献

阂航，郑耀通. 1994. 聚乙烯醇包埋厌氧活性污泥处理废水的最优化条件研究［J］. 环境科学，15（5）：10-17.

李亚新，苏冰琴. 2000. 利用硫酸盐还原菌处理酸性矿山废水研究［J］. 中国给水排水，16：13-17.

李亚新，药宝宝. 2000. 微生物法处理含硫酸盐酸性矿山废水［J］. 煤矿环境保护，14（1）：17-22.

马晓航，贾小明，赵宇华. 2003. 用硫酸盐还原菌处理重金属废水的研究［J］. 微生物学杂志，23（1）：36-39.

毛彦景. 2008. 藻类固定化技术在污水处理中的应用［J］. 四川环境，27（5）：99-102.

缪应祺. 2004. 废水生物脱硫机理及技术［M］. 北京：化学工业出版社，5-7，23-24.

潘辉，熊振湖，金勇威. 2006. 光照对固定化菌藻反应器脱氮除磷效率的影响［J］. 水资源保护，22（5）：63-67.

王浩源，缪应祺. 2001. 高浓度硫酸盐废水治理技术的研究［J］. 环境导报，1：22-25.

王建龙. 2002. 生物固定化技术与水污染控制［M］. 北京：科学出版社.

王磊，兰淑澄. 1997. 固定化硝化菌去除氨氮的研究［J］. 环境科学，18（2）：18-25.

王秀，张小平. 2009. 固定化菌藻小球流化床光生物反应处理高浓度有机废水研究［J］. 净水技术，28（1）：54-57.

邢丽贞，张向阳，张波，等. 2006. 藻菌固定化去除污水中氮磷营养物质的初步研究［J］. 环境科学与技术，29（1）：33-35.

赵兴利，兰淑澄. 1999. 固定化硝化菌去除废水中氨氮工艺的研究［J］. 环境科学，20（1）：39-45.

Bechard G, Yamazaki H, Gould W D. et al. 1994. Use of cellulosic substrates for the microbial treatment of acid mine drainage [J]. J. Environ. Qual., 23, 111±116.

Chang I S, Shin P K, Kim B H. 2000. Biological treatment of acid mine drainage under sulphate-reducing conditions with solid waste materials as substrate [J]. Wat Bcs, 34 (4): 1269-1277.

Christensen B, Laake M, Lien T. 1996. Treatment of acid mine water by sulfate-reducing bacteria: results from a bench scale experiment [J]. Water Res, 30 (7): 1617-24.

Boshoff G, Duncan J, Rose P D. 2004. The use of micro-algal biomass as a carbon source for biological sulphate reducing systems [J]. Water Research, 38: 2659-2666.

Kim S D, Kilbane J J, Cha D K. 1999. Prevention of acid mine drainage by sulfate reducing bacteria: organic substrate addition to mine waste piles [J]. Environ Eng Sci, 16 (2): 139-45.

Costa M C, Santos E S, Barros R J, et al. 2009. Wine wastes as carbon source for biological treatment of acid mine drainage [J]. Chemosphere, 75: 831-836.

Mclean B M, baskaran K, connor M A. 2000. The use of al-gal-bacterial biofilms to enhance nitrification rates in lagoons: experi-ence under laboratory and pilot-scale conditions [J]. Water Science and Technology, 42 (10-11): 187-194.

Rose P D, Boshoff G A, van Hille R P. 1998. An integrated algal sulphate reducing high rate ponding process for the treatment of acid mine drainage waste waters [J]. Biodegradation, 9: 247-257.

Simonton S, Dimsha M, Thomson B, et al. 2000. Long-term stability of metals immobilized by microbial reduction [C]. Proceedings of the 2000 Conference on Hazar-dous Waste Research: Environmental Challenges and Solutions to Resource Development, Production and Use, Southeast Denver, CO, 394-403.

Tony J, David L P. 2003. Removal of sulfate and heavy metals by sulfate reducing bacteria in short-term bench scale upflow anaerobic packed bed reactor runs [J]. Water Research, 37: 3379-3389.

Ueki K, Kotaka K, Itoh K et al. 1988. Potential availability of anaerobic treatment with digester slurry of animal waste for the reclamation of acid mine water containing sulphate and heavy metals [J]. Ferment. Technol., 66 (1); 43-50.

Wong Y, Nora f Y. 1997. Wastewater treatment with algae [J]. Springer-Verlag Berlin-Heidelberg and Lands Bioscience Georgetown, TX, U. S. A: 204-205.

Xu X J, Chen C, Wang A J. et al, 2012. Enhanced elementary sulfur recovery in integrated sulfate-reducing, sulfur-producing rector under micro-aerobic condition [J]. Bioresource Technology, 116: 517-21.

第4章　固定化微生物颗粒处理含氨氮污水研究

无机氮是导致水体富营养化的主要因素之一，目前可采用超滤或反渗透等物化方法处理氨氮，但此方法成本很高。生物法处理因运行费用低、处理效果稳定等优点而备受青睐，微生物的固定化技术也已成为污水处理中的关键技术之一。

固定化微生物技术实用化的重点之一是研究高效节能反应器，目前已研发的反应器种类很多，如固定床反应器、搅拌罐式反应器、流化床反应器、膜式反应器、厌氧反应器、筛板生物反应器和循环床反应器等本论文研制的反应器在应用上较为灵活，其即可以固定床或流化床方式运行，也可以单反应器或双反应器方式运行。本章主要研究固定化 *Bacillus subtilis* A 菌颗粒在固定床反应器中处理含氨氮污水的过程及最佳运行条件。

4.1　亚硝酸菌、硝酸菌、反硝化菌和氨化菌的筛选与鉴定

自然界中的氮素以三种形式存在：分子态氮、有机氮化合物和无机氮化合物。在微生物、植物和动物三者的协同作用下将各种形式氮化物相互转化，构成氮循环，其中微生物在转化中起重要作用。微生物种类和功能多样，不同微生物在氮循环中起不同作用，如氨化作用、硝化作用、反硝化作用、固氮作用及同化作用等。

污染水体中含氮污染物种类较多，其中以有机氮和氨氮为主，另外还有少量硝酸盐氮、亚硝酸盐氮等。在含氮污水中，氮化物能够为微生物的生长和增殖提供氮源和能源，并通过微生物的氨化、亚硝化、硝化及反硝化作用分别转化有机氮、氨氮、亚硝酸盐氮和硝酸盐氮，最终转化为氮气，排入大气中，从而达到降低水中氮浓度的目的。

本研究采集活性污泥、猪粪发酵液、土壤和鱼塘水等环境样品，从样品中富集培养并筛选高效亚硝酸菌、硝酸菌、反硝化菌和氨化菌。对这些菌种进行分类学鉴定，根据菌落和菌体表型特征、生理生化特性和16S rDNA的序列同源性分析等确定各菌株的种属。

4.1.1　材料

4.1.1.1　样品来源

（1）活性污泥，从高碑店污水处理厂二沉池以及硝化段采集。

（2）其他富集样品，如猪粪发酵液、鱼塘水及土壤等，将其保存于密封瓶或牛皮袋中，带回实验室，4℃保存备用。

4.1.1.2　培养基

（1）亚硝酸菌培养基：$(NH_4)_2SO_4$ 2 g，NaH_2PO_4 0.25 g，K_2HPO_4 0.75 g，$MnSO_4 \cdot 4H_2O$ 0.01 g $MgSO_4 \cdot 7H_2O$ 0.03 g，$CaCO_3$ 5.0 g，蒸馏水1 000 mL，pH值7.2。

（2）硝酸菌培养基：$NaNO_2$ 1 g，$MgSO_4 \cdot 7H_2O$ 0.03 g，$MnSO_4 \cdot 4H_2O$ 0.01 g，K_2HPO_4 0.75 g，Na_2CO_3 1 g，NaH_2PO_4 0.25 g，蒸馏水1 000 mL，pH值自然。

（3）反硝化菌培养基：葡萄糖1 g，酒石酸钾钠10 g，$CaCl_2$ 0.5 g，KNO_3 2.0 g，K_2HPO_4 0.5 g，蒸馏水1 000 mL，pH值7.4~7.6。

（4）氨化培养基：蛋白胨5 g，K_2HPO_4 0.5 g，$MgSO_4 \cdot 7H_2O$ 0.5 g，蒸馏水1 000 mL，pH值7.0。

（5）牛肉膏蛋白胨培养基：牛肉膏5.0 g，蛋白胨10.0 g，NaCl 5 g，琼脂12 g，水1 000 mL，pH值7.2~7.4。

（6）土豆培养基（PDA）：土豆200 g去皮，在水中煮沸20 min，用纱布过滤，滤液中加葡萄糖20 g，用水补足至1 000 mL，固体培养基加1.2%的琼脂，pH值自然。

（7）M-R & V-P反应培养基：蛋白胨5 g，葡萄糖5 g，K_2HPO_4 5 g，H_2O 1 000 mL，pH值7.2，分装试管4~5 mL，115℃灭菌30 min。

（8）葡萄糖氧化发酵试验培养基（休和利夫森二氏培养基）：蛋白胨2 g，葡萄糖10 g，NaCl 5 g，K_2HPO_4 0.2 g，琼脂6.0 g，H_2O 1 000 mL，pH值7.0~7.2，溴百里酚蓝（溴麝香草酚蓝）1%水溶液3 mL。分装试管，培养基高度4~5 cm，115℃灭菌20 min。

（9）石蕊牛奶试验培养基：脱脂牛奶 100 mL，2.5%石蕊水溶液 4 mL。混合后的颜色为丁香花紫色，分装试管，牛奶高度约 4 cm，115℃ 灭菌 20 min。

（10）明胶液化培养基：蛋白胨 5 g，明胶 120 g，水 1 000 mL，pH 值 7.2~7.4。分装试管，高度 4~5 cm，115℃灭菌 20 min。

（11）淀粉水解培养基：蛋白胨 10 g，牛肉膏 3 g，可溶性淀粉 2 g，NaCl 5 g，琼脂 15~20 g，H_2O 1 000 mL，pH 值 7.4，121℃灭菌 20 min。

（12）需氧性测定培养基：蛋白胨 10 g，酵母膏 10 g，葡萄糖 5 g，琼脂 15~20 g，水 1 000 mL，pH 值 7.0。每个试管分装 8~10 mL，121℃灭菌 20min。

（13）脂酶培养基：蛋白胨 10 g，NaCl 5 g，$CaCl_2 \cdot 7H_2O$ 0.1 g，琼脂 9 g，蒸馏水 1 000 mL，pH 值 7.4，121℃灭菌 20 min。

（14）脲酶培养基：蛋白胨 1 g，葡萄糖 1 g，KH_2PO_4 2 g，NaCl 5 g，0.2%酚红水溶液 6 mL，琼脂 12 g，蒸馏水 1 000 mL。灭菌后调节 pH 值 6.8，使培养基呈橘黄色。待溶液冷却至 40~50℃时加入过滤除菌的尿素溶液至终浓度为 2%，制成斜面。

（15）苯丙氨酸脱氨酶培养基：酵母浸膏 3 g，DL-苯丙氨酸 1 g，NaCl 5 g，Na_2HPO_4 1 g，琼脂 12 g，蒸馏水 1 000 mL，pH 值 7.0。121℃ 灭菌 10 min，制成斜面。

（16）精氨酸双水解酶培养基：蛋白胨 1.0 g，酚红 0.01 g，L-精氨酸盐酸盐 10.0 g，NaCl 5.0 g，K_2HPO_4 0.3 g，琼脂 6.0 g。

（17）七叶灵水解培养基：牛肉浸膏 3 g，蛋白胨 5~10 g，蔗糖 10 g，酵母浸膏 1 g，琼脂 17~20 g，七叶灵 1 g，柠檬酸铁 0.5 g，水 1 000 mL。分装于试管中，121℃灭菌 20 min，摆成斜面。

（18）柠檬酸盐利用培养基：NaCl 5 g，K_2HPO_4 0.3 g，$MgSO_4 \cdot 7H_2O$ 0.2 g，柠檬酸钠 2.0 g，$(NH_4)H_2PO_4$ 1.0 g，蒸馏水 990 mL，琼脂 12.0 g，pH 值为 7.0 并加入指示剂（溴百里酚蓝 1%水溶液 10 mL）。分装试管，摆斜面。

（19）产生 H_2S 培养基，牛肉膏 3 g，酵母浸膏 3 g，蛋白胨 10.0 g，$FeSO_4$ 0.2 g，硫代硫酸钠 0.3 g，NaCl 5.0 g，琼脂 12 g，蒸馏水 1 000 mL，pH 值 7.4。115℃灭菌 15 min。

4.1.1.3 主要试剂

（1）硫酸铵［$(NH_4)_2SO_4$］、亚硝酸钠（$NaNO_2$）、硝酸钾（KNO_3）和蛋白胨分别购于北京化工厂、北京益利精细化学品有限公司、北京红星化工厂和北京双旋微生物培养基制品厂。

（2）格利斯试剂 A 液：对氨基苯磺酸 0.5 g；稀醋酸（10%）150 mL；B 液：α-萘胺 0.1 g，稀醋酸（10%）150 mL，H_2O 20 mL。

（3）二苯胺试剂：二苯胺 0.5 g；浓硫酸 100 mL；蒸馏水 20 mL。

（4）革兰氏染色剂：

①草酸铵结晶紫混合液

甲液：结晶紫 2.0 g，乙醇（95%）20 mL

乙液：草酸铵 0.8 g，蒸馏水 80 mL

将甲、乙两液相混，静置 48 h 后过滤使用。

②卢格氏碘液（碘液）

碘 1.0 g，碘化钾 2.0 g，蒸馏水 300 mL

先用少量的蒸馏水 3~5 mL 溶解碘化钾，再投入碘片，待碘全部溶解后加水定容至 300 mL。

③番红复染液

番红（Safranine O）2.0 g，蒸馏水 100 mL

（5）甲基红试剂（M-R 试验试剂）：甲基红 0.1 g；乙醇（95%）300 mL；H_2O 200 mL。

（6）TaqDNA 聚合酶、DNA 提取试剂盒、DL 2000 ladder Maker 购自北京全式金生物技术有限公司。

4.1.1.4 试验主要仪器设备

PCR 仪（TC512，英国 Techne），电泳仪（Bio-rad），离心机（1-14，德国 Sigma），凝胶成像系统（GELDOC，美国 Bio-Rad），光学显微镜（BX51，日本 OLYMPUS），扫描电镜（JSM-6700，日本 JEOL），超净工作台（PCV，日本 HITACHI），紫外可见分光光度计（Cary，VARIAN），灭菌锅（MLS-3750，日本 SANYO），培养箱（MLR-350HT，日本 SANYO），水质分析仪（HACH，美国 DR2800）。

4.1.2 方法

4.1.2.1 亚硝酸菌、硝酸菌、反硝化菌和氨化菌的筛选

将富集样品分别加入装有 100 mL 氨化、亚硝化、硝化及反硝化富集培养液的 250 mL 三角瓶中，在 28℃恒温摇床中以 180 r/min 进行富集培养，每隔 4 d 取 10 mL 培养液转移至新鲜的富集培养基中。连续培养 3 次后，以梯度浓度稀释涂布平板法将培养液涂布到固体平板上，置于 28℃生化培养箱内培养，待长出后单菌落后挑出并纯化。反硝化菌在培养基中富集需在静置条件下培养，并经 3 次转接后，采用双层平板法分离菌株，置于 28℃生化培养箱内培养，待菌落长出后挑出并纯化。

（1）亚硝酸菌的筛选

①初筛：将已分离的亚硝酸菌株接种到选择性培养基上，28℃培养 3～5 d。若能生长，则表明其可能利用氨氮。

②复筛：将初筛的菌株挑取一环，接种于装有 100 mL 亚硝酸培养液的 250 mL 锥形瓶中，在 28℃恒温摇床以 180 r/min 的转速培养 4 d。取 2 mL 培养液用格利斯试剂检测，若溶液呈红色，则表示有亚硝酸盐存在，证明此菌有亚硝化作用。并采用纳氏试剂法测定培养液中氨氮浓度，根据氨氮浓度变化情况评价菌株的亚硝化能力。

（2）硝酸菌的筛选

①初筛：将已分离的菌株接种到硝化固体培养基上，28℃培养 3～5 d。若能生长，则表明此菌可能会利用亚硝酸盐氮。

②复筛：将初筛的菌株挑取一环，接种于装有 100 mL 硝化液体培养基的 250 mL 锥形瓶中，在 28℃恒温摇床以 180 r/min 的转速培养 4 d。取 2 mL 培养液先用格利斯试剂检测，若不呈红色，再用二苯胺试剂测试，若培养液呈蓝色，则表明有硝化作用存在。并采用 HACH 水质分析仪测定培养液中亚硝酸盐氮的浓度，依浓度变化情况判断菌株的亚硝化能力。

（3）反硝化菌的筛选

①初筛：将分离的菌株接种到反硝化固体培养基上，28℃培养 3～5 d。若能生长，则表明其可能利用硝酸盐氮。将能在固体平板上生长的纯菌株分别接入装有反硝化培养液的试管中（内部倒置杜氏小管），28℃静置培养 2～4 d。观察菌株的产气情况，即观察倒置杜氏小管中是否有气体收集。

②复筛：将初筛为阳性的菌株以 1%的接种量接种于装有 100 mL 反硝

化培养液的250 mL三角瓶中，28℃静置培养4 d。采用HACH水质分析仪测定培养液中NO_3^--N的浓度，以此判断反硝化菌的反硝化能力。

（4）氨化菌的筛选

①初筛：将分离的菌株接种到氨化固体培养基平板上，28℃培养3~5 d。若能生长，则表明其可能利用有机氮。

②复筛：将初筛的菌种接种于装有3 mL培养液的试管中，培养4 d后，用pH值试纸测定溶液的pH值。若溶液pH值较高，证明此菌有可能会将有机氮转化成氨氮。之后将此菌接到液体摇瓶中，28℃，180 r/min，培养4 d，测定培养液中氨氮浓度。根据生成氨氮浓度大小判定氨化菌的氨化能力强弱。

4.1.2.2　菌株鉴定

选取前面研究已筛出的高效菌株进行菌种鉴定，分别对各菌株的菌落形态、菌体形态进行观察，测试各菌株的生理生化特征，并对其16S rDNA进行鉴定（东秀珠等，2001；布坎南，1984；杜连祥等，2006；钱存柔等，1999）。综合以上特征，明确菌株分类地位，确定其种名或属名。

（1）菌落形态观察

将菌株在牛肉膏蛋白胨培养基及土豆培养基平板上划线中，在28℃条件下培养，每隔24 h定期观察菌落的形状、菌落颜色、大小、边缘状况、光泽、质地、透明度和高度等。

（2）菌体形态观察

①菌体形状观察及菌体大小的测量：取培养24 h的菌落进行涂片，自然晾干，用结晶紫染液染1 min，水洗，晾干，在显微镜下观察细菌呈球形还是杆状。用显微镜测微尺测量菌体大小。

②革兰氏染色：挑取在平板上培养24 h的菌落进行涂片，自然晾干后，用结晶紫染液染1 min，水洗；用碘液染1 min，水洗；然后用95%的乙醇脱色30 s，立即用水冲洗，再用番红染液复染1 min，水洗，晒干，用油镜观察。在显微镜下观察，若菌体为紫红色，则为G+；若红色，则为G-。

③芽孢观察：挑少量菌体用结晶紫染色制片，在显微镜下用油镜镜检。菌体着色，若菌体中有发亮的并呈圆形或椭圆形的球状体即为芽孢。观察芽孢的有无、形状、大小及着生位置。

（3）菌株生理及生化特征测试

①生长温度和耐热性：将菌株接种于装有牛肉膏蛋白胨培养液的试管中，37℃静置培养2 d和5 d，设置3个重复，以未接种的为对照，分别于第2 d和

5 d 目测观察菌液的浑浊情况。营养液与对照相比，若变浑浊，则为阳性；若第 5 d 才变浑浊，则为弱阳性；若到第 5 d 仍澄清，则为阴性。耐热性指细胞经受高温还能存活，在 1 mL 上述培养基中接种 1 滴 24 h 的培养物，于 60℃水浴 30 min，然后于 35~37℃培养 48 h，若仍生长则表明存活。

②耐盐性和需盐性：依鉴定需要向牛肉膏蛋白胨液体培养基中加入不同浓度的 NaCl（2%、5%、7%、10%），121℃灭菌 20 min。取幼龄菌种液接种到上述液体培养基中，培养 3 d 和 7 d，以未接种的对照管作为对照，目测生长情况。

③运动性观察：将牛肉膏蛋白胨固体培养基装入试管中，121℃灭菌 20 min，灭菌后竖直放置试管。待冷凝后，用接种针穿刺接种各菌株，28℃培养 4 d。接种后每隔 24 h 目测观察穿刺线的生长情况。若生长物由穿刺线向四周呈云雾状扩散，则表示试验菌株有运动性。

④氧化酶：配制 1%的盐酸二甲基对苯撑二胺（或盐酸对氨基二甲基苯胺）溶液，在滤纸上滴加上述溶液使其湿润，用牙签挑取新鲜菌苔涂在滤纸上。若在 10 s 内菌苔变红为阳性，10~60 s 内变红为延迟阳性，也记为阳性。60 s 以上变红，则按阴性处理。

⑤过氧化氢酶（接触酶）：用牙签挑取培养 24 h 的菌落，涂在已滴有 3% H_2O_2 的玻片上，若产生气泡则为阳性，若无气泡则为阴性。

⑥硝酸盐还原：将在平板上培养 40 h 的菌株接种于牛肉膏蛋白胨培养液中，28℃培养 1、3、5 d，以不接菌为对照，每株菌设置三个重复。在比色皿中加少许培养了 1、3、5d 的培养液，再滴加 1 滴 Griess 试剂 A 液和 B 液，空白对照做同样处理。若溶液发生变色，变为粉红色、玫瑰红、橙色或棕色等时表示硝酸盐还原阳性；若不变色，可滴加 1~2 滴二苯胺试剂，若呈蓝色，表示无硝酸盐还原作用，即硝酸盐还原阴性。若不变蓝色，表示硝酸盐和亚硝酸盐都已还原成其他物质，仍按硝酸盐还原阳性处理。

⑦M-R 反应：将在平板上培养 40 h 的菌种接种于 M-R 反应培养液中，28℃培养 4 d，每株菌设三个重复。在培养液中滴加 3 滴甲基红试剂，若变红表示 M-R 反应阳性，若变黄表示其阴性。

⑧V-P 反应：在 V-P 培养液中滴加 1 mL 40% NaOH 和 1 mL 5% α-萘酚，充分混匀，每株菌设三个重复。30 min 后观察试验结果，V-P 反应若变红为阳性，若不变色为阴性。

⑨葡萄糖氧化发酵：以幼龄菌种穿刺接种于休和利夫森二氏培养基中，

每株接种 4 支，其中 2 支用灭菌的液体石蜡油封盖，高度为 0.5~1.0 cm，以隔绝空气作为闭管；另 2 支不封油作为开管，同时设不接种的闭管和开管为对照。每隔几天观察结果。若只有开管产酸变黄者为氧化型，开管和闭管均产酸变黄者为发酵型，同时观察是否产气。

⑩石蕊牛奶试验：将新鲜菌种接种于石蕊牛奶培养液中，分别于第 1、3、5、7、14 和 30 d 观察产酸、产碱、胨化、还原、酸凝、酶凝等反应。若石蕊变红表明产酸；变蓝则为产碱；牛奶变清为胨化；石蕊腿色变白为还原；变红且凝固则为酸凝；不变色或蓝色，且牛奶结块，凝固为酶凝。

⑪明胶液化：取 40~48 h 的菌种穿刺接种于明胶培养基中，并有两支未接菌的培养基作为空白对照。20℃ 培养，分别于第 2、7、10、14 d 观察菌体的生长情况以及明胶是否被液化。如菌体已生长，明胶表面无凹陷且为稳定的凝块，则为明胶水解阴性；如明胶部分或全部在 20℃ 以下变为可流动的液体，则为明胶水解阳性。

⑫淀粉水解：将新鲜菌种在平板上点种，分别在第 2 d 或第 5 d 时在菌落周围滴加卢格式碘液以铺满菌落周围，平板呈蓝色，而菌落周围如有无色透明圈出现，说明淀粉已被水解，称淀粉水解试验为阳性。透明圈的大小一般说明水解淀粉能力的大小。

⑬碳源利用：休和利夫森二氏（Hugh & Leifson's medium）培养基，其中的葡萄糖用 1% 的碳源代替。试验的碳源有：鼠李糖、D-木糖、D-阿拉伯糖、D-果糖、D-山梨醇、乳糖、肌醇、葡萄糖、麦芽糖、蔗糖甘露醇、糊精、棉籽糖、甘油。以幼龄菌种穿刺接种，分别于第 2、4 和第 7 d 观察并记录实验结果，若指示剂变黄，表示产酸，为阳性反应；若不变色或变蓝色，为阴性反应。

⑭需氧性测定：以幼龄菌种穿刺接种，分别于第 2、4、7 d 观察菌株是否沿着穿刺线呈云雾状扩散生长，并记录实验结果，扩散生长为阳性，否则为阴性。

⑮脂酶测定：采用 Tween-80 法，将脂酶培养基冷却至 40~50℃，加入灭菌的 Tween-80 终浓度为 1%，倒平板冷却备用。采用点种法接种于平板中央，每天观察，培养至 7 d，在菌株生长周围有晕圈为阳性，否则为阴性。

⑯脲酶测定：将新鲜的菌种划线接种于脲酶培养基中，35℃ 培养 2~4 d 观察。培养基变成粉红色为阳性，反之为阴性。

⑰苯丙氨酸脱氨酶测定：将供试菌种接种在培养基上，37℃ 培养 24 h，

滴加 4 滴 10% 的 $FeCl_3$ 溶液在生长菌的斜面上，当斜面上和冷凝水变成绿色时表示此反应为阳性反应，即表明已形成了苯丙酮酸，不变则为阴性。

⑱精氨酸双水解酶测定：用菌种穿刺接种，并用灭菌液体石蜡封管，培养第 3、7、14 d 时观察。以不含精氨酸的为空白对照，培养基转为红色者为阳性。

⑲七叶灵水解测试：将菌种接于斜面上，28℃ 培养，分别于第 3、7、14 d 观察，产生黑褐色色素为阳性，若不产生为阴性。

⑳柠檬酸盐利用：在柠檬酸盐利用培养基上划线接种，28℃ 培养 3~7 d，指示剂变成蓝色或桃红色者表示可利用柠檬酸盐，此反应为阳性，否则为阴性。

㉑产 H_2S 试验：将待测菌株接种于斜面培养基中，36±1℃ 培养 2~4 d，若穿刺线上或试管底部变黑为阳性反应。

（4）16S rDNA 的 PCR 扩增

将各菌株分别接种于 50 mL 牛肉膏蛋白胨液体培养基中，28℃ 培养 24 h。24 h 后取培养液，室温条件下 12 000 r/min 离心 5 min，收集菌体。再用 50 mmol/L EDTA 溶液洗两次，离心后得到菌体。

采用试剂盒分别提取各菌株的总 DNA，然后以总 DNA 为模板，对 16S rDNA 进行 PCR 扩增。PCR 扩增的引物为 P1 5'-TACGGCTACCTTGT-TACGACTT-3' 和 P2 5'-AGAGTTTGAT CCTGGCTCAG-3'。PCR 反应体系：PCR（10×）buffer 5 μL，10 mmol/L dNTP 4 μL，primer1 2 μL，primer2 2 μL，Taq 酶 1 μL（5 U/μL），DNA 2 μL，ddH_2O 补足至 50 μL。PCR 反应条件：94℃ 预变性 5 min，94℃ 变性 1 min，55℃ 退火 1 min，72℃ 延伸 3 min，35 次循环，72℃ 延伸 10 min。4℃ 保存。取 2 μL PCR 产物在 1%（w/v）的琼脂糖凝胶上进行电泳检测，在紫外光下观察 PCR 产物条带。PCR 扩增产物送到北京三博远志公司测序。将测序结果通过 BLAST 程序与 GeneBank 中的 16S rDNA 序列进行同源性比较，并利用 ClustalX 2.0 和 MAGE 4.0.2 建立系统进化树。

4.1.3 结果与分析

4.1.3.1 亚硝酸菌的筛选

将富集样品置于亚硝化培养液中富集培养，富集 3 次后分离纯化形态上有差异菌株。经初筛得到 46 株细菌能在固体亚硝化培养基上生长，经多次转接，挑选出生长稳定的菌株39株。对39株菌进行复筛，培养液中氨氮初始浓度为10 mg/L左右，试验结果表明各菌株对氨氮的去除效果有明显差异，其中菌株亚-C-3对氨氮的去除率最高，达91.60%，亚-D-27对氨氮去除率最低，仅为1.24%（表4-1、图4-1）。对氨氮去除率达到60%以上的菌株有7株，分别为亚-C-3、亚-D-4、亚-C-2、亚-D-7、亚-C-4、亚-D-1和亚-C-8。

表4-1　各菌株在液体摇瓶中对氨氮的去除效果

菌株名称	去除率（%）	菌株名称	去除率（%）	菌株名称	去除率（%）
亚-C-3	91.60±0.89	亚-C-5	47.86±0.98	亚-B-2	10.04±2.38
亚-D-4	84.61±2.67	亚-D-6	47.19±2.27	亚-C-3	9.56±2.25
亚-C-2	77.42±1.08	亚-C-10	45.76±0.75	亚-B-1	6.72±0.59
亚-D-7	67.74±1.88	亚-C-9	45.61±0.44	亚-A-1	9.09±0.70
亚-C-4	67.44±2.84	亚-C-7	42.31±2.60	亚-C-4	8.62±0.31
亚-D-1	66.57±4.28	亚-D-2	29.49±1.30	亚-C-1	7.67±0.44
亚-C-8	61.52±4.40	亚-B-3	13.83±1.56	亚-B-9	6.25±0.43
亚-C-1	59.56±3.10	亚-B-7	13.83±1.40	亚-D-67	5.59±0.27
亚-D-5	56.96±1.51	亚-B-8	13.35±0.26	亚-C-7	5.30±0.17
亚-C-6	56.34±1.02	亚-B-5	11.93±0.44	亚-B-6	3.41±0.28
亚-D-8	55.76±1.12	亚-B-4	11.46±0.26	亚-D-30	3.11±1.62
亚-D-1	54.56±1.77	亚-D-32	10.56±0.70	亚-D-37	2.48±0.19
亚-D-3	53.92±2.19	亚-C-2	10.04±2.38	亚-D-27	1.24±0.16

注：表内菌株名称“亚-字母-阿拉伯数字”中“亚”表示亚硝酸菌；“A”和“B”表示菌种分离于猪粪发酵液A样和猪粪发酵液B样；“C”和“D”表示菌种分离于活性污泥C样和活性污泥D样；阿拉伯数字表示菌株标号。

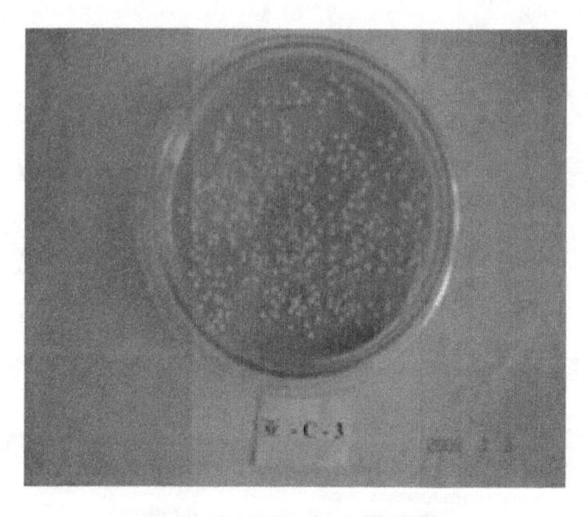

图4-1　亚-C-3的筛选

4.1.3.2 硝酸菌的筛选

用硝化培养液富集硝化菌，并经初筛后得到25株细菌能在固体硝化培养基上生长，其中15株能稳定生长，将各菌株分别接种于亚硝态氮初始浓度为4 mg/L的硝化培养液中，培养4 d后，测试结果表明各菌株对亚硝态氮的转化能力不同，硝-HA-1去除率最高，达93.33%，硝-HA-4和硝-Y-2最低，仅有6.45%（表4-2、图4-2）。其中去除率大于等于80%的菌株有6株，硝-HA-1、硝-C-4和硝-Y-1对亚硝态氮的去除率达91.11%以上。

表4-2 各菌株在液体摇瓶中去除亚硝态氮的效果

菌株名称	亚硝态氮去除率（%）	菌株名称	亚硝态氮去除率（%）
硝-HA-1	93.33±2.85 a	硝-C-8	26.67±1.07 g
硝-C-4	91.11±0.65 ab	硝-Y-1	9.68±0.19 h
硝-Y-1	91.11±1.39 ab	硝-B-1	9.68±0.46 h
硝-C-3	88.89±0.61 b	硝-QS-2	9.68±0.39 h
硝-C-1	84.44±0.91 c	硝-QS-3	9.68±0.27 h
硝-QS-2	80.00±1.69 d	硝-HA-4	6.45±0.95 i
硝-C-5	53.33±0.62 e	硝-Y-2	6.45±1.45 i
硝-Y-3	37.78±1.92 f		

注：表内菌株名称“硝-字母-阿拉伯数字”中“硝”表示硝酸菌；字母“HA”或“QS”表示菌种分离于两类不同腐殖酸；“B”表示菌种分离于猪粪发酵液B样；“C”表示菌种分离于猪粪发酵液C样；“Y”表示菌种分离于鱼塘水；阿拉伯数字表示菌株标号。不同小写字母表示各处理间差异显著（$P<0.05$）水平，下同。

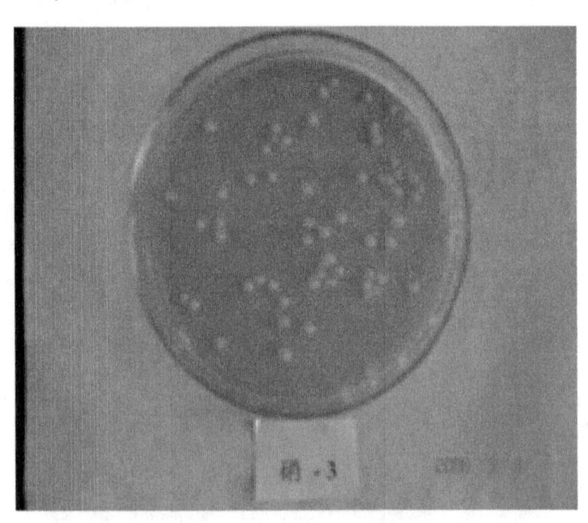

图4-2 硝-C-3的筛选

4.1.3.3　反硝化菌的筛选

初筛得到 13 株细菌能在固体反硝化培养基上生长，其中 9 株菌产气较快且产气多，分别为反-H-1、反-H-2、反-H-4、反-H-7、反-4、反-5、反-H-6、反-H-3 和反-H-5。经复筛测定培养液中硝态氮的浓度，并计算硝酸盐氮去除率，结果见表 4-3。经筛选，得到 6 株菌反-H-B-1、反-H-2、反-H-4、反-H-7、反-4 和反-5，对硝酸盐氮的去除率均可达 100%，其中反-H-2、反-H-4、反-4 和反-5 四株菌的产气量较多（表 4-3）。

表 4-3　各菌株在液体摇瓶中对硝酸盐氮的去除效果

菌株名称	硝酸盐氮去除率（%）	产气量
反-H-1	100 a	++
反-H-2	100 a	+++
反-H-4	100 a	+++
反-H-7	100 a	++
反-4	100 a	+++
反-5	100 a	+++
反-H-6	99.62±0.43 a	+++
反-H-3	90±0.24 b	++
反-H-5	52.62±5.24 c	+

注：①以上菌株均分离于活性污泥；②产气量中，“+” 表示产气量较小；“++”，表示产气量一般；“+++”，表示产气量较多。

4.1.3.4　氨化菌的筛选

从土壤样品中初筛得到 112 株菌，这些菌株能在氨化固体培养基上生长，均有可能利用有机氮。将这些菌株分别接入液体培养液中，4 d 后检测 pH 值，其中 14 株培养液的 pH 值均较高。由于氨化菌可将有机氮转化为氨氮，因此复筛通过测定培养液中生成氨氮的浓度，判定菌株的氨化能力。结果见表 4-4。

表 4-4　各菌株在液体摇瓶中将有机氮转化成氨氮的情况

菌株名称	氨氮浓度（mg/L）	菌株名称	氨氮浓度（mg/L）
氨-86	329±26 a	氨-1	227±8 cd
氨-5	322±13 a	氨-2	225±22 d
氨-80	271±16 b	氨-枯草	188±3 e

续表

菌株名称	氨氮浓度（mg/L）	菌株名称	氨氮浓度（mg/L）
氨-90	251±5 bc	氨-65	184±8 e
氨-4	249±8 bcd	氨-94	118±5 f
氨-6	249±17 bcd	氨-33	69±4 g
氨-3	235±20 cd	氨-82	66±6 g

氨-枯草芽孢杆菌是实验室已有的典型的氨化细菌，因此以枯草芽孢杆菌为参照，筛选氨化能力强于参照的菌株。共筛选出 9 株高效转化蛋白质的菌株，分别为氨-86、氨-5、氨-80、氨-90、氨-4、氨-6、氨-3、氨-1、氨-2 均为细菌，分离于活性污泥和土壤中。

4.1.3.5 菌种鉴定

按前述方法筛选出以下高效菌株，分别为亚-C-3、亚-D-4、亚-C-2、亚-D-7、硝-HA-1、硝-C-4、硝-C-3、硝-C-1、氨-86、氨-5、氨-80、氨-90、氨-4、反-H-B-2、反-H-B-4、反-H-B-6、反-4、反-5，对这 18 株菌进行如下鉴定。

（1）菌落形态观察

测量菌株在牛肉膏蛋白胨、土豆培养基（PDA）上生长 48 h 的菌落直径，观察菌落形状、颜色、边缘状况、光泽、质地、高度以及透明度等（表 4-5、表 4-6）。

表 4-5　48 h 时细菌菌落在牛肉膏蛋白胨上的培养特征

菌株编号	菌株名称	形状	菌落大小（mm）	颜色	边缘	光泽	质地	高度	透明度
A	亚-C-3	圆形	0.5~1	乳白色	整齐	蜡质状	光滑、湿润	低凸	半透明
B	亚-D-4	圆形	0.5~2	淡黄色	整齐	蜡质状	光滑、湿润	低凸	不透明
C	亚-C-2	圆形	2~6	乳白色	整齐	蜡质状	光滑、干燥	扁平	不透明
D	亚-D-7	圆形	0.5~1	淡黄色	整齐	蜡质状	光滑、半湿润	扁平	半透明
E	硝-HA-1	圆形	1~5	浅黄色	整齐	蜡质状	光滑、湿润	低凸	半透明
F	硝-C-4	圆形	1~3	乳白色	整齐	蜡质状	光滑、湿润	低凸	不透明
G	硝-C-3	圆形	1~3	浅黄色	整齐	蜡质状	光滑、湿润	低凸	半透明
H	硝-C-1	圆形	1~8	乳白色	波状	蜡质状	光滑、半湿润	扁平	半透明
I	氨-86	圆形	1	浅黄色	整齐	蜡质状	光滑、半湿润	扁平	半透明

续表

菌株编号	菌株名称	形状	菌落大小（mm）	颜色	边缘	光泽	质地	高度	透明度
J	氨-5	圆形	1~3	乳白色	整齐	蜡质状	光滑、湿润	扁平	半透明
K	氨-80	圆形	1~6	白色	整齐	蜡质状	光滑、湿润	扁平	半透明
L	氨-90	圆形	0.5~11	浅黄色	整齐	蜡质状	光滑、湿润	扁平	半透明
M	氨-4	圆形	3~7	乳白色	整齐	蜡质状	光滑、湿润	低凸	半透明
N	反-H-2	圆形	0.5~1	浅黄色	整齐	蜡质状	光滑、湿润	扁平	半透明
O	反-H-4	圆形	1~3	杏仁黄色	锯齿	蜡质状	湿润	低凸	不透明
P	反-H-6	圆形	1~5	杏仁黄色	锯齿	蜡质状	光滑、湿润	低凸	不透明
Q	反-4	圆形	1~3	淡黄色	整齐	蜡质状	光滑、湿润	低凸	不透明
R	反-5	圆形	1	浅黄色	整齐	蜡质状	光滑、半湿润	扁平	半透明

注：为方便书写，将各菌株名称分别用字母“A”至“R”加以编号，下同。

表 4-6　48 h 时细菌菌落在土豆培养基（PDA）上的培养特征

菌株编号	菌株名称	形状	菌落大小（mm）	颜色	边缘	光泽	质地	高度	透明度
A	亚-C-3	圆形	0.5~2	乳白色	整齐	蜡质状	光滑、湿润	低凸	半透明
B	亚-D-4	圆形	0.05~1	淡黄色	整齐	蜡质状	光滑、湿润	扁平	半透明
C	亚-C-2	圆形	0.1~4	乳白色	不规则	蜡质状	光滑、湿润	高凸	不透明
D	亚-D-7	圆形	2~3	白色	整齐	蜡质状	光滑、湿润	低凸	不透明
E	硝-HA-1	圆形	0.5~1	白色	整齐	蜡质状	光滑、湿润	低凸	不透明
F	硝-C-4	圆形	3~5	乳白色	不规则	蜡质状	光滑、湿润	低凸	不透明
G	硝-C-3	圆形	1~2	乳白色	整齐	蜡质状	光滑、湿润	低凸	半透明
H	硝-C-1	圆形	0.5~2	乳白色	整齐	蜡质状	光滑、半湿润	扁平	半透明
I	氨-86	圆形	2~6	乳白色	整齐	蜡质状	光滑、湿润	高凸	不透明
J	氨-5	圆形	10	白色	整齐	蜡质状	光滑、湿润	低凸	不透明
K	氨-80	圆形	1~3	淡黄色	整齐	蜡质状	光滑、湿润	低凸	不透明
L	氨-90	圆形	1~3	浅黄绿色	整齐	蜡质状	光滑、湿润	低凸	不透明
M	氨-4	圆形	0.5~5	乳白色	整齐	蜡质状	光滑、湿润	低凸	半透明
N	反-H-2	圆形	0.5~2	白色	整齐	蜡质状	光滑、湿润	低凸	半透明
O	反-H-4	圆形	3~5	淡黄色	整齐	蜡质状	光滑、湿润	低凸	不透明
P	反-H-6	圆形	1~3	乳白色	整齐	蜡质状	光滑、湿润	低凸	不透明
Q	反-4	圆形	0.5~2	淡黄色	整齐	蜡质状	光滑、湿润	低凸	不透明
R	反-5	圆形	0.2~1	浅黄色	整齐	蜡质状	光滑、半湿润	扁平	不透明

（2）菌体形态观察

在显微镜下观察菌体的形态，测量菌体大小，观察菌体的革兰氏染色及有无芽孢等，结果见表 4-7、图 4-3 至图 4-6。

表 4-7　细菌菌体形态特征

菌株编号	菌株名称	菌体				芽孢有无、形状及位置
		形状	长（μm）	宽（μm）	革兰氏	
A	亚-C-3	短杆	2.5~6	1~2.5	+	+，椭圆，中生
B	亚-D-4	短杆	0.8~2.5	0.2~1.0	-	-
C	亚-C-2	长杆	1.5~3.0	0.8~1.4	-	-
D	亚-D-7	直杆	1.2~3.5	0.4~0.8	-	-
E	硝-HA-1	长杆	1~1.5	0.2~0.5	-	-
F	硝-C-4	长杆	1.5~3	0.2~0.5	-	-
G	硝-C-3	短杆	0.5~1.5	0.5~1	-	-
H	硝-C-1	长杆	1.0~3.0	0.2~0.6	-	-
I	氨-86	短杆	0.2~1.0	0.2~0.5	-	-
J	氨-5	短杆	0.2~1	0.2~0.6	-	-
K	氨-80	短杆	0.5~1.5	0.2~1.0	+	+
L	氨-90	短杆	1~2.5	0.5~1	-	-
M	氨-4	短杆	0.6~2	0.5~1.0	+	+，椭圆，中生
N	反-H-2	球状	1.0~3.0	0.2~0.6	-	-
O	反-H-4	杆状	2.0~3.0	0.3~0.8	-	-
P	反-H-6	短杆	0.5~1.5	0.5~1	-	-
Q	反-4	短杆	1~1.5	0.5~1	-	-
R	反-5	短杆	0.5~1.5	0.8~1.2	-	-

注：符号中“+”表示反应结果为阳性，“-”表示反应结果为阴性。

图 4-3　亚-C-3 的扫描电镜照片

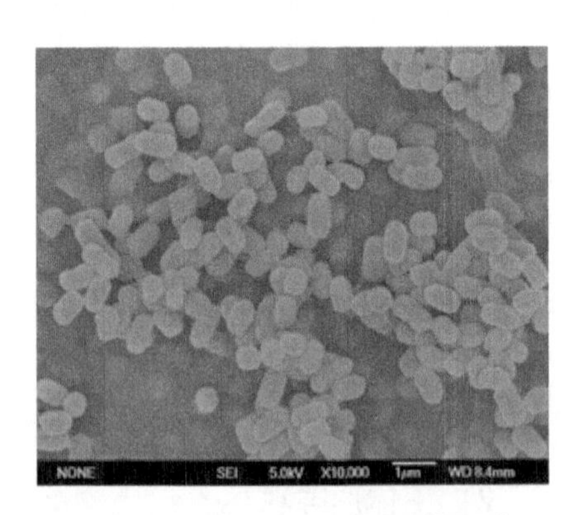

图 4-4　硝-C-3 的扫描电镜照片

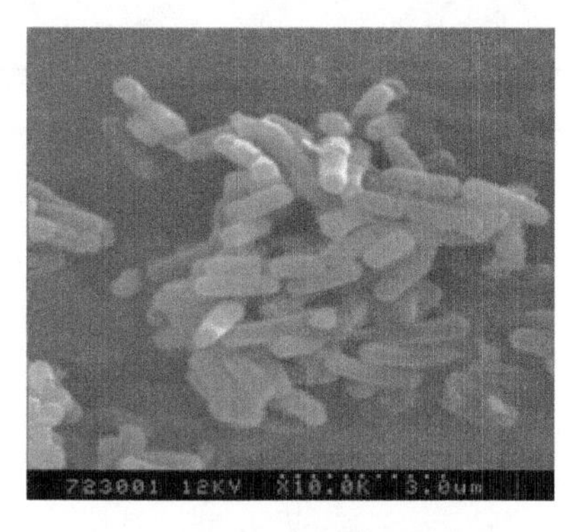

图 4-5　氨-4 的扫描电镜照片

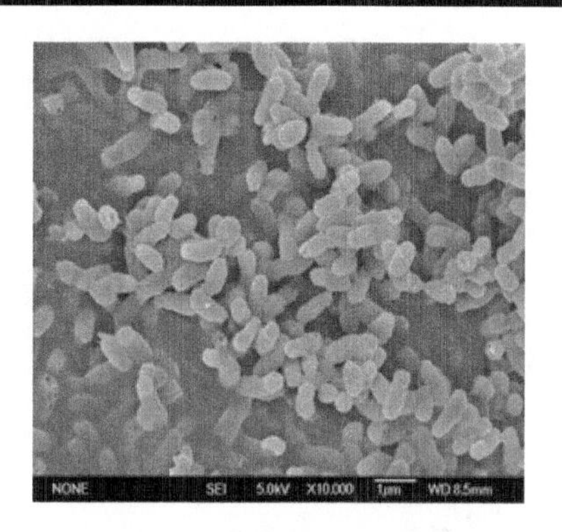

图 4-6　反-的扫描电镜照片

(3) 细菌的生理生化特征

观察各菌株的生理生化特征，如生长温度适应性、耐盐性、需氧性、氧化酶、H_2O_2酶、硝酸盐还原、葡萄糖氧化发酵、牛奶石蕊试验、明胶液化、淀粉水解及碳源利用等，结果见表 4-8。

表 4-8　细菌各菌株的生理及生化特征

细菌各菌株的生理及生化特征（a）

菌株编号	菌株名称	生长温度			运动性	耐盐性				需氧性	氧化酶	H_2O_2酶	硝酸盐还原
		20℃	37℃	60℃水浴30 min		2%	5%	7%	10%				
A	亚-C-3	+	+	+	+	+	+	−	−	微好氧	+	+	+
B	亚-D-4	+	+	+	+	+	+	+	−	好氧	+	−	+
C	亚-C-2	+	+	+	+	+	+	+	−	兼性厌氧	−	+	+
D	亚-D-7	+	+	+	−	+	+	−	−	兼性厌氧	+	+	+
E	硝-HA-1	+	+	+	−	+	+	+	−	好氧	+	−	+
F	硝-C-4	+	+	+	w+	+	+	+	+	兼性厌氧	+	+	+
G	硝-C-3	+	+	+	w+	+	+	−	−	兼性厌氧	−	+	+
H	硝-C-1	+	+	+	+	+	+	+	−	兼性厌氧	+	+	+
I	氨-86	+	+	+	+	+	+	+	−	兼性厌氧	−	+	+
J	氨-5	+	+	+	+	+	+	+	−	兼性厌氧	+	+	+
K	氨-80	+	+	+	−	+	+	−	−	好氧性	+	+	+
L	氨-90	+	+	+	+	+	+	−	−	微好氧	−	+	+

续表

菌株编号	菌株名称	生长温度			运动性	耐盐性				需氧性	氧化酶	H_2O_2酶	硝酸盐还原
		20℃	37℃	60℃水浴30 min		2%	5%	7%	10%				
M	氨-4	+	+	+	+	+	+	–	–	兼性厌氧	–	–	+
N	反-H-2	+	+	+	+	+	+	+	–	兼性厌氧	+	+	+
O	反-H-4	+	+	+	+	+	+	+	–	兼性厌氧	+	+	+
P	反-H-6	+	+	+	+	+	+	+	–	兼性厌氧	+	+	+
Q	反-4	+	+	+	+	+	+	+	–	兼性厌氧	+	+	+
R	反-5	+	+	+	+	+	+	+	–	兼性厌氧	+	+	+

细菌各菌株的生理及生化特征（b）

菌株编号	菌株名称	M-R	V-P	H_2S	葡萄糖氧化发酵	石蕊牛奶试验					
						产酸	产碱	胨化	酸凝	还原	酶凝
A	亚-C-3	–	–	–	发酵	–	–	+++	–	+	+
B	亚-D-4	–	–	–	氧化	–	–	–	–	+	–
C	亚-C-2	–	+	+	发酵	–	–	+	–	+	+++
D	亚-D-7	–	–	+	氧化	+	–	+++	+	+	–
E	硝-HA-1	–	+	+	氧化	–	–	+++	–	+	+
F	硝-C-4	–	w+	w+	氧化	–	–	++++	–	+	+
G	硝-C-3	–	w+	w+	氧化	–	–	+++	–	+	–
H	硝-C-1	–	+	w+	发酵	–	–	++	–	+	++
I	氨-86	–	+	w+	发酵	–	–	+	–	+	+++
J	氨-5	–	–	w+	氧化	–	–	+	–	+	+
K	氨-80	–	–	w+	发酵	–	–	+++	–	+	+
L	氨-90	–	+	–	发酵	–	–	+++	–	+	+
M	氨-4	–	+	w+	氧化	–	–	++++	–	+	–
N	反-H-2	+	–	w+	发酵	–	–	w+	–	+	++++
O	反-H-4	+	–	–	发酵	w+	–	++++	–	+	–
P	反-H-6	+	+	w+	发酵	–	–	++	–	+	+
Q	反-4	+	+	w+	发酵	–	–	–	–	+	++++
R	反-5	+	–	+	发酵	–	–	+	–	+	+++

续表

细菌各菌株的生理及生化特征(c)

菌株编号	菌株名称	淀粉水解	碳源利用												
			鼠李糖	果糖	木糖	阿拉伯糖	山梨醇	乳糖	麦芽糖	蔗糖	肌醇	甘露醇	棉籽糖	糊精	甘油
A	亚-C-3	-	-	w+	w+	-	-	-	-	-	-	w+	-	+	-
B	亚-D-4	-	-	w+	w+	w+	-	w+	w+	w+	-	w+	w+	w+	w+
C	亚-C-2	-	+	w+	+	-	w+	+	+	-	+	w+	-	+	-
D	亚-D-7	++	-	w+	+	-	-	-	-	-	-	-	-	-	w+
E	硝-HA-1	+++	-	w+	-	-	-	-	-	w+	-	-	-	-	-
F	硝-C-4	+++	-	-	-	-	-	-	-	-	-	-	-	-	-
G	硝-C-3	++	w+	+	+	w+	w+	w+	+	w+	w+	w+	+	-	-
H	硝-C-1	++	-	-	+	w+	-	-	-	w+	-	-	-	+	-
I	氨-86	++	-	-	+	w+	-	-	-	w+	-	-	-	+	-
J	氨-5	++	-	w+	w+	-	-	w+	-	w+	w+	w+	-	w+	w+
K	氨-80	-	-	w+	-	w+	w+	+	-	+	w+	w+	+	+	w+
L	氨-90	-	-	+	w+	+	w+	+	+	w+	+	+	+	+	+
M	氨-4	+++	-	+	-	+	-	-	-	-	-	+	-	+	w+
N	反-H-2	+++	-	+	-	+	+	+	-	w+	w+	+	+	w+	w+
O	反-H-4	+++	w+	w+	w+	w+	-	w+	w+	w+	-	+	w+	-	-
P	反-H-6	+++	-	w+	+	+	-	w+	-	w+	-	w+	w+	+	-
Q	反-4	+++	-	+	w+	w+	w+	+	w+	+	+	+	+	+	-
R	反-5	+++	+	+	w+	+	+	+	+	+	+	+	+	+	w+

细菌各菌株的生理及生化特征(d)

菌株编号	菌株名称	脂酶	脲酶	苯丙氨酸脱氨酶	精氨酸双水解酶	七叶灵水解	柠檬酸盐利用	H_2S产生	明胶液化
A	亚-C-3	+	+++	-	-	++	-	-	++++
B	亚-D-4	+	++	-	-	++	-	-	-
C	亚-C-2	+	++++	-	++++	+++	++++	+	++++
D	亚-D-7	++	-	-	-	++	-	-	++++
E	硝-HA-1	++	-	-	w+	++++	+	-	++++
F	硝-C-4	-	++	-	-	-	-	-	++++
G	硝-C-3	w+	++	-	++++	++	++++	w+	+
H	硝-C-1	+-	+	-	-	-	-	-	++++

续表

菌株编号	菌株名称	脂酶	脲酶	苯丙氨酸脱氨酶	精氨酸双水解酶	七叶灵水解	柠檬酸盐利用	H_2S 产生	明胶液化
I	氨-86	-	++++	-	+	+++	++++	+	++++
J	氨-5	+	++	-	w+	-	+	w+	++++
K	氨-80	+++	-	-	w+	++	-	-	++++
L	氨-90	++	-	-	w+	++++	+++	-	++++
M	氨-4	+	++	-	-	w+	-	-	++++
N	反-H-2	+	-	-	w+	++++	++	-	++++
O	反-H-4	++	--	-	-	-	-	-	++++
P	反-H-6	w+	++	-	-	++	-	-	+++
Q	反-4	w+	++++	-	++++	+	+++	+	-
R	反-5	+	++++	-	++++	++++	++	w+	+

注："+"，表示≥90%菌株为阳性；"+" 多，表示阳性更显著；"w+"，表示弱阳性；"d" 表示 11%~89%菌株为阳性；"-"，表示≥90%菌株为阴性。下同。

(4) 16S rDNA 序列测定及分析比对

分别提取 18 株菌的总 DNA，采用 1%的琼脂糖凝胶对提取的总 DNA 进行检测，再以总 DNA 为模板利用细菌 16S rDNA 特异引物进行 16S rDNA 序列扩增，扩增产物在 1.5 kb 处有特异条带，与预期大小一致。16S rDNA 序列的测序结果用 Blastn 软件与 GenBank 中已发表的 16S rDNA 序列进行同源性比较分析，测序结果见附录，菌株 16S rDNA 序列分析比对结果见表 4-9。

表 4-9　菌株 16S rDNA 序列分析比对结果

菌株编号	菌株名称	近似种种名	近似种 GeneBank 登录号	相似度 (%)
A	亚-C-3	*Bacillus subtilis*	HQ263248	100
B	亚-D-4	*Pseudomonas nitroreducens*	AM088473	99
C	亚-C-2	*Klebsiella oxytoca*	AJ871855	99
D	亚-D-7	*Pseudomonas alcaligenes*	AF390747	99
E	硝-HA-1	*Klebsiella oxytoca*	AJ871855	99
F	硝-C-4	*Pseudomonas pseudoalcaligenes*	AF238494	99
G	硝-C-3	*Pseudomonas mendocina*	HQ263250	100
H	硝-C-1	*Pseudomonas pseudoalcaligenes*	AF181570	99
I	氨-86	*Enterobacter* sp.	GQ478256	99

续表

菌株编号	菌株名称	近似种种名	近似种 GeneBank 登录号	相似度（%）
J	氨-5	*Wautersiella falsenii*	AM238684	99
K	氨-80	*Bacillus pumilus*	AB354235	99
L	氨-90	*Enterobacter* sp.	EF419181	99
M	氨-4	*Bacillus subtilis*	HQ263251	100
N	反-H-2	*Enterococcus casseliflavus*	AF039899	98
O	反-H-4	*Pseudomonas stutzeri*	AF063219	99
P	反-H-6	*Pseudomonas stutzeri*	AM905851	98
Q	反-4	*Citrobacter freundii*	AB244451	99
R	反-5	*Pseudomonas pseudoalcaligenes*	HQ263249	100

（5）菌株鉴定结果

结合以上菌株表观形态观察、生理生化特征和 16S rDNA 序列分析结果，检索《伯杰氏鉴定手册》及《细菌鉴定手册》，确定这些菌株的分类地位，鉴定结果见表 4-10。

表 4-10　菌株鉴定结果

菌株编号	菌株名称	种名加词	中文名
A	亚-C-3	*Bacillus subtilis*	枯草芽孢杆菌
B	亚-D-4	*Pseudomonas nitroreducens*	硝基还原假单胞菌
C	亚-C-2	*Klebsiella oxytoca*	产酸克雷伯氏菌
D	亚-D-7	*Pseudomonas alcaligenes*	产碱假单胞菌
E	硝-HA-1	*Klebsiella oxytoca*	产酸克雷伯氏菌
F	硝-C-4	*Pseudomonas pseudoalcaligenes*	类产碱假单胞菌
G	硝-C-3	*Pseudomonas mendocina*	门多萨假单胞菌
H	硝-C-1	*Pseudomonas pseudoalcaligenes*	类产碱假单胞菌
I	氨-86	*Enterobacter* sp.	肠杆菌属
J	氨-5	*Wautersiella falsenii*	
K	氨-80	*Bacillus pumilus*	短小芽孢杆菌
L	氨-90	*Enterobacter* sp.	肠杆菌属
M	氨-4	*Bacillus subtilis*	枯草芽孢杆菌
N	反-H-2	*Enterococcus casseliflavus*	铅黄肠球菌

续表

菌株编号	菌株名称	种名加词	中文名
O	反-H-4	*Pseudomonas stutzeri*	施氏假单胞菌
P	反-H-6	*Pseudomonas stutzeri*	施氏假单胞菌
Q	反-4	*Pseudomonas* sp.	假单胞菌属
R	反-5	*Pseudomonas pseudoalcaligenes*	类产碱假单胞菌

4.1.4 讨论

关于基因工程菌有大量的研究及应用，而目前对于基因工程菌的应用仍存在争议，一些专家认为最好选用自然界中的菌株修复污染环境。本研究中筛选的菌株均来源于自然环境，因此高效的功能菌株具有广阔的应用前景。

本研究筛选的硝化菌均为异养菌，异养菌对于处理含氮污水有重要意义。与自养硝化菌相比，异养硝化菌不仅可以氧化氨氮也可以降解有机态氮。此外异养硝化菌具有繁殖快、活性高、需氧低、可在较低温条件下发生、耐受酸性环境、碳源有利于其对氨氮的去除、可与反硝化过程在同一反应器内进行反应等特点，这些特点使异养硝化菌在污水脱氮中具有较大的应用价值。目前关于异养硝化菌效果的研究较多，如何霞等（2007）研究了异养硝化细菌 *Bacillus* sp. LY 的脱氮性能，在氨氮浓度分别为 40、80 和 120 mg/L 的污水中，处理 120 h 时氨氮去除率分别是 100%、85.7% 和 73.7%，总氮的去除率分别是 76.6%、53.4% 和 64.8%。刘晶晶等（2008）用恶臭假单胞菌处理初始浓度为 74 mg/L 的氨氮污水，该菌对氨氮去除率可达 60.91%。王鑫（2006）筛选了异养硝化菌株 S2，其对氨氮的去除率分别为 48.4%（初始浓度为 105 mg/L）。Kim（2005）等筛选 24 株具异养硝化功能的蜡样芽孢杆菌（*Bacillus cereus*），对 100 mg/L 的氨氮去除率达 90%以上。在本研究中，从活性污泥、鱼塘水、猪粪发酵液和土壤等环境中筛选大量异养硝化菌，其中菌株亚-C-3 处理效果最佳，处理含氨氮 10 mg/L 的污水，对氨氮的去除率可达 91.6%，经鉴定其为 *Bacillus subtilis*。与以上文献相比，本研究筛选的菌株对氨氮去除率高，尤其是对微污染水处理效果更佳，因此将该菌应用于深度处理含氮污水或实地修复富营养化水方面具有较大潜质。关于异养硝化菌效果的文献报道较多，然而关于异养硝化菌的硝化机制尚不清楚，关键酶的研究结论还没得到学术界的一致认可，异养硝化过程的能量传递方式和关键控制步骤等理论还不清晰，仍需进一步深入研究探讨。

传统意义上的反硝化菌是厌氧菌或兼性厌氧菌，而好氧反硝化菌及其产生的硝酸盐还原酶的发现又丰富了反硝化理论。好氧反硝化菌可同异养硝化菌群混合培养，在同一反应器系统中实现同时硝化反硝化，硝化过程的产物直接成为反硝化的底物，避免了中间产物的积累，加速了总反应的进程；反硝化反应释放的碱可补偿硝化过程所消耗的碱，使系统中的 pH 值相对稳定；此外，同时硝化反硝化简化了反应流程、降低了操作难度、减少了基建费用和运行成本。苏俊峰等（2007）从驯化污泥中分离纯化 5 株反硝化菌，对总氮的去除率为 90.4%、91.2%、94.6%、95.6%和 97%，经鉴定其中三株为 *Pseudomonas* sp.，两株为 *Paracoccus* sp.。王弘宇等（2007）从活性污泥中分离得到 1 株好氧反硝化细菌，用此菌处理含硝酸盐氮浓度为 110.98 mg/L 的污水，脱氮率达 90%以上。蔡昌凤等（2009）混和硝化菌和好氧反硝化菌去除污水中的氮，在 5 L 好氧槽中经 12 h 曝气，对氨氮的去除率可达 94.3%，过程中无亚硝态氮和硝态氮的积累，实现了好氧条件下同时硝化反硝化。与上述文献结果相比，本研究筛选的反硝化菌具有高效去除硝态氮的能力，去除率可达 100%，而且产生大量气体。下一步将利用这些高效功能菌株构建混合菌群，进一步研究混合菌群对污水中多种形态氮的去除。

4.1.5　小结

从活性污泥、猪粪发酵液、鱼塘水及土壤等中分离初筛亚硝酸菌、硝酸菌、反硝化菌和氨化菌，共计 196 株。经复筛得到 18 株高效菌，其中亚硝酸菌 4 株、硝酸菌 4 株、反硝化菌 5 株和氨化菌 5 株。

对上述 18 株高效菌株进行鉴定。观察及测试各菌株表观形态、生理生化特征和 16S rDNA，综合以上结果确定这些菌株的分类地位。鉴定结果如下：A 亚-C-3 为枯草芽孢杆菌（*Bacillus subtilis*）、B 亚-D-4 为硝基还原假单胞菌（*Pseudomonas nitroreducens*）、C 亚-C-2 为产酸克雷伯氏菌（*Klebsiella oxytoca*）、D 亚-D-7 为产碱假单胞菌（*Pseudomonas alcaligenes*）、E 硝-HA-1 为产酸克雷伯氏菌（*Klebsiella oxytoca*）、F 硝-C-4 为类产碱假单胞菌（*Pseudomonas pseudoalcaligenes*）、G 硝-C-3 为门多萨假单胞菌（*Pseudomonas mendocina*）、H 硝-C-1 为类产碱假单胞菌（*Pseudomonas pseudoalcaligenes*）、I 氨-86 为肠杆菌属（*Enterobacter* sp.）、J 氨-5 为 *Wau-*

tersiella falsenii、K 氨-80 为短小芽孢杆菌（*Bacillus pumilus*）、L 氨-90 为肠杆菌属（*Enterobacter* sp.）、M 氨-4 为枯草芽孢杆菌（*Bacillus subtilis*）、N 反-H-B-2 为铅黄肠球菌（*Enterococcus casseliflavus*）、O 反-H-4 为施氏假单胞菌（*Pseudomonas stutzeri*）、P 反-H-6 为施氏假单胞菌（*Pseudomonas stutzeri*）、Q 反-4 为假单胞菌属（*Pseudomonas* sp.）和 R 反-5 为类产碱假单胞菌（*Pseudomonas pseudoalcaligenes*）。

4.2 脱氮菌群的构建及菌株生长降解条件研究

污水中的氮化物成分复杂，很难找到一种微生物实现降解多种含氮污染物，因此需依靠菌群共同作用达到除氮目的。目前国内外已研制出多个微生物菌群，如 EM、Clear-Flo 系列菌剂，但其对氮的去除针对性不强，脱氮效果一般，微生物菌群处理氮的机制也不清楚。本研究主要针对氮污染水体，分别筛选亚硝酸菌、硝酸菌、反硝化菌和氨化菌，并构建脱氮菌群组合，以期筛选出实现完整脱氮功能的高效组合。

本研究根据拟定的原则构建和筛选高效脱氮组合，并对组合中各菌株的生长条件和降解性能进行研究和条件优化。

4.2.1 材料

4.2.1.1 菌种

由上一章分离筛选的菌株，有亚硝酸菌为 A 亚-C-3、B 亚-D-4、C 亚-C-2、D 亚-D-7；硝酸菌为 E 硝-HA-1、F 硝-C-4、G 硝-C-3、H 硝-C-1；氨化菌为 I 氨-86、J 氨-5、K 氨-80、L 氨-90、M 氨-4；反硝化菌为 N 反-H-2、O 反-H-4、P 反-H-6、Q 反-4 和 R 反-5。

4.2.1.2 培养基及污水配方

（1）牛肉膏蛋白胨培养基

牛肉膏 5 g，蛋白胨 10 g，NaCl 5 g，pH 值 7.2~7.4。

（2）基础培养基

KCl 63 mg，$MgSO_4$ 23 mg，无水 $CaCl_2$ 23 mg，$NaHCO_3$ 65 mg，KH_2PO_4 23 mg，微量元素（$FeSO_4$，$MnSO_4$，$CuSO_4$）0.2 mg，蒸馏水 1 000 mL。

亚硝化培养液：基础培养基+$(NH_4)_2SO_4$ 37.71 mg；硝化培养液：基础培养基+$NaNO_2$ 19.71 mg；氨化培养液：基础培养基+蛋白胨 88.88 mg；反

硝化培养液：基础培养基+KNO_3 1.0 g。

不同碳源培养液：在以上四种培养基中每升分别添加①葡萄糖 169 mg；②蔗糖 160.523 mg；③乙酸钠 230.801 mg；④酒石酸钾钠 379.016 mg，使加入的碳含量一致，碳氮比均为 8.45∶1。

（3）不同碳氮比对氮转化的影响

亚硝化培养液：$(NH_4)_2SO_4$ 94.29 mg，KCl 63 mg；$MgSO_4$ 23 mg，无水 $CaCl_2$ 23 mg，$NaHCO_3$ 65 mg，KH_2PO_4 23 mg，微量元素（$FeSO_4$，$MnSO_4$，$CuSO_4$）0.2 mg，蒸馏水 1 000 mL。分别加入不同浓度的蔗糖，使培养液的碳氮比分别为 0、2、10、20、30 和 40。

氨化培养液：蛋白胨 88.88 mg，KCl 63 mg，$MgSO_4$ 23 mg，无水 $CaCl_2$ 23 mg，$NaHCO_3$ 65 mg，KH_2PO_4 23 mg，微量元素（$FeSO_4$，$MnSO_4$，$CuSO_4$）0.2 mg，蒸馏水 1 000 mL。分别加入不同浓度的蔗糖，使培养液的碳氮比分别为 0、1、5、10 和 20。

硝化培养液：$NaNO_2$ 19.71 mg；KCl 63 mg；$MgSO_4$ 23 mg；无水 $CaCl_2$ 23 mg；$NaHCO_3$ 65 mg；KH_2PO_4 23 mg；微量元素（$FeSO_4$，$MnSO_4$，$CuSO_4$）0.2 mg；蒸馏水 1 000 mL。分别加入不同浓度的蔗糖和葡萄糖（加入等量的碳），使培养液的碳氮比分别为 1、5、10、15 和 20。

反硝化培养液：$NaNO_2$ 19.71 mg，KCl 63 mg，$MgSO_4$ 23 mg，无水 $CaCl_2$ 23 mg，$NaHCO_3$ 65 mg，KH_2PO_4 23 mg，微量元素（$FeSO_4$，$MnSO_4$，$CuSO_4$）0.2 mg，蒸馏水 1 000 mL，分别加入不同浓度的酒石酸钾钠，使培养液的碳氮比分别为 1、5、10、20 和 30。

（4）模拟富营养化水：葡萄糖 169 mg，蛋白胨 88.88 mg，KCl 63 mg，无水 $CaCl_2$ 23 mg，KH_2PO_4 23 mg，$MgSO_4$ 23 mg，$NaHCO_3$ 65 mg，$(NH_4)_2SO_4$ 37.71 mg，微量元素（$MnSO_4$，$FeSO_4$，$CuSO_4$）0.2 mg，蒸馏水 1 000 mL。

4.2.2 方法

4.2.2.1 菌株间拮抗作用试验

采用杯碟法（周德庆，1986），测试各菌株间的拮抗作用。首先将各菌株挑取一环接入 50 mL 牛肉膏蛋白胨培养液中，在摇床上 28℃、180 r/min 培养 24 h。取 0.1 mL 培养液均匀涂布于牛肉膏蛋白胨固体平板培养基上，每个平板上放置三个牛津杯。在牛津杯中加入另一菌的菌液 200 μL，放置于培养箱内，28℃培养 24~48 h，观察是否有抑菌圈出现。若在牛津杯周围出现不长菌的透明圈说明两个菌株间有拮抗作用，若无则表示无拮抗。

4.2.2.2 脱氮菌群的筛选

欲构建的脱氮菌群由四种菌构成，分别为氨化菌、亚硝酸菌、硝酸菌及反硝化菌各一株。在高效菌株筛选与鉴定及菌株拮抗作用测试结果基础上，选取无明显拮抗作用、具有生长稳定、除氮效果稳定、无致病性的高效功能菌株参与菌群的构建。选取的菌株有氨化菌3株，分别为I氨-86、K氨-80和M氨-4；亚硝酸细菌2株，分别为A亚-C-3和B亚-D-4；硝酸细菌3株，分别为E硝-HA-1、G硝-C-3和H硝-C-1；反硝化菌4株，为O反-H-4、P反-H-6、Q反-4、R反-5。筛选脱氮菌群原则为：①取氨化菌、亚硝酸菌、硝酸菌及反硝化菌各一株构成脱氮组合，各菌株对污水中多种不同形态的氮化物均有转化作用；②具有高效降低污水中的氨氮和总氮浓度的能力；③选择不积累亚硝酸盐氮和硝酸盐氮浓度的菌群。共计72个组合，对每一组合进行脱氮能力测试。

将各菌株接种于装有100 mL牛肉膏蛋白胨培养液的250 mL锥形瓶中，28℃、180 r/min培养24 h。每种菌离心后用无菌水洗三次，再用100 mL无菌水稀释，摇匀。250 mL锥形瓶中装有96 mL模拟富营养化水样，118℃灭菌30 min。四株菌按质量比为1∶1∶1∶1的接种比例（在同样离心条件下得到菌泥），每株菌按1%的接种量接种于摇瓶水样中，28℃，180 r/min恒温振荡培养4 d，测定水样中总氮、氨氮、亚硝酸盐氮和硝酸盐氮的浓度。

4.2.2.3 碳源对脱氮菌群中各菌株生长的影响

微生物的生长及降解性能与营养物质有关，脱氮菌群AMGR中各菌株A亚-C-3、M氨-4、G硝-C-3和R反-5均为异养菌，考虑不同碳源对各菌株生长情况的影响不同，因此试验分别选择了葡萄糖、蔗糖、乙酸钠及酒石酸钾钠四种碳源进行测试，以确定最佳的碳源。将各菌株分别接种于牛肉膏蛋白胨培养液中，培养24 h，10 000 r/min离心5 min，用无菌水洗并离心，再将菌体沉淀溶于100 mL无菌水。取1 mL菌液按1%的接种量接种于含不同碳源的培养基中，28℃，180 r/min培养，每隔12 h取样测量OD_{660}，研究不同碳源对菌株生长的影响情况。

4.2.2.4 不同碳氮比对菌株降解性能的影响

根据上述试验确定适合各菌株生长的最佳碳源，分别配备不同碳氮比的污水，研究不同碳氮比对菌株生长和转化污水中氮的影响。

4.2.3 结果与分析

4.2.3.1 菌株间的拮抗作用测试

单一菌株通常只对某种物质或少数几种物质有去除作用，而污水中的含氮物质种类繁杂，因此我们考虑投加菌群处理含氮污水，使其对多种形态的氮均有去除或转化作用。首先采用杯碟法测试两两菌株之间是否存在拮抗，对于易产生拮抗作用的菌株将不予考虑参与构建菌群。试验结果见表4-11及图4-7、图4-8。大多数菌株间无抑制作用，但一些菌株如C亚-C-2、D亚-D-7、L氨-90和J氨-5与其他菌株易产生拮抗作用。

表4-11 各单菌株间拮抗作用试验结果

	A	B	C	D	E	F	G	H	I	J	K	L	M	N	O	P	Q	R
A																		
B	-																	
C	+	-																
D	+	-	-															
E	-	-	-	-														
F	-	-	-	-	-													
G	-	-	-	-	-	-												
H	-	-	-	-	-	-	-											
I	-	-	-	-	-	-	-	-										
J	++	-	-	-	-	-	-	-	-									
K	-	-	-	-	-	-	-	-	-	-								
L	++	-	+	+	-	-	-	-	-	+	-							
M	-	-	-	-	-	-	-	-	-	-	-	-						
N	-	-	-	-	-	-	-	-	-	-	-	-	-					
O	-	-	-	-	-	-	-	-	-	-	-	-	-	-				
P	-	-	-	-	-	-	-	-	-	-	-	-	-	-	-			
Q	-	-	-	-	-	-	-	-	-	-	-	-	-	-	-	-		
R	-	-	-	-	-	-	-	-	-	-	-	-	-	-	-	-	-	

注：①“A、B、C……”均为各菌株编号，用其表示菌株名称，A：亚-C-3；B：亚-D-4；C：亚-C-2；D：亚-D-7；E：硝-HA-1；F：硝-C-4；G：硝-C-3；H：硝-C-1；I：氨-86；J：氨-5；K：氨-80；L：氨-90；M：氨-4；N：反-H-2；O：反-H-4；P：反-H-6；Q：反-4；R：反-5。同表4-5。

②“+”，表示抑制圈直径<10 mm；“++”，表示抑菌圈直径10~15 mm；“+++”，表示抑菌圈直径>15 mm；“-”，表示无拮抗。

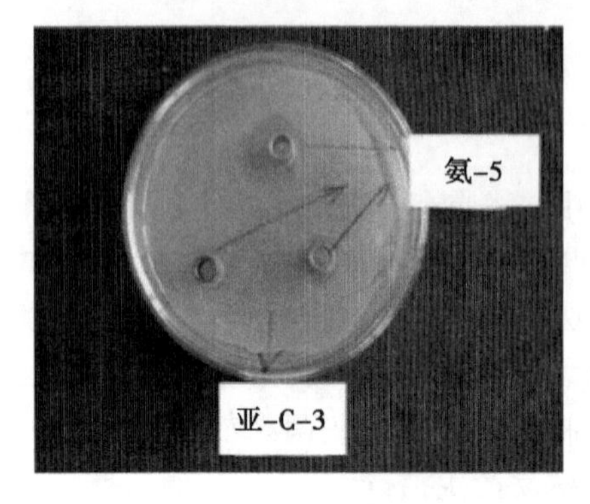

图 4-7　亚-C-3 和氨-5 之间的拮抗作用

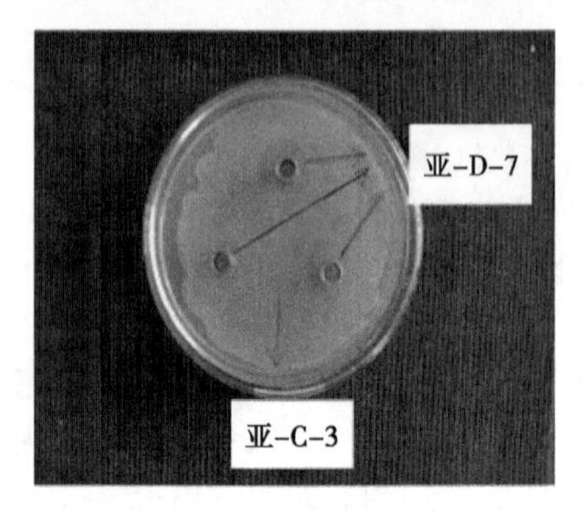

图 4-8　亚-C-3 和亚-D-7 之间的拮抗作用

4.2.3.2　脱氮菌群组合的筛选

将各菌群组合接种于模拟富营养化水中，4 d 后取样测试氨氮和总氮浓度，并计算去除率，结果见表 4-12。

表 4-12　脱氮菌群对氨氮和总氮的去除率

编号	名称	氨氮 浓度（mg/L）	总氮 去除率（%）	氨氮 浓度（mg/L）	总氮 去除率（%）
1	AIEO	7.45	2.23	2.63	88.87
2	AIGO	5.96	21.78	3.15	86.68
3	AIHO	3.57	53.15	3.81	83.88
4	AKEO	4.62	39.37	7.47	68.40
5	AKGO	4.45	41.60	4.63	80.41
6	AKHO	4.26	44.09	1.26	94.67
7	AMEO	5.16	32.28	0.97	95.90
8	AMGO	3.41	55.25	1.75	92.60
9	AMHO	7.52	1.31	1.19	94.97
10	AIEP	3.95	48.16	2.78	88.24
11	AIGP	1.86	75.59	36.49	—
12	AIHP	2.97	61.02	4.82	79.61
13	AKEP	2.56	66.40	5.10	78.43
14	AKGP	3.39	55.51	2.27	90.40
15	AKHP	1.58	79.27	6.44	72.76
16	AMEP	1.65	78.35	5.72	70.22
17	AMGP	1.98	74.02	6.80	71.24

续表

编号	名称	氨氮 浓度（mg/L）	总氮 去除率（%）	氨氮 浓度（mg/L）	总氮 去除率（%）
18	AMHP	1. 88	75. 33	6. 96	70. 56
19	AIEQ	1. 91	74. 93	6. 00	74. 62
20	AIGQ	1. 55	79. 66	4. 51	80. 92
21	AIHQ	2. 75	63. 91	7. 76	67. 17
22	AKEQ	2. 03	73. 36	5. 57	76. 44
23	AKGQ	2. 3	69. 82	6. 97	70. 52
24	AKHQ	1. 74	77. 17	7. 11	69. 92
25	AMEQ	1. 96	74. 28	6. 56	72. 25
26	AMGQ	1. 92	74. 80	6. 45	72. 72
27	AMHQ	1. 7	77. 69	5. 53	76. 61
28	AIER	1. 73	77. 30	6. 80	71. 24
29	AIGR	2. 21	71. 00	6. 09	74. 24
30	AIHR	2. 28	70. 08	8. 18	65. 40
31	AKER	0. 69	90. 94	11. 49	51. 40
32	AKGR	0. 92	87. 93	7. 60	67. 85
33	AKHR	1. 08	85. 83	11. 70	50. 51
34	AMER	1. 87	75. 46	5. 61	76. 27
35	AMGR	1. 54	79. 79	4. 17	82. 36
36	AMHR	1. 87	75. 46	4. 51	80. 92
	CK	7. 62		23. 64	
37	BIEO	10. 70	—	23. 16	—
38	BIGO	2. 36	62. 54	20. 04	5. 37
39	BIHO	3. 61	42. 70	22. 89	—
40	BKEO	2. 22	64. 76	26. 07	—
41	BKGO	2. 81	55. 40	18. 08	14. 63
42	BKHO	4. 30	31. 75	25. 88	—
43	BMEO	2. 40	61. 90	17. 16	18. 96
44	BMGO	2. 35	62. 70	19. 52	7. 81
45	BMHO	3. 46	45. 08	29. 01	—
46	BIEP	2. 31	63. 33	22. 47	—
47	BIGP	2. 66	57. 78	25. 58	—
48	BIHP	4. 91	22. 06	30. 32	—

续表

编号	名称	氨氮 浓度（mg/L）	总氮 去除率（%）	氨氮 浓度（mg/L）	总氮 去除率（%）
49	BKEP	3. 50	44. 44	20. 97	0. 97
50	BKGP	3. 17	49. 68	26. 54	—
51	BKHP	4. 89	22. 38	22. 40	—
52	BMEP	3. 44	45. 40	17. 43	17. 69
53	BMGP	3. 64	42. 22	24. 06	—
54	BMHP	3. 93	37. 62	23. 16	—
55	BIEQ	4. 31	31. 59	31. 00	—
56	BIGQ	3. 07	51. 27	20. 70	2. 25
57	BIHQ	4. 26	32. 38	23. 76	—
58	BKEQ	3. 59	43. 02	16. 16	23. 71
59	BKGQ	2. 56	59. 37	32. 17	—
60	BKHQ	1. 86	70. 48	18. 25	13. 81
61	BMEQ	4. 36	30. 79	19. 26	9. 07
62	BMGQ	2. 44	61. 27	22. 60	—
63	BMHQ	4. 71	25. 08	17. 33	18. 19
64	BIER	3. 30	47. 62	20. 30	4. 15
65	BIGR	0. 19	96. 98	22. 53	—
66	BIHR	4. 38	30. 48	20. 10	5. 09
67	BKER	3. 29	47. 78	20. 09	5. 14
68	BKGR	2. 67	57. 62	20. 91	1. 25
69	BKHR	4. 64	26. 35	20. 10	5. 11
70	BMER	4. 08	35. 24	21. 55	—
71	BMGR	3. 10	50. 79	25. 17	—
72	BMHR	4. 84	23. 17	20. 23	4. 49
	CK	6. 30	CK	21. 18	

注：表中“—”表示去除率无法计算，由于处理后的水样中氨氮或总氮浓度超过了空白对照。

由表4-12结果可见，含A亚-C-3的脱氮菌群组合降氨氮和总氮浓度的效果较好，其中组合AKER、AKGR和AKHR对氨氮的去除率较高，分别为90. 94%、87. 93%和85. 83%，AKHO、AMEO、AMHO、AMGO和AKGP对总氮的去除率均达90%以上。

含B亚-4的多数组合对氨氮有一定的处理效果，其中BKHQ的处理效果最好，对氨氮的去除率达 70.48%；含 B 亚-4 的组合降低总氮浓度的效果总体较差，多数组合处理水样后总氮值仍比对照高。

选取 11 个高效组合，分别为 AIHO、AMGO、AIHP、AKEP、AKGP、AIGQ、AKEQ、AMHQ、AMER、AMGR 和 AMHR。为了验证各菌群除氮的稳定性及测定水样亚硝酸盐氮和硝酸盐氮浓度，对初筛的 11 个组合进行复筛（图 4-9）。从复筛的结果看，组合 AIGQ、AMGR 和 AMHR 对总氮的去除率较高，AIGQ 和 AMGR 对氨氮的去除率较高。而其他组合氨氮和总氮的去除率相对较低，且亚硝酸盐氮和硝酸盐氮均有积累，尤其 AMER、AMHQ 及 AMGO 积累较高浓度的硝酸盐氮。由此可见，筛选出的组合 AIGQ 和 AMGR 均符合构建脱氮菌群的原则，因此，下一步将研究这两个组合在处理含氮污水过程中氮素变化曲线。

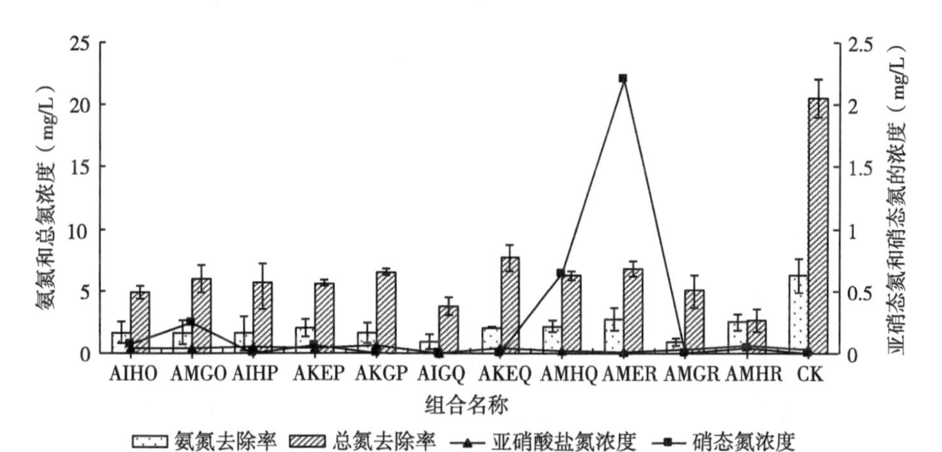

图 4-9　菌群组合的复筛试验

4.2.3.3　AGIQ 和 AGMR 菌群组合处理模拟富营养化水

AGIQ 组合和 AGMR 组合处理模拟富营养化水样，氮素变化曲线见图 4-10 和图 4-11。随着处理时间延长，总氮和亚硝酸盐氮浓度均呈下降趋势。组合 AGIQ 在处理污水 48 h 时对总氮的去除率为 68.52%，氨氮去除率为 83.50%；组合 AGMR 在处理污水 48 h 时对总氮去除率为 65.32%，氨氮去除率达到 84.99%。96 h 时，组合 AGIQ 对总氮的去除率达 94.03%，对氨氮的去除率为 86.85%；AGMR 对总氮的去除率达 95.27%组合，对氨氮的去除率达 92.55%。对 AGIQ 和 AGMR 处理含氮污水过程中的总氮浓度与时间分别进行 Pearson 相关性分析，结果一致，均呈显著负相关，相关系数分别为-0. 95267，-0. 95610（α=0. 05）。这两个组合处理氮污染富营养化水均具有较好效果，均可高效降低总氮和氨氮浓度，而且不积累亚硝酸盐氮和硝酸盐氮。其中 AGMR 组合在较短的时间内有较好的处理效果，因此下一阶段试验将围绕 AGMR 组合进行。

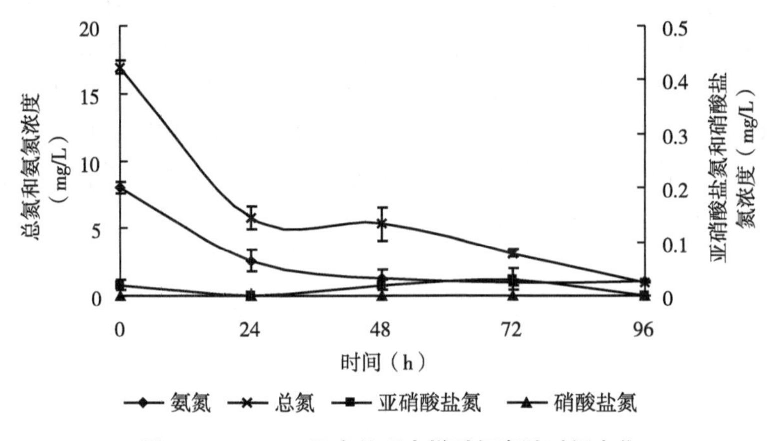

图 4-10　AGIQ 组合处理水样时氮素随时间变化

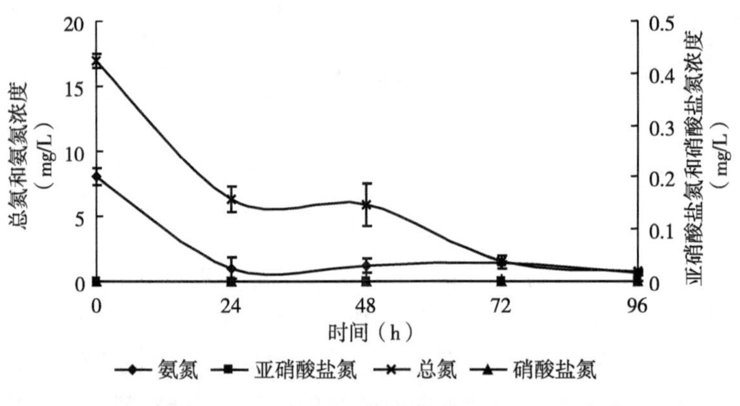

图 4-11　AGMR 组合处理水样时氮素随时间变化

4. 2. 3. 4　碳源对脱氮菌群中各菌株生长的影响

碳源是微生物能量代谢的主要来源，为了达到氮的完全去除，碳源起着相当重要的作用，本节将测试碳源对菌株生长的影响。将 A 亚-C-3、

M 氨-4、G 硝-C-3 和 R 反-5 分别接种于含不同碳源的亚硝化、氨化、硝化及反硝化培养液中，每隔 12 h，用分光光度计测 OD_{660}值，以空白培养基为参比，研究不同碳源对菌株生长情况的影响，测试的碳源有葡萄糖、蔗糖、乙酸钠和酒石酸钾钠，结果见图 4-12 至图 4-15。

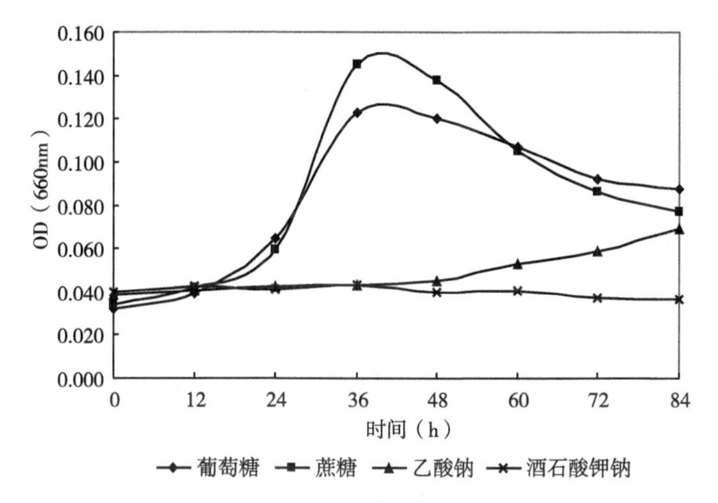

图 4-12　不同碳源对菌株 A 生长的影响

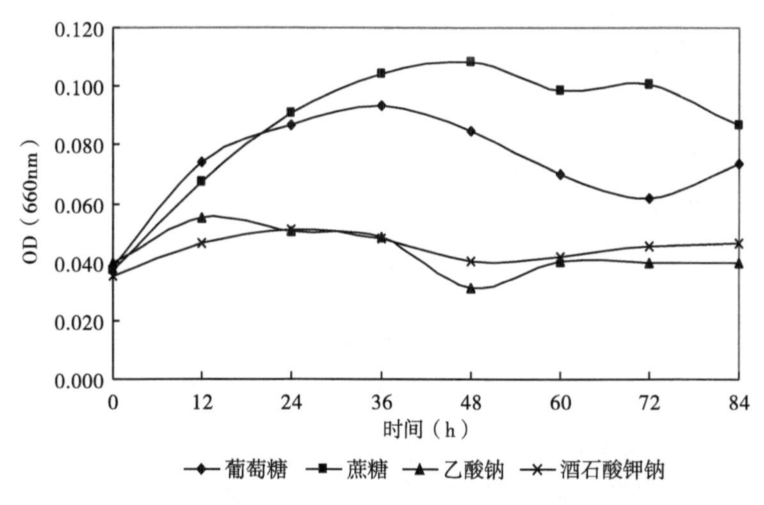

图 4-13　不同碳源对菌株 M 生长的影响

不同碳源对菌株生长影响不同。对于菌株 A，蔗糖和葡萄糖更有利于其

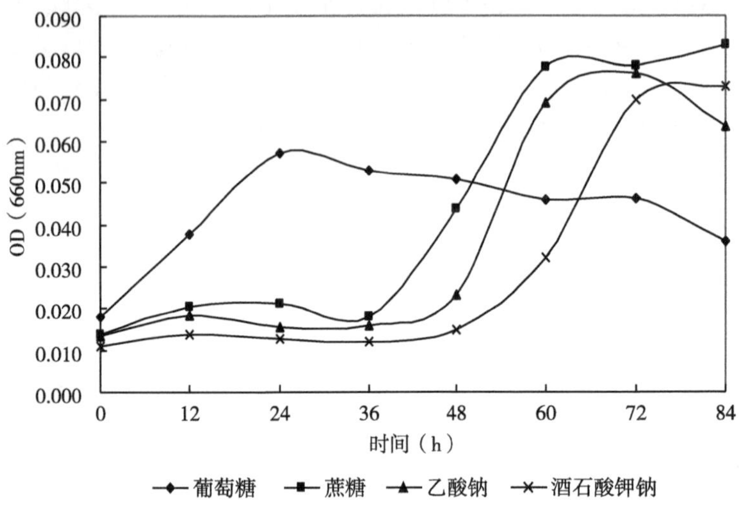

图 4-14　不同碳源对菌株 G 生长的影响

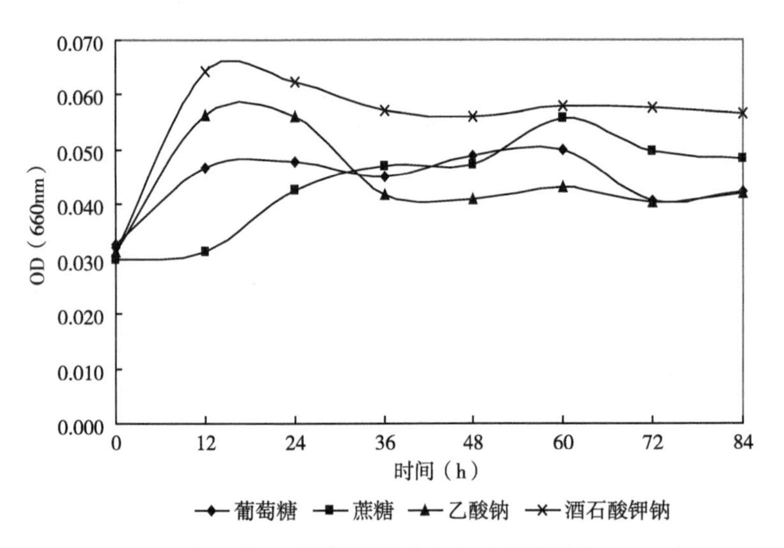

图 4-15　不同碳源对菌株 R 生长的影响

生长，其中蔗糖效果更加；适于菌株 M 生长的最合适碳源是蔗糖；对于菌株 G，在 48 h 内葡萄糖是最合适的碳源，48 h 后蔗糖是菌株 G 生长的最适碳源；有利于菌株 R 生长的碳源是酒石酸钾钠。下一步研究不同碳氮比对菌株生长及降解情况的影响。

4. 2. 3. 5　不同碳氮比对菌株降解性能的影响

以上述结果为基础，测试不同碳氮比的培养液对菌株生长及降解情况的影响，结果见图 4-16 至图 4-19。

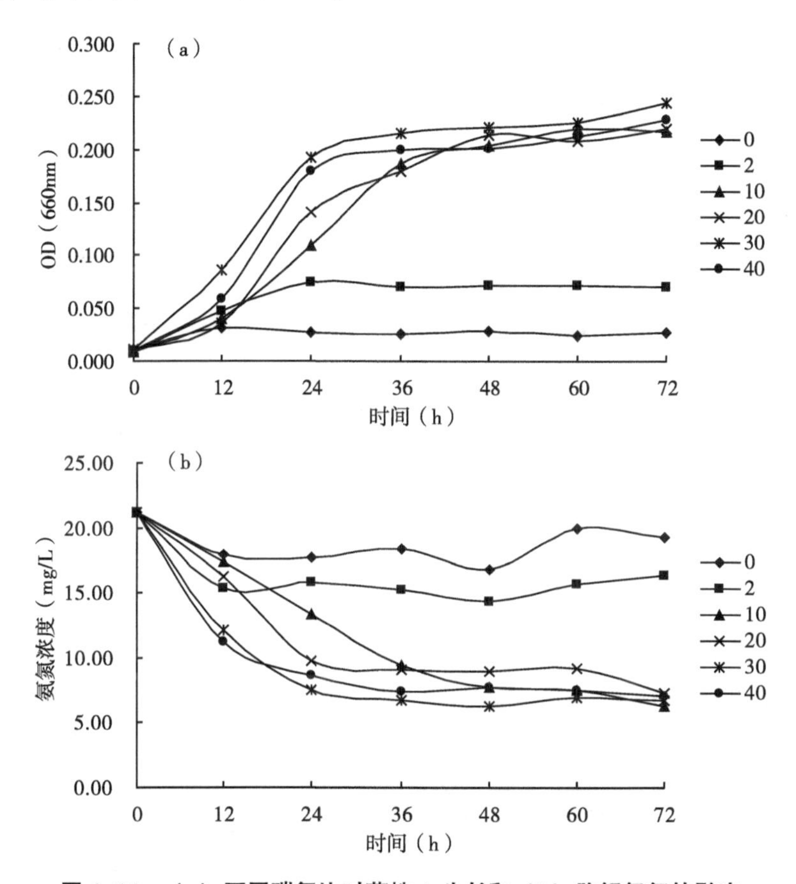

图 4-16　(a) 不同碳氮比对菌株 A 生长和 (b) 降解氨氮的影响

当碳氮比为 0 或 2 时，A 菌生长较为缓慢；增加 C/N 为 10、20 时，随着碳氮比的增加，A 菌的生长速度增加；当 C/N 达到 30 时，A 菌生长速度最快；再增加 C/N 至 40 时，生长速度反而下降。当 C/N 为 0 或 2 时，氨氮浓度降低较少；当 C/N 从 10 增加至 30 时，氨氮浓度降低较快，碳氮比越高氨氮降解越快；当 C/N 增加至 40 时，氨氮浓度降低较慢。但当处理接近 72 h 时，C/N 为 10、20 或 30 时，接近 72 h 时，对氨氮的去除效果相差不多。

如图 4-17 所示，当 C/N≤20 时，随着碳氮比增加，菌株 M 生长量越大且生长速度越快。但碳源对氨氮的产生并没有规律性，氨氮浓度上下波动较大。可能原因是菌株 M 在起氨化作用的同时，也在发生硝化反应。

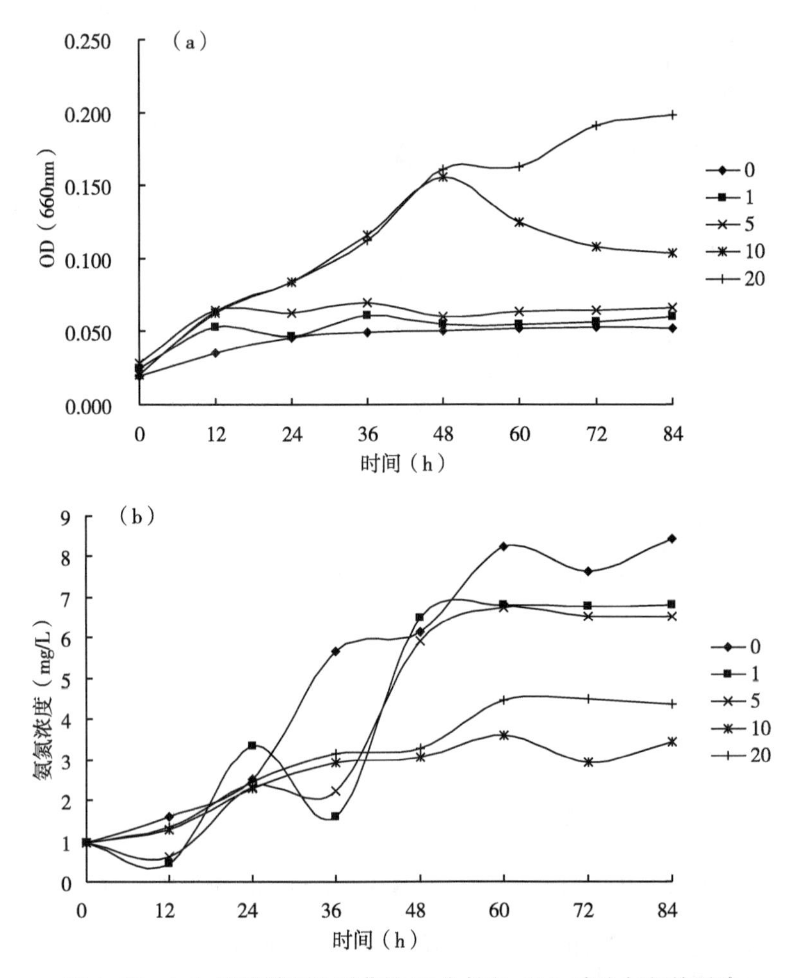

图 4-17 （a）不同碳氮比对菌株 M 生长和（b）产生氨氮的影响

在 C/N≤30 时，碳氮比越高，菌株 G 生长速度越快，且亚硝酸盐氮浓度下降越快。C/N 为 20 时，接近 60 h 可使亚硝酸盐氮降低至 0；当 C/N 为 30，40 h 时亚硝酸盐氮浓度也降低至 0（图 4-18）。

在 C/N≤30 时，随着碳氮比增加，菌株 R 生长速度加快。C/N 越高，

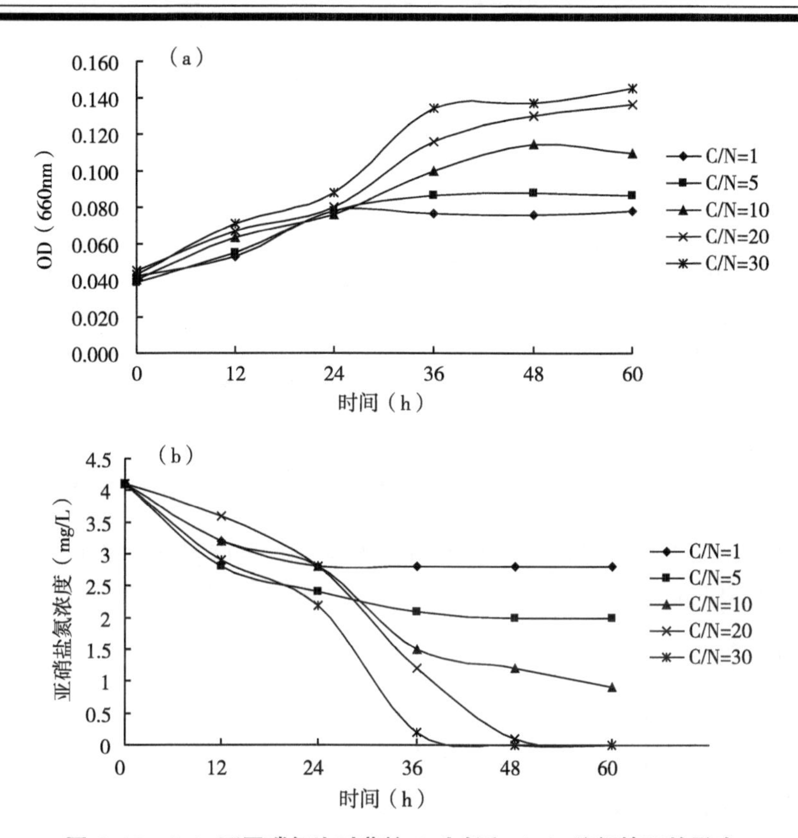

图 4-18　（a）不同碳氮比对菌株 G 生长和（b）降解情况的影响

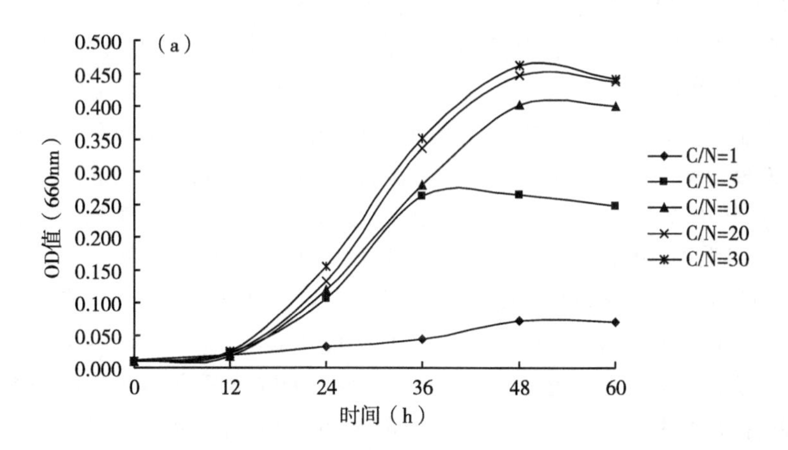

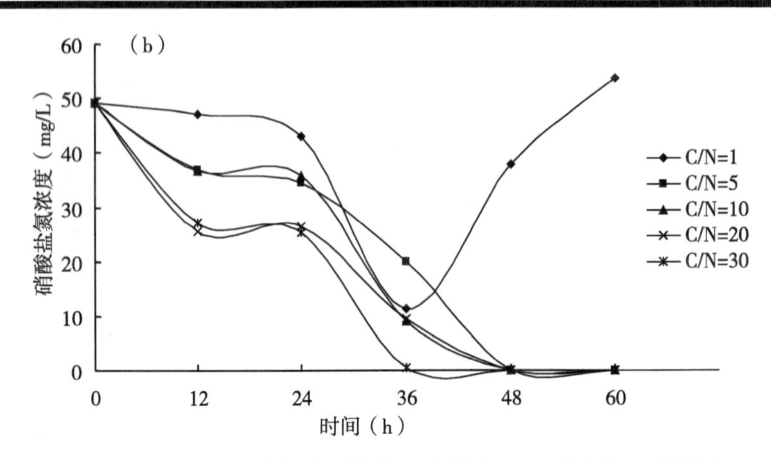

图 4-19 （a）不同碳氮比对菌株 R 生长和（b）降解情况的影响

硝酸盐氮浓度下降越快，C/N 为 5、10 或 20 时，接近 48 h 可使硝酸盐氮浓度降低至 0；C/N 为 30，36 h 时硝酸盐氮浓度降低至 0（图 4-19）。

4.2.4 讨论

大量文献报道应用微生物处理污水可以达到较好的效果，但在选择菌种之前需充分考虑菌株间的协同作用。因此，本论文首先研究各功能菌株之间的拮抗作用，通过试验得知菌株 C 亚-C-2、D 亚-7、L 氨-7 和 J 氨-5 易与其他菌发生拮抗作用，因此构建脱氮混合菌群时对这些菌株不予考虑。选择具有协同作用和功能稳定的菌株用于构建菌群组合。

关于微生物去除污水中氮的相关报道，如赵彬等（2008）分离出一株异养型高效脱氮细菌，在好氧条件下，氨氮初始浓度为 120 mg/L 时，经过 72 h 的连续培养，其对氨氮和总氮的去除率分别达 92.5%和 89.1%；黄珏等（2009）研究 *Providencia rettgeri* strain YL 的脱氮效果；Hiroakiufmoto 等（2000）利用 *Nitrosomonas europaea* 和 *Paracoccus denitrificans* 两株菌的硝化和反硝化作用在管状胶体反应器中去除污水中的氮；李正魁等（2001）分别分离各种传统的硝化菌、亚硝化菌、反硝化菌和氨化菌并培养各菌株，然后经人工驯化后处理湖湾。王平等（2004）应用有效微生物群（EM）处理富营养化源水试验，总氮的去除率为 45.25%。而在本研究中构建的脱氮菌群 AMGR 是由四株菌组成，这四株菌是从环境中分别筛选的氨化菌、异养亚硝酸菌、异养硝酸菌和好氧反硝化菌，各具功能，可以依次转化有机氮、氨氮、亚硝酸态氮和硝酸态氮，最终通过反硝化作用转化成氮气，从水体中排出，从而减少水中氮浓度。此菌群组合处理含氮污水的针对性强，可处理含不同形态氮的污水，高效降低总氮浓度和去除氨氮，且不积累亚硝酸态氮和硝态氮，能进行完整的脱氮过程。

李树刚和马光庭（2003）研究 B5、B9 和 B13 混合菌群处理硝酸盐氮污水（初始硝态氮浓度为 100 mg/L），当接种量为 20%时，3 h 时脱氮率达 91.3%，当接种量为 80%时，脱氮率为 99.5%。黄运红等（2007）筛选有效微生物群 OAFEM，用于处理含硝态氮污水，初始硝酸盐氮浓度为 277 mg/L，以 5%接种量加菌，7 d 后其对硝酸盐去除率最高可达 78.0%。本研究用混合菌群 AMRG 处理含氮污水，总氮浓度为 21.18～23.64 mg/L，接种量为 4%，处理 24 h 时对总氮去除率为 62.57%，氨氮去除率达到 87.22%；48 h 时对氨氮去除率达 92.55%，对总氮去除率达 95.27%。由此可见，本文筛选的菌群组合具有接种量少、氮去除率高等特点，且更适于处理微污染水。

AMGR 组合中菌株 A 亚-C-3、G 硝-3、M 氨-4、R 反-5 均为异养菌，碳源对各菌株的生长情况和降解功能均有影响。本章研究了各菌株的上述特征，以便于统一碳源种类和碳氮比，设置将来配制污水中的碳含量。参照各试验结果，我们综合考虑选择了适中的碳源和碳氮比，最后将碳源定为蔗糖，最适的 C/N 为 10。

4.2.5　小结

（1）从 72 个菌群组合中筛选获得脱氮效率最高的 AGMR 组合，此组合处理污水 48 h 时总氮去除率达 65.32%，96 h 时总氮去除率达 95.27%。AGMR 组合用于处理含氮污水，除氮针对性强，且能去除多种形态氮化物。

（2）AGMR 组合的最适碳源为蔗糖，碳氮比 10∶1。

4.3　固定化 *Bacillus subtilis A* 颗粒处理含氨氮污水研究

4.3.1　材料及试验装置

4.3.1.1　菌株及固定化微生物颗粒

菌株：*Bacillus subtilis* A

固定化微生物颗粒：以聚乙烯醇-海藻酸钠作为载体固定 *Bacillus subtilis*

A，制备方法如上一章所述，颗粒直径约 3~4 mm。

4.3.1.2 培养基及试验水质

PDA 培养基：土豆去皮称重 200 g，切成小块，加水 1 L 煮沸 20 min 滤去马铃薯块，用水补足滤液至 1 L，加葡萄糖 20 g，琼脂 15 g，118℃灭菌 30 min。

试验用水：本试验进水采用人工模拟污水，模拟污水成分主要由水、氮源、碳源（蔗糖）、缓冲溶液及微量元素组成。人工污水成分见表 4-13。

表 4-13 污水配方

污水类型	含氮物质及浓度（氮浓度）(mg/L)	蔗糖浓度 (mg/L)	其他物质及浓度 (mg/L)
驯化污水	$(NH4)_2SO_4$ 75.2	1140.8	
0#污水	$(NH_4)_2SO_4$ 37.716	570.4	NaH_2PO_4 250，$KHPO_4$ 750，$MnSO_4 \cdot H_2O$ 7.5，$MgSO_4 \cdot H_2O$ 30
1#污水	$(NH_4)_2SO_4$ 9.429	142.6	
2#污水	$(NH_4)_2SO_4$ 18.8	285.2	
3#污水	$(NH4)_2SO_4$ 10.607，KNO_3 25.25，蛋白胨 14.89（NH_4^+-N 2.25，NO_3^--N 3.5，TN 7.76）	312.87	KCl 63，$CaCl_2$ 23，KH_2PO_4 23，$MgSO_4 \cdot H_2O$ 23，$NaHCO_3$ 65，微量元素（$FeSO_4$，$MnSO_4$，$CuSO_4$）0.2

注：参照国家地表水标准（GB3838—2002），1#污水属Ⅴ类氨氮水；2#污水属劣Ⅴ类水；3#污水参照安徽巢湖小柘皋河的长期水质监测结果配置的模拟水样。

4.3.1.3 试验装置

实验的反应器为自行设计研制（图 4-20），反应器系统由有机玻璃材料制作而成，反应器由柱体及上下封头组成，柱体为反应区，内径 14.8 cm，高 100 cm，容积为 17.19 L，椎体容积为约为 0.54 L。本试验中固定化微生物颗粒置于反应柱体第一室，颗粒料层高度约为 22 cm，颗粒填充率为 53.48%，试验温度控制在 22~26℃，反应颗粒层视体积约为 4 L。

①固定床反应器柱体内设多层孔板，孔板对吹入反应器内的气流起到平衡压力和使气流均匀分布的作用，固定化微生物颗粒置于两层隔板之间，作为反应区。

②污水及压缩空气均从下封头中心的喷头进入反应器，经下封头混合后进入反应区。

③按试验需求污水由蠕动泵控制流量进入反应器，压缩空气由空气流量计对曝气量进行调节打入反应器。处理后的出水、排气自塔顶不同排口

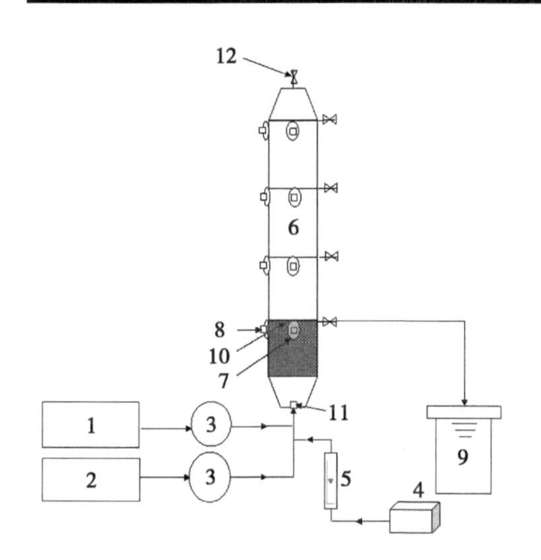

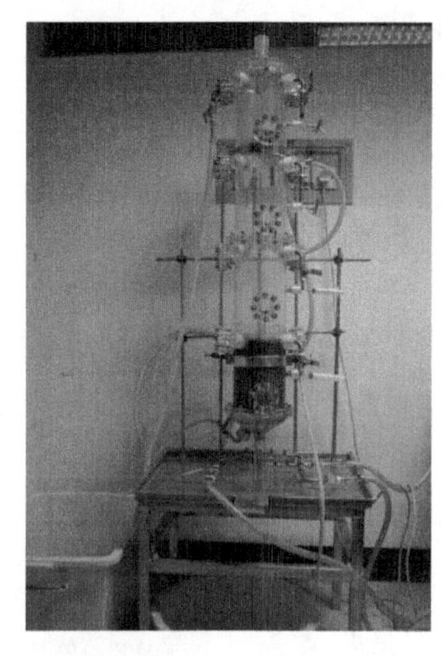

图 4-20　固定床反应器的示意图及实物照片

1. 进水槽；2. 碳源槽；3. 泵；4. 空气压缩机；5. 空气流量计；6. 反应器；7. DO 仪；8. pH 值仪；9. 出水槽；10. 隔板；11. 喷头；12. 排气口

排出。

④在反应器中适当的位置安装溶氧仪、pH 值计和温度探头。

在合适的条件下，颗粒内的微生物不断生长、增殖，并连续获取污水中的营养物和新的氧源，以达到高效生物降解的目的。

4.3.2　试验方法

水力停留时间（HRT）、溶解氧浓度（DO）、C/N 等环境条件因素对反应器系统处理污水效果均有一定影响。本试验首先对反应器反应系统进行驯化启动期和稳定期研究，在系统稳定运行期间，通过间歇运行和连续运行两种方式考察 HRT、DO、C/N 及不同初始氮浓度等关键因素对污水中氮去除的影响。间歇运行是指将人工污水按一定配比一次加入反应器，待反应达到一定时间或要求后，一次排出污水；连续操作反应器是指将污水连续恒定地输入反应器，经处理后出水也连续地从反应器流出，进出水流速保持一致。

试验首先采用间歇方式处理污水，水力停留时间设为 30 min 或 60 min，测定进出水水样中 TN、NH_4^+-N、NO_2^--N 和 NO_3^--N 浓度，研究反应器系统的驯化期及稳定期过程。在反应器系统稳定运行期，采取连续运行方式中将 HRT 分别设置为 40 min、30 min、20 min、15 min 和 10 min，考察停留时间对去除氨氮的影响；在合适的 HRT 基础上，研究不同溶氧条件对反应器系统去除氨氮的影响；再将 C/N 设置为 10、20 和 30，通过试验确定处理氨氮效果最佳的碳氮比；最后研究不同初始氮浓度的污水对反应器系统处理氨氮效果的影响。

试验过程中，定期监测反应器中水质变化情况，具体测定方法和仪器见表 4-14。颗粒中生物量的测定方法为，取一定量的固定化颗粒，用滤纸吸干颗粒表面的水分，称重，将颗粒粉碎，测定颗粒内微生物含量。

表 4-14　分析项目及方法

分析项目	方法	测试仪器
总氮	碱性过硫酸钾消解紫外分光光度法	国标法
氨氮	纳氏试剂法	
亚硝酸盐氮	重氮法	HACH DR2800 水质分析仪，美国
硝酸盐氮	镉还原法	
溶氧（DO）	膜电极法	FG4 溶氧仪，梅特勒，瑞士
pH 值	电极法	FE20 溶氧仪，梅特勒，瑞士

评价反应系统运行效果的好与否，用去除率和去除效率两个指标来衡量。氮的去除率表示原污水中氮去除的百分率式（4-1）；氮的去除效率指单位体积颗粒单位时间内去除污水中氮的含量式（4-2）。本论文测试不同模式反应器在不同条件下的运行情况，主要采取此两项指标综合评价处理含氮污水效果，我们期望在合适的模式及运行条件下反应器系统具有高的去除率和高的去除效率。

$$r=(C_0-C_1)/C_0\times100\% \tag{4-1}$$

$$\eta=(C_0-C_1)\times V_1/(V_2\times t) \tag{4-2}$$

式中，r 为去除率（%），η 为去除效率［mg/(L·h)］；C_0 为进水浓度（mg/L），C_1 为出水浓度（mg/L），V_1 为进水量（L），V_2 为颗粒实际体积（L），t 为时间（h）。

颗粒体积可用视体积或实际体积表示。视体积指颗粒及颗粒间空隙的总体积，可用量杯直接测量；实际体积指颗粒的体积，可在装有颗粒的量杯中填满水，并记录加入水的量，总体积与加水体积的差值即为颗粒实际体积。

4.3.3　结果与分析

4.3.3.1　驯化阶段

反应器运行前，需对包埋颗粒进行驯化。将污水通入反应器，采用间歇运行方式每隔 30 min 或 60 min 运行一次，并取样测定进出水中氮浓度，当出水水质达到一定要求时，并且水质稳定后，可认为反应器启动成功。结果见图 4-21，包埋菌颗粒的启动时间为一周左右。在初始的一周里，HRT 为 30 或 60 min 时，出水氮浓度低、氮去除率低，而且去除效果不稳定。约一周后，当反应器运行的 HRT 为 30 min 时，进水氨氮浓度约为 8 mg/L，出水氨氮浓度低于 1.05 mg/L，氨氮的去除率稳定在 84.61%～96.19%，因此，认为此阶段处于稳定期。

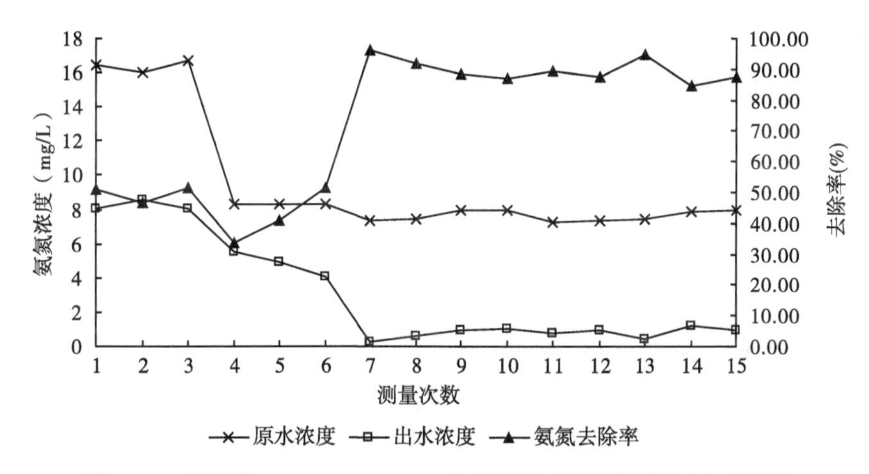

图 4-21　固定化 *Bacillus subtilis* A 菌反应器系统驯化及稳定运行过程

4.3.3.2　在间歇运行中，固定化 *Bacillus subtilis* A 菌处理含氨氮污水

在间歇运行中，固定化 *Bacillus subtilis* A 菌反应器系统处理 0#氨氮污水的过程曲线变化见图 4-22。结果表明，氨氮随时间变化浓度降低，在初始 10 min 内出水氨氮浓度下降较快。30～40 min 时，氨氮浓度维持在较低状态，0.99～1.05 mg/L。

4.3.3.3　在间歇运行中，DO 对去除氨氮的影响

试验中不曝气条件下 DO 为 2.1%～4.0%（0.19～0.39 mg/L），是污水中原有的溶氧浓度。在曝气（0.4 m^3/h）条件下，DO 为 42.3%～58.7%

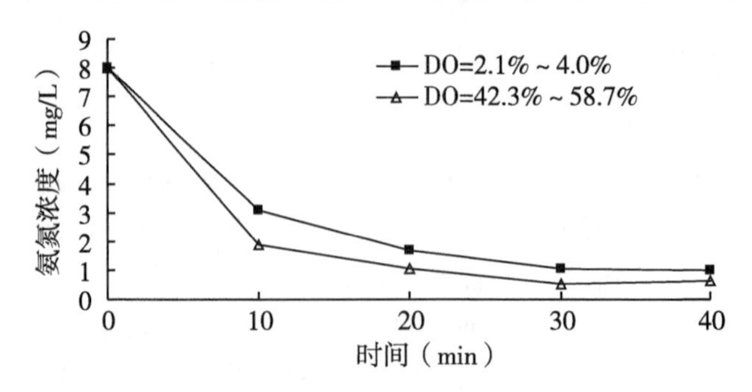

图 4-22　固定化 A 菌反应器系统间歇运行处理含氨氮污水

(3.33～5.80 mg/L)。图 4-23 是两种溶氧状态下，固定化颗粒系统间歇运行去除氨氮的过程。在处理过程中初始 10 min 内，高溶氧状态下氨氮的去除更快。处理 40 min 时，DO 为 2.1%～4.0%条件下，氨氮去除率为 87.6%。DO 为 42.3%～58.7%条件下，氨氮去除率为 92.1%。因此可见，高溶氧条件更有利于氨氮的去除。

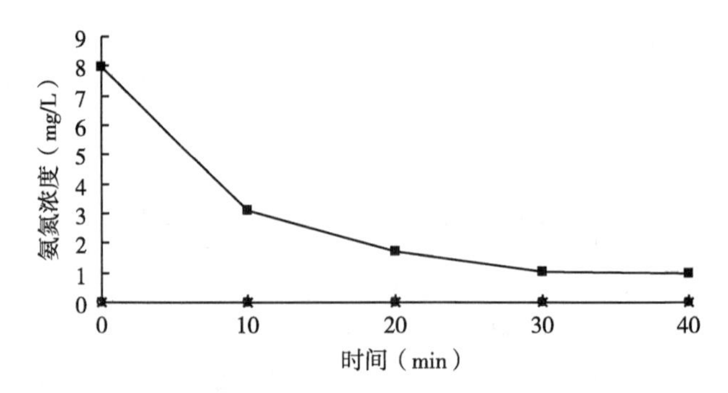

图 4-23　在间歇运行中，DO 对氨氮去除的影响

4.3.3.4　在连续运行中，不同 HRT 对去除氨氮的影响

将反应器的运行方式改为连续运行，在连续运行初期，将水力停留时间设置为 40 min，保持反应器内溶解氧浓度为 3～4 mg/L。此时温度为 22.3～28.2℃，进水氨氮浓度为 4 mg/L 左右，随着试验的进行，设计不同的停留时间，分别为 40 min、30 min、20 min、15 min 和 10 min，考查停留时间对氨氮去除的影响，每一停留时间稳定运行一段时间之后，测定氨氮的去除效果以确定最佳运行条件，结果见图 4-24。

由试验结果看，当 HRT 分别为 40 min、30 min 和 20 min 时，出水氨氮

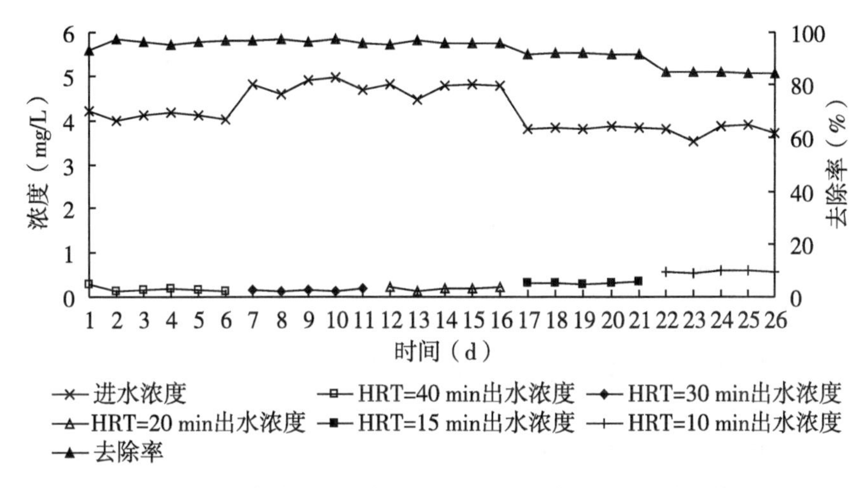

图 4-24　在连续运行中 HRT 对反应系统去除氨氮的影响

均可达《地表水环境质量标准》（GB 3838—2002）Ⅰ类或Ⅱ类标准；当 HRT 为 15 min，出水氨氮可达Ⅱ类标准；而当 HRT 为 10 min 时，出水水质只达到Ⅲ类标准。试验结果表明，HRT 是影响氨氮去除率的因素之一。当 HRT 较短时，达不到较理想的处理效果。当增加 HRT 时，污染物与微生物充分接触，有利于污染物的去除。但 HRT 过长，会造成系统处理量下降，水力负荷变小。因此，在现有试验条件下，控制 HRT 为 20 min，出水氨氮浓度低于 0.3 mg/L，氨氮去除率在 90%以上。

根据试验结果参照公式 4-2 计算氨氮的去除效率，见图 4-25。我们建立了氨氮的去除率和去除效率两个指标综合评价反应器对氨氮的去除。当停留时间为 40 min 时，整个反应系统对氨氮平均去除率为 95.96%，氨氮去除效率为 2.208 mg/(L·h)；当停留时间缩短为 20 min 时，系统对氨氮去除率达 95.91%，去除效率为 4.789 mg/(L·h)；当停留时间为 10 min 时，整个系统对氨氮平均去除率为 84.63%，去除效率为 6.818 mg/(L·h)。由此可见，延长水力停留时间，系统对氨氮的去除率会提高，但去除效率却降低。因此衡量处理含氮污水的效果时，还不能一味地追求脱氮率或脱氮效率某一因素，需综合考虑两个指标，控制合适的水力停留时间。本研究经综合评定，考虑将水力停留时间控制为 20 min 是较合适的时间。

4.3.3.5　在连续运行中，DO 对去除氨氮的影响

溶解氧是好氧生物处理系统运行的主要因素之一。溶解氧不足时，对溶

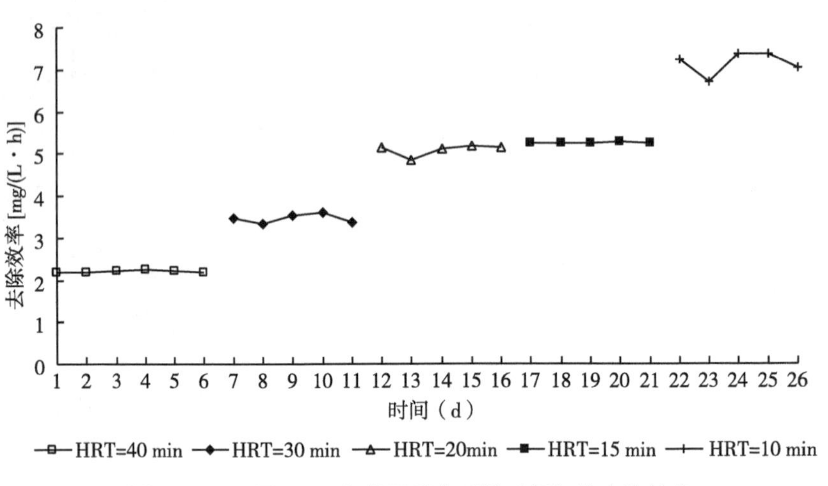

图 4-25　不同 HRT 条件下反应系统对氨氮的去除效率

氧要求高的微生物代谢能力减弱，在污水处理系统中对营养物的利用率下降，因此造成污水处理系统的处理效率降低。本试验测试了在溶氧充足和溶氧不足两种条件下，溶氧对固定化 *Bacillus subtilis* A 去除氨氮的影响。G. Bacquet（1991）提出，在反应器内充足的溶氧需设法从外部供给，但溶解氧含量也不能过大，一般为 2～4 mg/L，过高的溶解氧不仅增加能耗，还会毒害微生物影响其活性，而且也影响颗粒的稳定性。

反应器在连续运行中当 HRT 分别为 20 min 和 10 min 时，高溶氧 42.3%～58.7%和低溶氧 2.7%～4.1%条件对出水氨氮、硝酸盐氮和亚硝酸盐氮浓度的影响。结果见图 4-26。

结果表明，在供氧条件下氨氮的去除率比不供氧时的氨氮去除率高。供氧条件下，无论 HRT 为 20 min 还是 10 min 时，出水水质均达《地表水环境质量标准》（GB 3838—2002）Ⅰ类水的氨氮标准；而在不供氧条件下，HRT 为 20 min 时，出水水质只达到Ⅱ类的氨氮标准，HRT 为 10 min 时，出水水质为Ⅱ类水或接近Ⅲ类标准。

据文献报道，Zhu 等（2009）固定化厌氧氨氧化颗粒在 48 h 后对氨的去除达 100%；Zhang 等（2008）用海藻酸钙包埋 *Scendesmus* sp. 去除无机氮，在处理 105 min 后，氮去除率为 99.1%；郭海燕（2005）应用活性污泥在曝气动力循环一体化同时硝化反硝化生物膜反应器中处理生活污水中的氮和碳，反应器对 COD 和 TN 的去除率分别为 93%和 80%。而在本研究中，

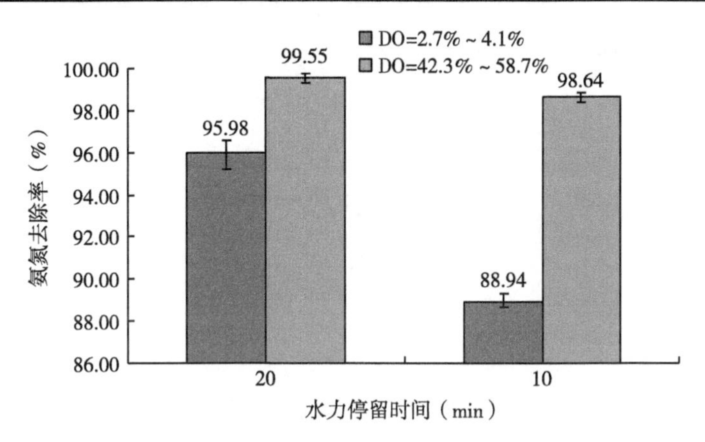

图 4-26　在连续运行中 DO 对氮去除的影响

固定化 *Bacillus subtilis* A 颗粒在反应器中处理含氨氮污水，停留时间为 20 min 即可达到去除率在 95%以上。与以上报道的文献相比，本系统处理污水的水力停留时间更短、处理效果更佳，而且本污水处理系统在较短时间内即可达到较高的处理效率。因此，本系统具有在处理含氮污水的效果方面具有明显的优势。

4. 3. 3. 6　在连续运行中，C/N 对去除氨氮的影响

异养菌对氨氮的去除与 C/N 有关，因此研究了 HRT 为 20 min，低溶氧 2. 7%～4. 1%时，反应器系统在不同 C/N 条件下对氮去除情况。结果见图 4-27。当 C/N 为 0 时，即污水中无碳源存在，氨氮去除率为 81. 94%；当 C/N 分别为 10，20 和 30 时，氨氮去除率分别为 93. 55%、94. 19% 和 96. 77%。因此，碳源有利于氨氮的去除，且在 C/N≤30 时，高 C/N 使氨氮的去除率增加。由于高 C/N 可能造成出水中过多的碳残留，因此较适合的 C/N 比是 10。

4. 3. 3. 7　在连续运行中，不同初始氮浓度对氨氮去除的影响

配制 1#、2#和 3#三类污水，经反应器内固定化微生物颗粒处理，HRT 为 20 min 时测试反应器系统对各类型污水的去除，结果见图 4-28 和图 4-29。

1#和 2#污水中氨氮浓度分别为 2 和 4 mg/L，经固定化反应器系统处理 20 min 后，1#污水出水浓度为 0. 12 mg/L，根据国家地表水环境质量标准 GB 3838—2002 达到 Ⅰ 类水标准，2#出水氨氮为 0. 28 mg/L，达到 Ⅱ 类水标

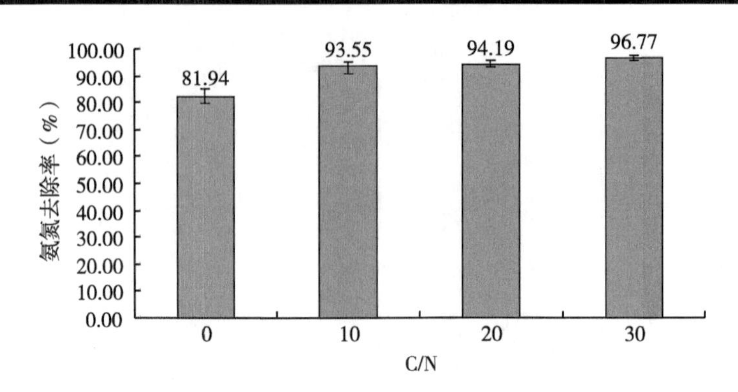

图 4-27　在连续运行中 C/N 对氮去除的影响

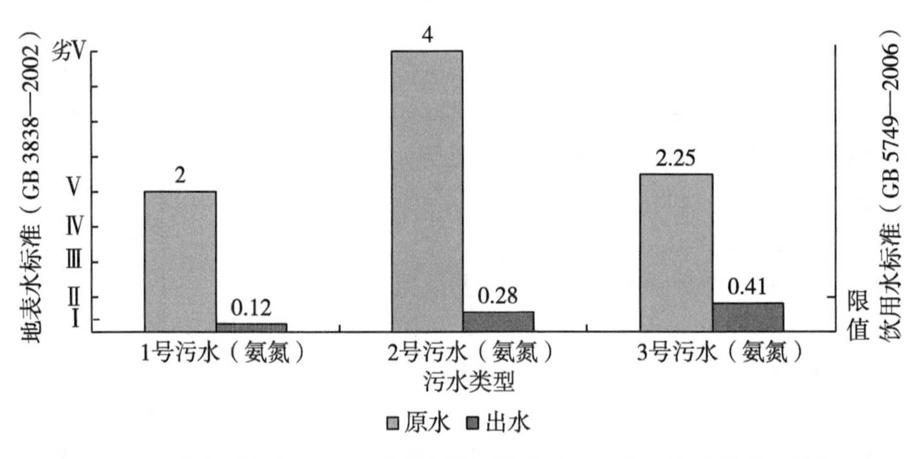

图 4-28　停留时间为 20 min 时反应器系统对 1#、2# 和 3#污水的处理结果：进出水浓度与 GB 3838—2002、GB 5749—2006 的比较

准。1#和 2#污水氨氮去除率分别为 93%和 94%，差异并不大。3#污水中含有机氮、氨氮和硝酸盐氮，在处理 20 min 后，氨氮、硝酸盐氮和总氮浓度降低。氨氮浓度从 2. 25 mg/L 降到 0. 41 mg/L，硝酸盐氮从 3. 5 mg/L 降到 0. 5 mg/L，而且总氮浓度从 7. 76 mg/L 降到 2. 42 mg/L。由此可见该菌对无机氮的降低作用较明显，而对有机氮的降解效果一般。

图 4-29 表示反应器系统处理各类含氮污水的去除率及去除效率。此系统分别处理 1#和 2#污水的去除率为 94%和 93%，几乎很接近；而处理 1#和 2#污水的去除效率分别为 2. 200 和 4. 358 mg/(L · h)，对后者的去除效率更

高，比前者高将近一倍。但从出水水质看，处理 1# 污水的出水水质更佳。由此可见，对本系统的评价，需综合衡量去除率、去除效率、出水水质及水力停留时间等多个指标，评价各指标的结论有可能不一致，因此需根据处理污水的要求，选择合适的指标来评价系统的运行情况。3#污水模拟小柘皋河河水的水质，反应器系统对氨氮、硝酸盐氮和总氮的去除率分别为 81. 78%、85. 71%和 68. 81%，去除效率分别为 2. 153、3. 510 和 6. 248 mg/(L · h)，其对总氮的去除率虽然偏低，但去除效率去较高。

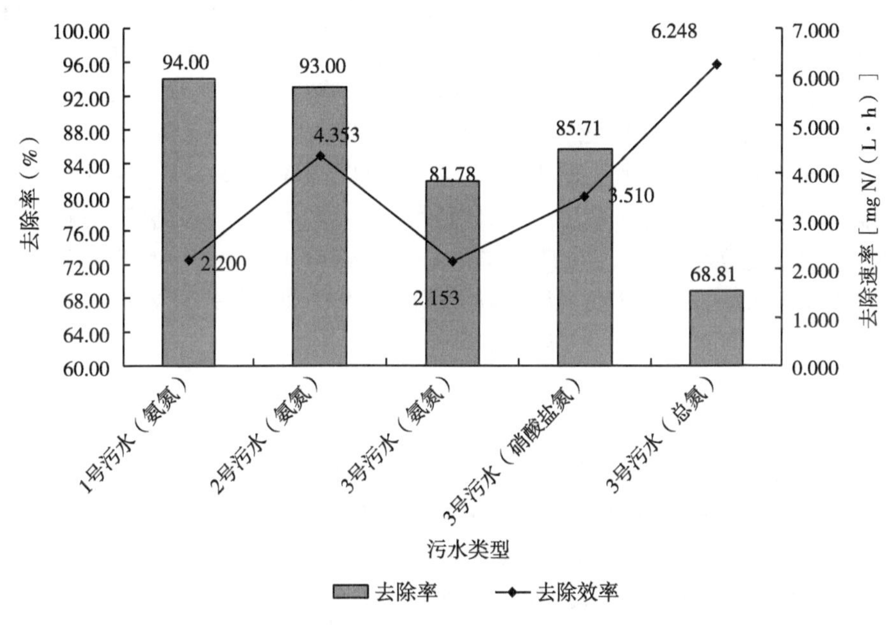

图 4-29　反应器处理不同含氮污水的去除率及去除效率

4. 3. 4　讨论

本研究综合了脱氮菌群技术、固定化微生物颗粒制备技术与反应器工艺，组成固定化微生物颗粒反应器体系。该体系集结了菌群脱氮功能、微生物固定化技术及反应器工艺三部分的多项优点，即实现功能菌群高效脱氮、维持菌种高浓度和高活性、颗粒使用寿命长、耐受环境冲击力强等，使整个体系达到高效、连续、稳定地处理含氮污水的目的。一些文献也有相关反应器系统处理污水的报道：曹国民等（2001）利用新型固定化细胞膜反应器处理氨氮浓度63~126 mg/L的模拟废水，固定化细胞膜包埋硝化细菌和反硝化细菌，16 h内氨氧化速率约为0.339 g/(m^2·h)；李峰等（2000）在序批式反应器中用固定化细胞技术去除废水中的氨氮，进水氨氮浓度为60 mg/L左右，经10 d左右的运行，氨氮去除率达99.7%以上，总氮去除率为40.54%；Heitkamp等（1900）用固定化假单胞菌在有机玻璃柱内处理高浓度对硝基酚。以上反应系统各有各自的特点，与其相比，本研究的固定化*Bacillus subtilis* A颗粒反应器系统也有自己的特色，其主要表现在以下几点：①处理氨氮污水针对性强；②处理氨氮效率高、处理效果好。HRT为20 min，溶氧为42.3%~58.7%，C/N为10时，氨氮去除率大于90%，出水氨氮浓度低于0.3 mg/L；③更适用于处理氨氮浓度低于10 mg/L微污染水，可应用于废水的二级或三级处理或富营养化地表水的修复。

文献表明，发现多数文献对人工污水氮浓度的设定没有参照。为使对处理氨氮污水或氮污染型富营养化水具有实际指导意义，参照地表水中Ⅴ类和劣Ⅴ类水标准及安徽省小柘皋河水质设定试验用水，研究固定化微生物颗粒反应器体系对不同污水的处理过程。将试验用水分别设定为参照地表水标准的Ⅴ类水（1#污水 NH_4^+-N 2 mg/L）、劣Ⅴ类水（2#污水 NH_4^+-N 4 mg/L）和模拟小柘皋河水质（NH_4^+-N 2.25 mg/L，NO_3^--N 3.5 mg/L，TN 7.76 mg/L）。研究固定化脱氮菌群颗粒反应器系统处理以上污水的效果及影响因素。污水经反应器体系处理后，为评价处理效果，采用停留时间、出水水质、去除率和去除效率等多个指标来衡量，并参照国家地表水标准（GB 3838—2002）和饮用水标准（GB 5749—2006）来评价出水水质。固定化反应器系统处理1#和2#污水，处理20 min后，对1#污水氨氮的去除率为93%，去除效率为2.20 mg/(L·h)，出水氨氮浓度为0.12 mg/L，参照国家地表水环境质量标准（GB 3838—2002），出水可达到Ⅰ类水标准。对2#污水氨氮的去除率达94%，去除效率为4.35 mg/(L·h)，提高接近一倍，出水氨氮浓度为0.28 mg/L，出水水质达到Ⅱ类水标准。由此可见，在同样的停留时间条件下，反应器系统处理2#污水的去除率和去除效率更佳，但出水水质只达到Ⅱ类水标准。因此，如果不要求出水水质达到Ⅰ类水标准，此反应器系统更适于处理劣Ⅴ类水（2#污水）；如果对出水水质要求较高，此反应器系统适于处理Ⅴ类水（1#污水）。因此，评价反应器系统处理效果好与否，根据不同的指标衡量，得出的结论可能不一致，需综合考虑各指标对反应器运行情况进行评价。

4.3.5　小结

固定化 *Bacillus subtilis* A 菌反应器系统以固定床模式运行处理含氨氮污水需经一周的驯化期才能达到稳定运行状态。在稳定期间歇运行中，HRT 为 30 min 时，氨氮去除率达 84.61%~96.19%。此外，试验表明高溶氧有利于氨氮的去除，当 DO 为 42.3%~58.7%时，氨氮去除率达 92.1%以上。

固定化 *Bacillus subtilis* A 菌反应器连续运行中，较合适的 HRT 为 20 min，出水氨氮浓度低于 0.3 mg/L，氨氮去除率大于 90%；高溶氧（42.3%~58.7%）比低溶氧（2.7%~4.1%）有利于氨氮的去除；高 C/N 有利于氮的脱除。

4.4　固定化复合菌颗粒在反应器中处理含氮污水的研究

近些年来，我国水体富营养化日趋严重，尤其是富氮型富营养化水域剧增。安徽省巢湖市小柘皋河是位于巢湖东北部的入湖河流，河流长度约 3.5 km，其受沿岸农业面源污染及农村生活污染而导致水质变差，是典型的富营养化水质。从常年水质监测统计结果看，总氮已达到Ⅳ类至劣Ⅴ，大量污染物长期沉积造成底泥中氮浓度已经达 879 mg/kg，导致水体富营养经常发生，并对巢湖东半湖的饮用水源地水质安全造成了威胁。在本研究中，对小柘皋河水质进行长期监测，监测结果表明河水中含多种形态氮化物，其中包括有机氮、氨氮和硝态氮，参照各类氮化物的年平均值设置试验用水。

污水脱氮一般采用生物法处理，传统的生物脱氮以氨化、硝化和反硝化过程为基础建立厌氧、缺氧和好氧三级脱氮工艺。对于有机氮在总氮中占比例较少的污水，人们多采用前置反硝化脱氮，即缺氧-好氧二级生物脱氮工艺（A/O 法），此工艺开创于 20 世纪 80 年代初。这些工艺在废水脱氮方面起一定作用，但仍存在一些问题，如污泥浓度低、抗冲击能力弱、工艺流程长、设备复杂及处理费用高等。国内外一些研究学者通过大量的试验发现了一些新现象，并提出了新观点，如硝化和反硝化两个过程能在同一反应器内同时进行，并证明了同步硝化反硝化现象的存在。SND 与传统生物脱氮理论相比具有很大的优势，它可在同一反应器中同时实现硝化、反硝化和降低 COD，同时还具有如下优点：① 硝化过程消耗碱，反硝化过程中产生碱，能有效地保持反应器中 pH 值稳定；② 减少反应器的容积；③ 节省能耗。本章将之前筛选的高效脱氮菌群进行固定化包埋，实现同时硝化反硝化脱氮，结合反应器的运行机理及工艺，系统地研究处理污水的过程，并对工艺参数进行优化及改进。

4.4.1 材料

4.4.1.1 菌株及固定化混菌颗粒

本研究从活性污泥中分离筛选并构建的脱氮菌群 AMGR，菌群 AMGR 分别由 A 菌（*Bacillus subtilis* A）、M 菌（*Bacillus subtilis* M）、G 菌（*Pseudomonas mendocina* G）和 R 菌（*Pseudomonas Pseudoalcaligenes* R）。

采用聚乙烯醇和海藻酸钠固定脱氮菌群 AMGR。

4.4.1.2 培养基及试验用水

PDA 培养基：土豆去皮称重 200 g，切成小块，加水 1 L 煮沸 30 min 滤去马铃薯块，用水补足滤液至 1 L，加葡萄糖 20 g，琼脂 15 g。118℃灭菌 30 min。

试验用水：见表 4-15。

表 4-15 试验用水成分 单位：mg/L

	氮源	碳源（蔗糖）	其他物质
污水①	$(NH_4)_2SO_4$ 18.8	285.2	KCl 63，无水 $CaCl_2$ 23，KH_2PO_4 23，$MgSO_4$ 23，$NaHCO_3$ 65，微量元素（$FeSO_4$，$MnSO_4$，$CuSO_4$）0.2
污水②	KNO_3 25.25	249.58	
污水③	蛋白胨 29.78		
污水④	$(NH_4)_2SO_4$ 10.61 KNO_3 25.25 蛋白胨 14.89	312.87	

注：污水④模拟小柘皋河水质。

4.4.1.3 试验装置

固定床和流化床的实验装置示意图和照片见图 4-30 和图 4-31，其中图 4-30（a）和图 4-31 分别是固定床的示意图和照片，图 4-30（b）和图 4-32 分别是流化床的示意图和照片。

设定固定床反应器中基本参数。流化床反应器由圆柱体及上下封头组成，气升管位于柱体中央，气升管高度约 90 cm，流化床气升管内径直径为

8.0 cm，内外管横截面积比为 1∶3.42，反应器容量 20 L。下封头中心设有喷咀，污水及压缩空气均由此进入反应器。流经喷咀的气流进入气升管形成气液混合流，带动固定化颗粒一起上升至气升管顶端，气固液流在上封头中发生分离，颗粒及水流和一部分气流在气升管外下降至下封头，如此形成循环运行。根据需求调节试验因子设计不同试验，定时取样测试各种氮化物浓度。处理后的水样在反应器顶部由出水口排出。

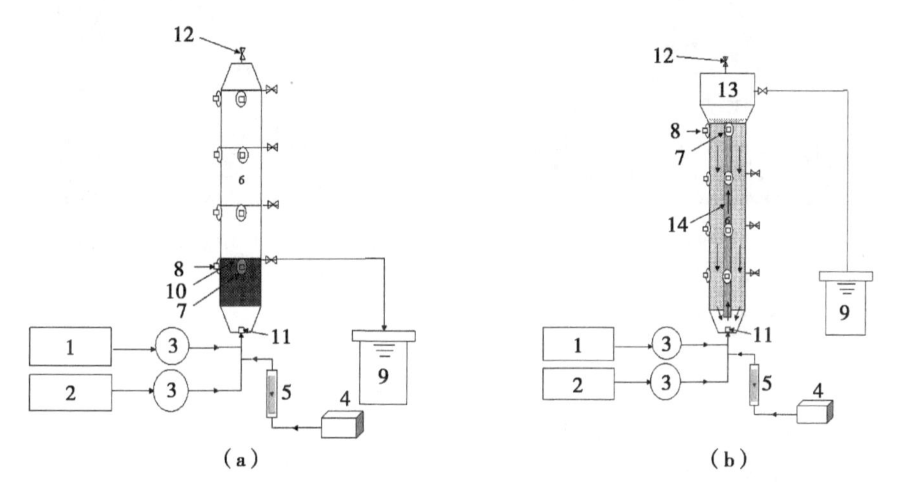

图 4-30　固定床（a）和流化床（b）反应器示意图

1. 进水槽；2. 碳源槽；3. 泵；4. 空气压缩机；5. 空气流量计；6. 反应器；7. DO 仪；8. pH 仪；9. 出水槽；10. 隔板；11. 喷头；12. 排气口；13. 固液气分离装置；14. 内气升管

4.4.1.4　试验分析项目及检测方法

在试验过程中，进水水样取自反应器进水口，出水水样取自出水口。水样中总氮、氨氮、亚硝酸盐氮和硝酸盐氮等均采用国家标准方法（国家环境保护局《水和废水监测分析方法》编委会，2002）。总氮采用碱性过硫酸钾分光光度法测定，氨氮、亚硝酸盐氮和硝酸盐氮浓度的测定采用 HACH DR 2800 分析仪，分别用 A mmonia Cyanurate，A mmonia salicylate Reagent，Nitraver 5，and Nitriver 3 试剂。水中溶氧值（DO）和 pH 值分别采用溶氧仪（Mettler-Toledo，FG4，Switzerland）和 pH 值计（Mettler-Toledo，FE20，Switzerland）。反应器内温度控制在室温 22~28℃。

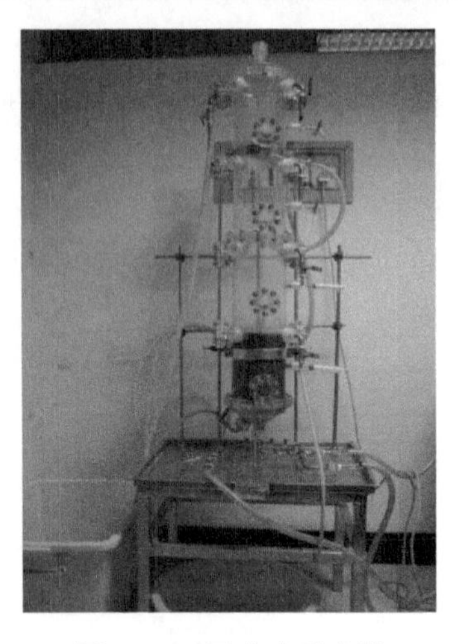

图 4-31　固定床反应器

图 4-32　工作中的流化床反应器

4.4.2　方法

4.4.2.1　固定床间歇运行中，固定化复合菌处理含不同氮化物污水试验

污水①②③分别以（$(NH_4)_2SO_4$、KNO_3和有机氮（蛋白胨）为唯一氮源，污水④模拟河水水质（含氨氮、硝酸盐氮和有机氮），在固定床中分别测试固定化复合菌颗粒对含不同形态氮污水的去除能力。

4.4.2.2　固定床连续运行中，HRT 对固定化复合菌处理模拟河水的影响

调控反应器的水力停留时间（HRT），测试 HRT 分别为 30 min、20 min、15 min 和 10 min 时出水的水质，研究不同停留时间对固定化颗粒处理④号污水的影响。

4.4.2.3　固定床连续运行中，低通气量时 C/N 对固定化复合菌除氮的影响

在合适的 HRT、低通气量条件下，改变进水中碳源浓度，测试不同 C/N（0、10 和 20）对固定化复合菌颗粒处理④号污水的影响。

4.4.2.4　固定床连续运行中，高通气量时 C/N 对固定化复合菌除氮的影响

在合适的 HRT、高通气量条件下，改变进水中碳源浓度，测试不同 C/N（0、10 和 20）对固定化复合菌颗粒处理④号污水的影响。

4.4.2.5　流化床间歇运行中，固定化复合菌颗粒填充率对除氮的影响

将固定床反应器改造成流化床反应器，测试不同颗粒填充率对固定化复合菌颗粒去除氮的影响。在流化床中，在 0.6 m^3/h 的通气量下，测试填充

率分别 7%、10%和 15%时对固定化复合菌颗粒处理④号污水的影响。

4.4.2.6　流化床间歇运行中，DO 对固定化复合菌除氮的影响

较高通气量即高溶氧条件加速颗粒在反应器中的循环速度，使颗粒与污水中的污染物充分接触，并且使反应器内污水的溶氧增加，更有利于提高反应速率，加速污水中污染物的去除。但过高的通气量增加了反应器的运行费用，而通气量过低将会造成循环不能顺利进行。因此，需要寻找合适的通气范围（或溶氧范围）既能保证反应器内循环的顺利进行，又能达到较高的去除效率。本研究测试了 56.8%~71.6%、43.0%~58.9%和 23.1%~32.3%三个溶氧水平，通气量分别为 0.8、0.4 和 0.02 m^3/h 时对固定化复合菌颗粒处理④号污水的影响。

4.4.2.7　流化床间歇运行中，初始氨氮浓度对固定化复合菌除氮的影响

在流化床中，在合适的溶氧条件下，测试不同氨氮初始浓度对固定化复合菌颗粒去除污水中氨氮的影响。

4.4.2.8　流化床连续运行中，水力停留时间对固定化复合菌除氮的影响

在流化床中，在 0.6 m^3/h 的溶氧条件下，测试不同水力停留时间分别为 4 h、8 h 和 12 h 对固定化复合菌颗粒处理④号污水的影响。

4.4.2.9　固定床与流化床处理含氮污水试验的效果比较

对比固定床与流化床的运行效果，比较两种反应器最佳脱氮的 HRT、脱氮率及去氮效率，分析评价最佳的运行模式。

4.4.3　结果与分析

4.4.3.1　固定床间歇运行中，固定化复合菌处理含不同形式氮污水试验

测试在固定床中固定化复合菌颗粒处理含不同形态氮的污水试验，结果见图 4-33。固定化微生物反应器污水处理系统（即污水处理系统）对污水①的处理，原水氨氮浓度为 4 mg/L 左右，经处理 10 min 时，污水中氨氮和总氮浓度迅速下降。至 40 min 时，氨氮和总氮浓度降低至 0.4 mg/L 左右，总氮的去除率达 90.04%。污水处理系统处理污水②，原水中含硝态氮 2.3 mg/L，经处理 10 min，硝酸盐氮的去除率达到 86.96%，此后，去除率维持恒定。固定化复合菌颗粒处理含有机氮的③号污水，40 min 时，总氮的去除率达 45.63%。在此过程中，氨氮、亚硝态氮被迅速转化，因此，几乎很少的积累被检测到。而硝酸盐氮因转化速度慢或反应条件不合适有一定的积累，因此，下一步将对反应器运行工艺条件进行优化。

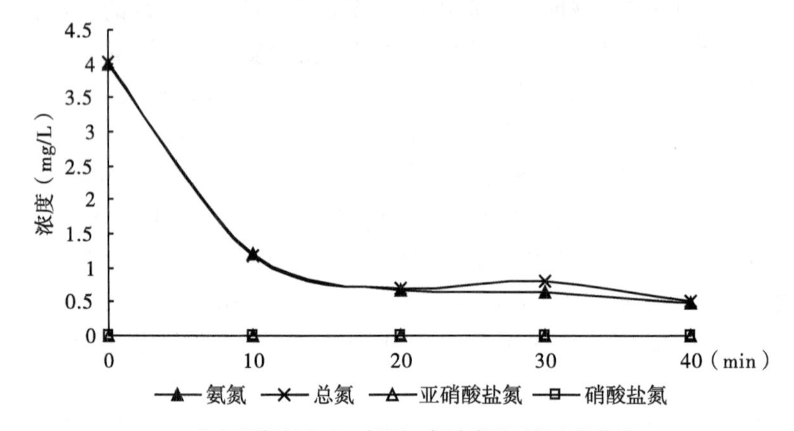

（a）以氨氮为唯一氮源，氮浓度随时间变化曲线

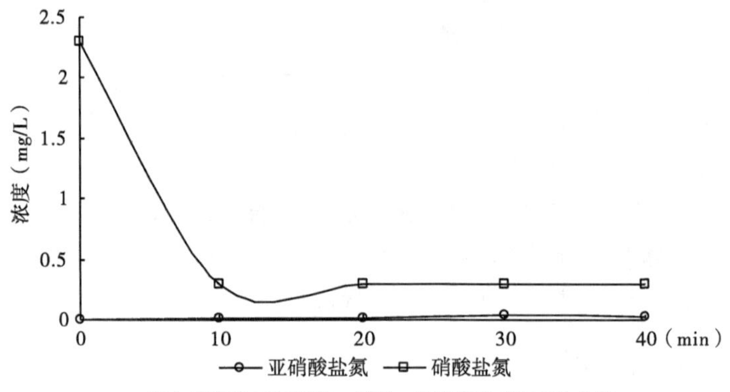

（b）以硝酸盐氮为唯一氮源，氮浓度随时间变化曲线

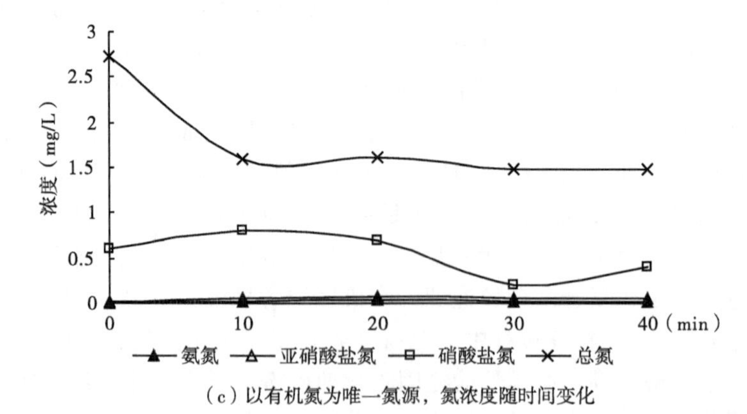

（c）以有机氮为唯一氮源，氮浓度随时间变化

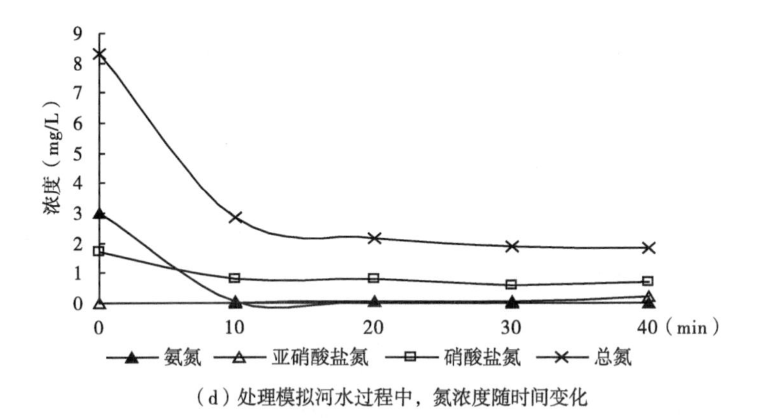

（d）处理模拟河水过程中，氮浓度随时间变化

图 4-33　固定化复合菌颗粒在固定床反应器中分别处理含氨氮、硝酸盐氮、有机氮和模拟河水污水的效果

固定化复合菌颗粒反应器系统处理④号模拟河水，原水中总氮浓度为 8.28 mg/L，氨氮浓度为 2.98 mg/L，硝酸盐氮浓度为 1.7 mg/L，经处理 40 min 后，总氮去除率为 77.91%，氨氮去除率为 100.0%，硝酸盐氮去除率为 58.82%，此过程中未检测到或存在极少量的亚硝态氮。在生物脱氮过程中，亚硝酸氮转化为硝酸氮的速率很快，因此很难发现其积累。

4.4.3.2　固定床连续运行中，HRT 对固定化复合菌处理模拟河水的影响

在固定床连续运行中，通过改变进水流量，考察了反应器不同停留时间对脱氮效果的影响。结果见图 4-34 至图 4-40。

不同停留时间条件下，固定化复合菌颗粒系统处理总氮的曲线变化见图 4-34 和图 4-35。原水为劣Ⅴ类水（总氮约为 7 mg/L），当 HRT 为 30 min 或 20 min 时，总氮的去除率大于 80%，出水水质可达《地表水环境质量标准》（GB 3838—2002）Ⅲ类或Ⅳ类的总氮标准；当 HRT 为 15 min 或 10 min 时，总氮的去除率为 60%～80%，出水水质仅达Ⅴ或接近Ⅴ类水。随着 HRT 缩短，总氮的去除效率和去除率降低。

原水中氨氮浓度约为 2.7 mg/L，经 HRT 为 30 min、20 min、15 min 和 10 min 的处理时间，固定化复合菌颗粒对氨氮去除率可达 85%以上，此外，出水水质较好，出水氨氮浓度低于 0.35 mg/L，均可达Ⅱ类标准（参照 GB 3838—2002）。结果见图 4-36 和图 4-37。

结果见图 4-38 和图 4-39。原水中硝酸盐氮浓度约为 2.64 mg/L，经 HRT 为 30 min、20 min、15 min 和 10 min 的处理时间，出水水质中硝酸盐

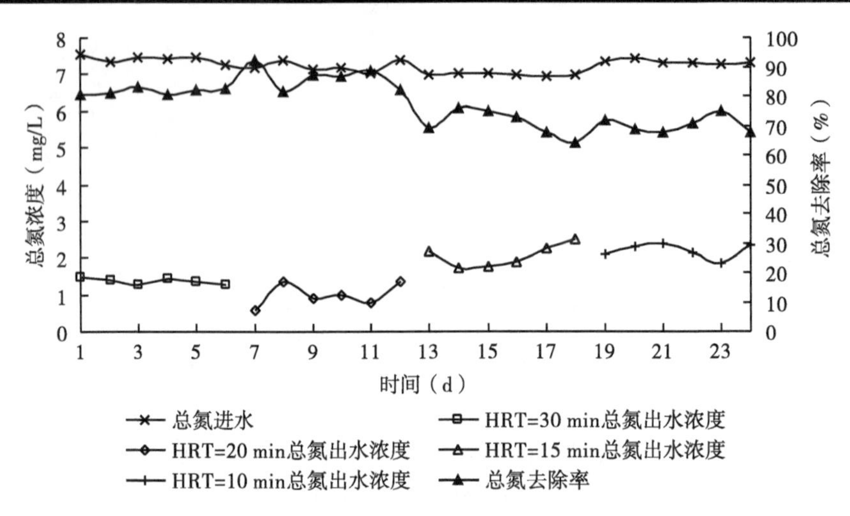

图 4-34　不同 HRT 条件下反应器系统处理污水中总氮的去除率

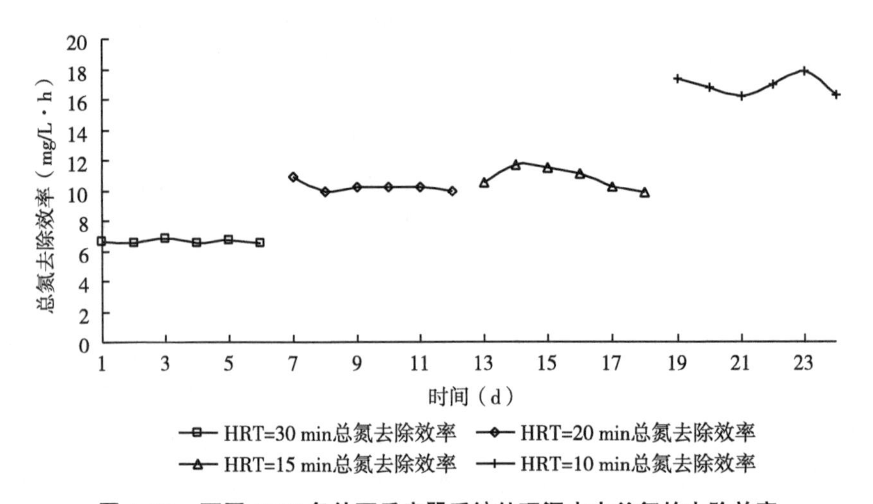

图 4-35　不同 HRT 条件下反应器系统处理污水中总氮的去除效率

氮浓度低于 1. 1 mg/L。当 HRT 为 30 min 和 20 min 时，固定化复合菌颗粒对硝酸盐氮的去除率达 64. 00%~74. 19%，当 HRT 为 15 min 和 10 min 时，固定化复合菌颗粒对硝酸盐氮的去除率达 54. 17%~65. 22%。

图 4-40 表明了在不同停留时间下，固定化复合菌颗粒系统处理模拟污水过程中，亚硝酸态氮浓度的变化。少量的亚硝酸盐氮被检测到。较长的停留时间，亚硝态氮浓度有少量积累，0. 25~0. 34 mg/L；缩短停留时间，亚

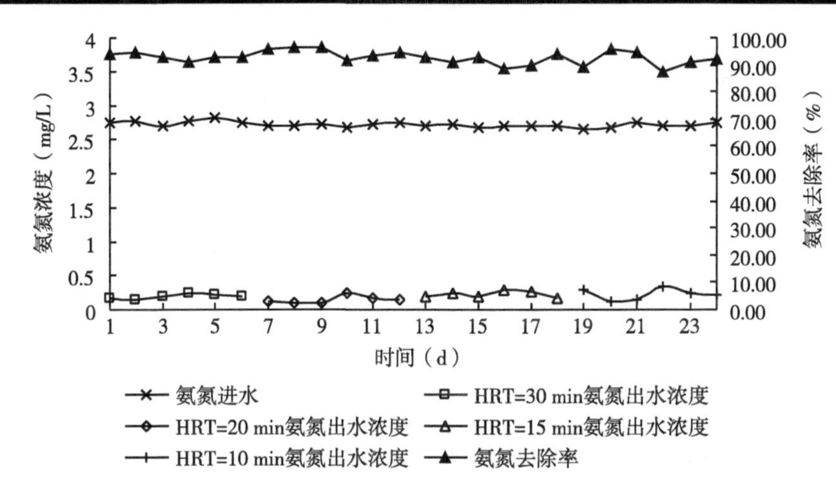

图 4-36　不同 HRT 条件下反应器系统处理污水中氨氮的去除率

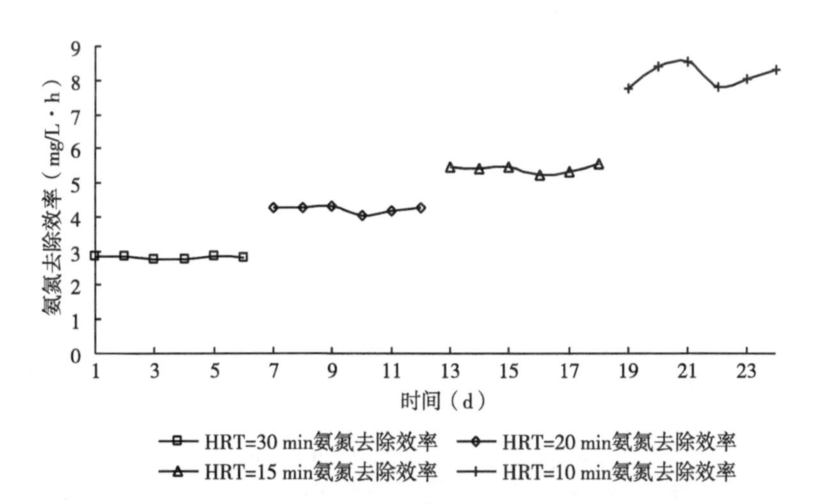

图 4-37　不同 HRT 条件下反应器系统处理污水中氨氮的去除效率

硝态氮浓度为 0. 13～0. 25 mg/L。

增加 HRT 可使反应器出水总氮浓度降低，并提高总氮去除率，但脱氮效率降低，并且运行成本增加。而当 HRT 较低时，污水处理系统达不到较理想的效果。因此，综合考虑控制 HRT 为 20 min，此时出水中总氮浓度低于 1. 35 mg/L，总氮去除率为 81. 73%～92. 29%，总氮的去除效率约为 10. 25 mg N/(L·h)；出水中氨氮浓度为 0. 09～0. 23 mg/L，氨氮去除率

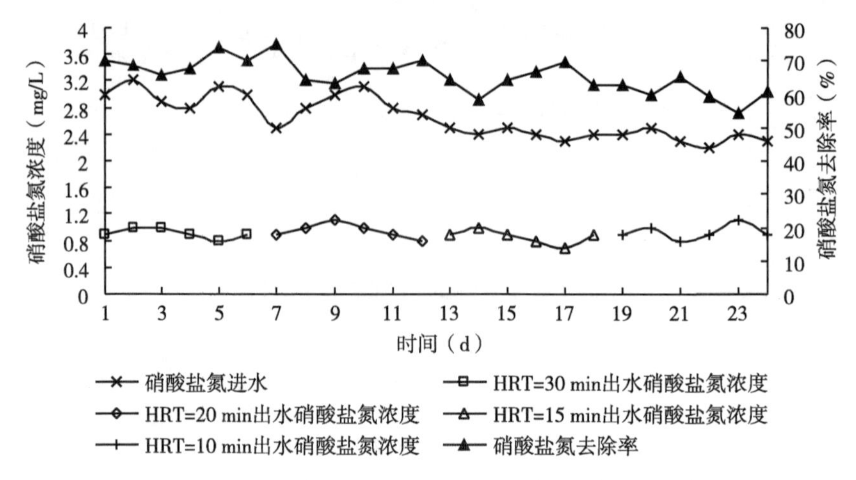

图 4-38　不同 HRT 条件下反应器系统处理污水中硝态氮的去除率

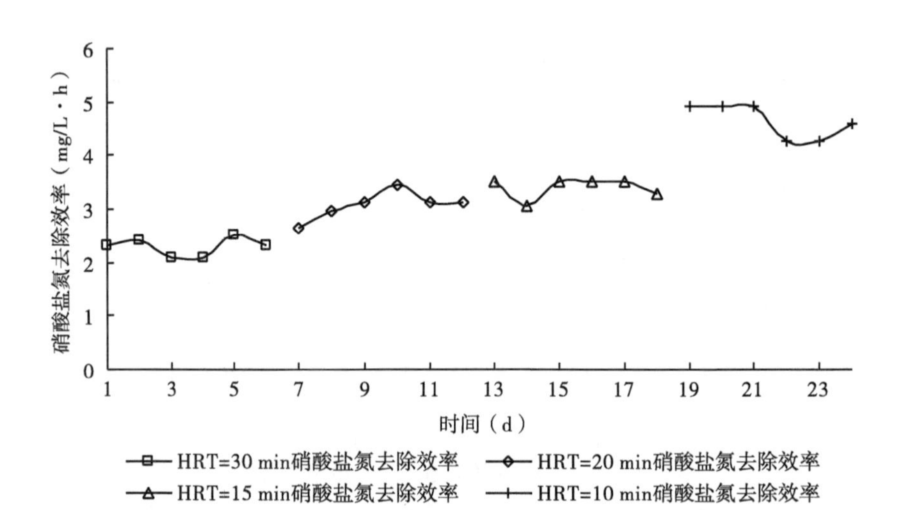

图 4-39　不同 HRT 条件下反应器系统处理污水中硝态氮的去除效率

为 91.42%~96.65%，氨氮的去除效率约为 4.22 mg N/(L·h)。

为了进一步提高氨氮和总氮的去除效率，减少亚硝酸盐氮和硝酸盐氮积累，因此，下一步试验将优化反应器系统的运行工艺，如 C/N、DO。

4.4.3.3　固定床连续运行中，低通气量时 C/N 对固定化复合菌除氮影响

由于脱氮菌群中的硝化菌和反硝化菌均是异养菌，因此进水中适当含有有机物有利于氮的去除。但进水中有机物浓度过低，反应器内的硝化或反硝

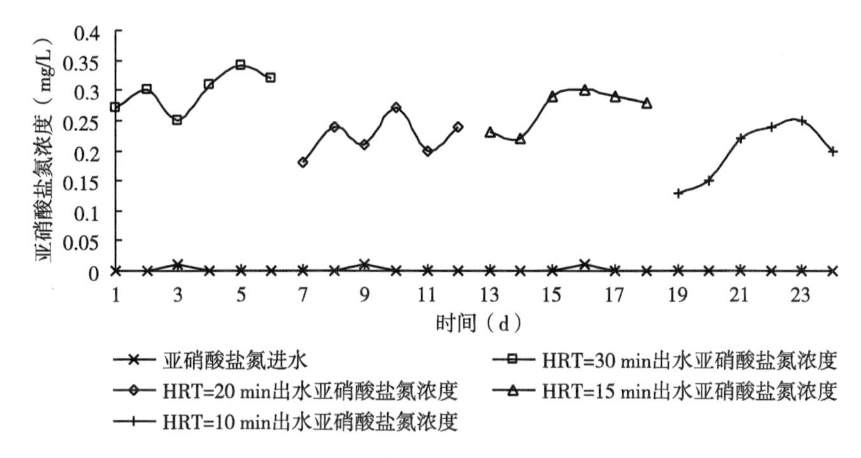

图 4-40　不同 HRT 条件下反应器系统处理污水过程中亚硝酸盐氮的变化曲线

化反应会因缺乏有机碳源作为电子供体，造成硝化和反硝化过程不完全；而当进水有机物浓度过高时，不能被脱氮菌群完全利用，多余的碳源造成污染。因此，应需找出合适的 C/N 范围。

以汇入巢湖的小柘皋河的河水水质长期监测结果为依据，分析总结河水的平均水质。本试验模拟此水质，自行配置污水。我们不改变进水中的氮成分及浓度的条件下，以蔗糖为碳源增加进水中 COD 浓度，使 C/N 值分别为 0，10，20，考察三种不同 C/N 值的进水在污水处理系统中的脱氮运行情况。进水中总氮浓度为 8. 87～9. 76 mg/L，氨氮浓度为 2. 61～3. 04 mg/L。

为了测试反应器系统的运行效果，反应器内输入不同 C/N 的进水，HRT 为 20 min，检测进水和处理后出水中 NH_4^+-N、TN、NO_2^--N 和 NO_3^--N 的浓度，试验结果见表 4-16。

从试验结果看，在进水维持较低溶氧 DO＝2. 7%～4. 1%、进水中氮浓度不变的情况下，随着污水中 COD 的增加（C/N 增加），NH_4^+-N、TN 和 NO_3^--N 的去除率均有增加。C/N 对去除氨氮影响较大，当污水中不加碳源时，氨氮的去除率为 85. 64%，总氮的去除率为 57. 0%。这是因为脱氮菌群利用自身碳源进行硝化和反硝化反应过程。与 C/N 为 0 时相比，C/N 为 10 时固定化复合菌颗粒对总氮的去除率有提高，但再次增加碳源至 C/N 为 20 时，氨氮的去除率增加至 97. 5%，去除总氮的效率提高较慢，此时总氮的去除率为 74. 0%。亚硝态氮的去除与 C/N 相关性不大。

表 4-16　在低溶氧条件下，不同 C/N 对固定化颗粒去除氮的影响（DO=2.7%~4.1%）

	氨氮			硝态氮			总氮			亚硝态氮		COD		
	进水(mg/L)	出水(mg/L)	去除率(%)	进水(mg/L)	出水(mg/L)	去除率(%)	进水(mg/L)	出水(mg/L)	去除率(%)	进水(mg/L)	出水(mg/L)	进水(mg/L)	出水(mg/L)	去除率(%)
C/N=0	3.04	0.44±0.03	85.64	2.30	0.90	60.87	8.87	3.81±0.20	57.01	0	0.32±0.05	14	20±7	
C/N=10	2.61	0.25±0.06	90.42	2.70	0.70±0.10	74.07	9.76	2.59±0.31	74.34	0.01	0.31±0.03	208	27±1	87.01
C/N=20	2.67	0.06±0.02	97.50	2.83	0.25±0.09	90.89	9.67	2.51±0.44	74.00	0.01	0.34±0.04	423	96±2	77.3

表 4-17　在高溶氧条件下，不同 C/N 对固定化颗粒去除氮的影响（DO=36.7%~59.8%）

	氨氮			硝态氮			总氮			亚硝态氮		COD		
	进水(mg/L)	出水(mg/L)	去除率(%)	进水(mg/L)	出水(mg/L)	去除率(%)	进水(mg/L)	出水(mg/L)	去除率(%)	进水(mg/L)	出水(mg/L)	进水(mg/L)	出水(mg/L)	去除率(%)
C/N=0	2.72	0.03±0.01	98.90	2.83	0.32±0.04	88.67	9.48	2.93±0.09	69.10	0	0.33±0.02	15	28	
C/N=10	2.74	0.03±0.01	98.91	2.83	0.04±0.04	98.67	9.04	0.53±0.39	94.11	0	0.11±0.04	214	26	87.85
C/N=20	2.62	0.003	99.87	2.83	0	100	9.37	0	100	0	0.02±0.02	428	98	77.1

4.4.3.4　固定床连续运行中，高通气量时 C/N 对固定化复合菌除氮影响

在固定床连续运行中，在高溶氧条件下（DO = 36.7% ~ 59.8%），HRT 为 20 min 时，改变进水 C/N 值，随着 C/N 值增加，氮的去除率增加。当 C/N 为 0 时，总氮的去除率为 69.1%，氨氮的去除率为 98.90%，硝酸盐氮去除率为 88.67%。当 C/N 值从 0 增加到 10 时，NH_4^+-N、TN 和 NO_3^--N 的去除率均有增加，出水中的氨氮可达地表水标准（GB 3838—2002）中Ⅰ类水的标准，总氮可达Ⅱ或Ⅲ类，有时也达Ⅰ类标准，去除氮的效率也有所增加。当 C/N 值增加至 20 时，出水中的氨氮和总氮浓度可达地表水标准（GB 3838—2002）中Ⅰ类水的标准，总氮的去除率可接近 100%，并且 NO_2^--N的积累量很低，约 0.02 mg/L（表 4-17）。

比较污水处理系统在低通气和高通气条件下对氮的脱除效果，发现高溶氧更有利于氮的脱除。在 C/N = 20 和 DO = 36.7% ~ 59.8%条件下，氮可达到完全脱除。

4.4.3.5　流化床间歇运行中，固定化复合菌颗粒填充率对除氮的影响

反应器系统以流化床方式运行，在 0.6 m^3/h 的溶氧条件下，测试填充率分别 7%、10%和 15%时对固定化复合菌颗粒去除污水中氨氮的影响，结果见图 4-41。

当填充率为 7%时，处理时间为 260 min 时，固定化复合菌颗粒对总氮去除率为 42.10%，氨氮去除率为 98.89%，硝酸盐氮去除率为 62.85%；当填充率为 10%时，处理时间为 260 min 时，固定化复合菌颗粒对总氮去除率为 87.20%，氨氮去除率为 100%，硝酸盐氮去除率为 71.42%。与填充率为 7%相比，填充率为 10%时，总氮、氨氮及硝酸盐氮去除率明显增加。而当填充率再增加至 15%时，由于硝酸盐氮再不断积累导致总氮去除率下降，原水总氮浓度 4.55 mg/L，氨氮浓度为 3.09 mg/L，硝酸盐氮浓度为 2.9 mg/L，当处理时间为 160 min 时，硝酸盐氮浓度为 3.5 mg/L，出现积累现象；当处理时间为 260 min 时，总氮的去除率为 77.05%，氨氮去除率为 100%，硝酸盐氮去除率为 65.51%。填充率分别为 7%、10%和 15%时，固定化颗粒对总氮的去除效率分别为 16.47、18.88 和 10.79 mg/(L · h)。因此，当填充率为 10%时，总氮的去除率和去除效率均较高。填充率增加至 15%时，分析总氮去除率下降可能原因是填充率较高时，颗粒中的各类微生物总量迅速增加，而硝化速率远大于反硝化速率，造成硝酸盐氮积累，在氨氮被耗尽时，硝酸盐氮积累量达到最大，而随着处理时间的延长，硝酸盐氮也因逐渐被降解而减少。因此，

在此流化床反应器中，较合适的填充率为10%。

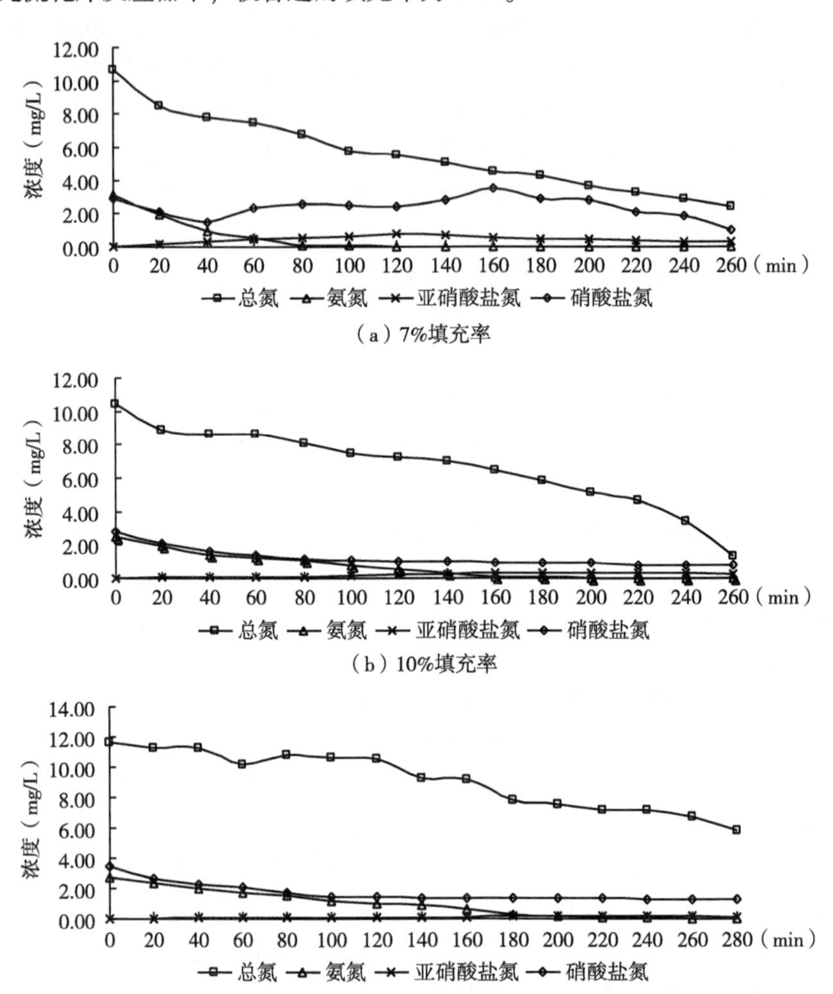

图4-41　在间歇运行中，不同颗粒填充率对固定化复合菌颗粒去除氮的影响

4.4.3.6　流化床间歇运行中，DO对固定化复合菌除氮的影响

一般情况下，溶解氧浓度会影响脱氮菌群中好氧菌的生长速度和硝化速度，较低的溶氧会造成反应速度减缓。而通过固定床反应器试验发现，在反应器中同时存在硝化反硝化现象，而且高溶氧有利于提高反硝化速率，也证明了此反硝化菌为兼性好氧菌，在氧气存在条件下亦能起作用。本试验结果见图4-42。

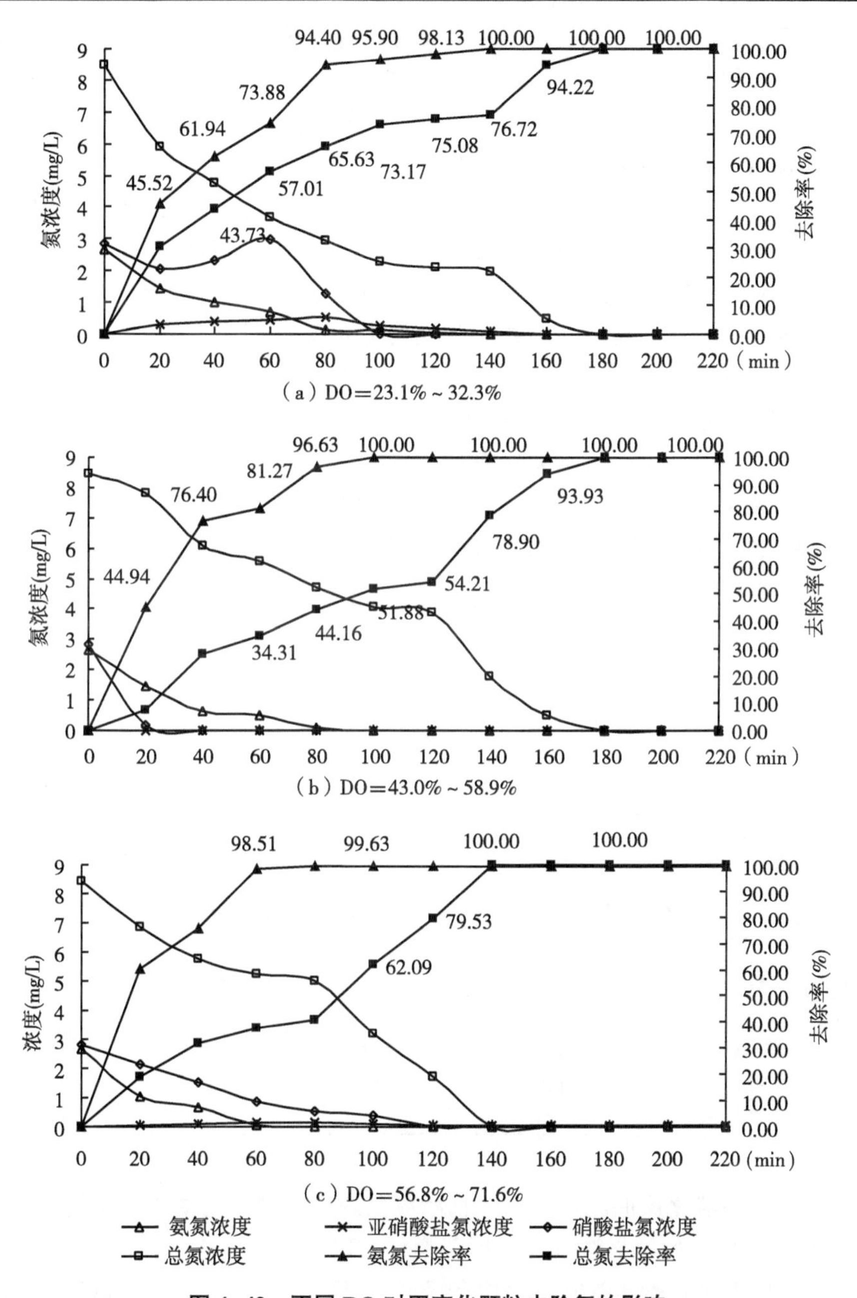

图 4-42　不同 DO 对固定化颗粒去除氮的影响

试验发现，不同溶氧条件下，随着时间的延长，总氮、氨氮和硝态氮浓度均呈明显的下降趋势，亚硝态氮无明显积累。以 DO=56.8%~71.6%条件为例，当溶氧为 DO=56.8%~71.6%时，反应器系统处理污水中氨氮的速率较快，处理 60 min 时，氨氮去除率达 98.51%，处理 120 min 时，氨氮去除率可达 100%，出水氨氮浓度基本达到仪器测量的下限；处理总氮 100 min 时，总氮的去除率达 62.09%，处理总氮 140 min 时，总氮的去除率可达 100%。本反应器系统对污水中氮的去除率高，出水水质好，这是明显的优势。

参照试验结果，为便于分析，我们将不同条件下达到某一氮去除率所需的时间列成表格，见表 4-18 和表 4-19。在不同溶氧浓度下，总氮去除率有很大差别。当溶氧在 23.1%~32.3%，处理 160 min 时，总氮去除率达 90%以上，处理 180 min 时总氮去除率达 100%。当溶氧增加时，去除总氮的时间缩短。当溶氧增加至 56.8%~71.6%，脱除 90%以上的氮需要 135 min，100%脱除氮仅需 140 min。由此可见，DO 的增加能提高氮的脱除效率。

表 4-18　在不同溶氧条件下，去除氨氮所需时间

时间(min)　去除率 DO	60%	80%	90%	100%
23.1%~32.3%	40	70	75	140
43.0%~58.9%	30	60	75	100
56.8%~71.6%	40	45	55	120

表 4-19　在不同溶氧条件下，去除总氮所需时间

时间(min)　去除率 DO	60%	80%	90%	100%
23.1%~32.3%	70	150	160	180
43.0~58.9%	130	140	155	180
56.8~71.6%	95	120	135	140

4.4.3.7　在流化床间歇运行中，初始氨氮浓度对固定化复合菌除氮影响

测试不同初始氨氮浓度对包埋菌颗粒处理效果的影响（图 4-43、表 4-20），结果表明氨氮和总氮浓度均有降低，且硝态氮和亚硝态氮浓度较低或未被检测到。初始氮浓度分别为 4.39 mg/L、21.9 mg/L 和 41.9 mg/L 时，

氮的去除率为 91. 54%、97. 65%和 50. 79%，去除效率为 19. 48%、34. 08%和 29. 46%。由结果可见，当初始氮浓度低于 20 mg/L 左右时，氮的去除率和去除效率均较高。因此，本论文的固定化脱氮菌群颗粒适于处理初始氮浓度低于 20 mg/L 的微污染水。

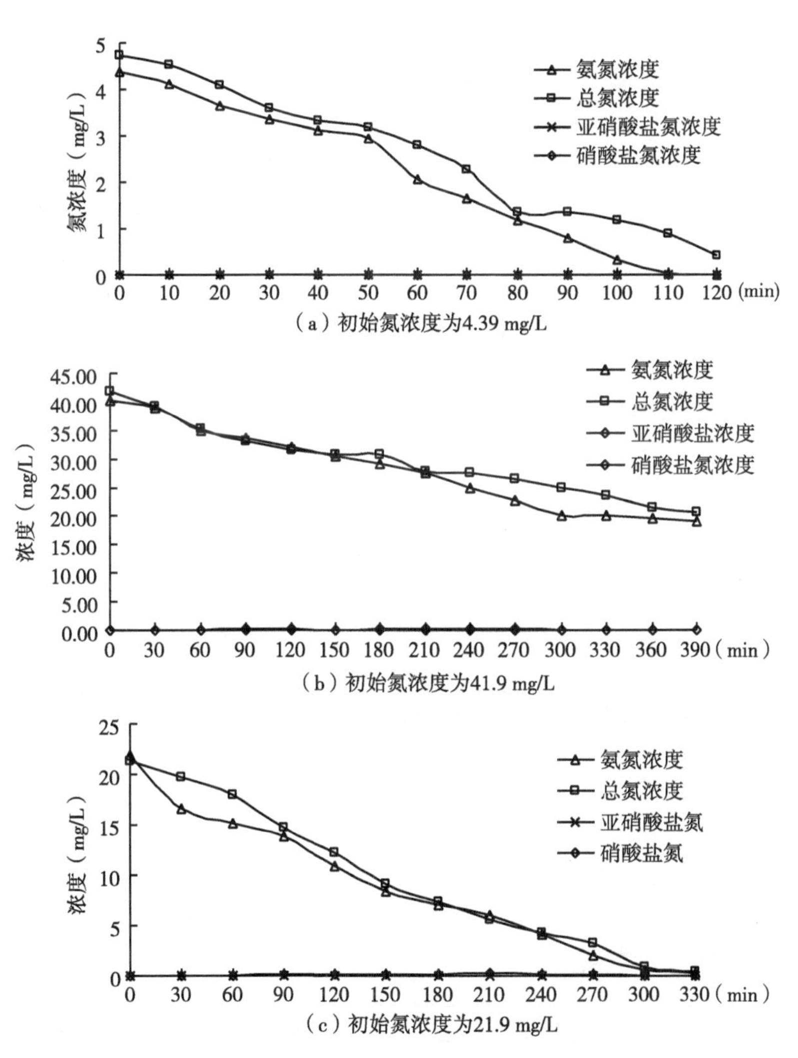

图 4-43　在流化床中，不同初始氮浓度对固定化颗粒去除氮的影响

表 4-20　固定化反应器系统对不同初始氮浓度脱氮效率的影响

初始浓度（mg/L）	脱氮率（%）	脱氮效率 mg/（L·h）
4.39	91.54	19.48
21.9	97.65	34.08
41.9	50.79	29.46

4.4.3.8　流化床连续运行中，HRT 对固定化复合菌除氮的影响

在流化床中，在 0.6 m^3/h 的通气条件下，测试不同水力停留时间，分别为 4 h、8 h 和 12 h，对固定化复合菌颗粒去除污水中氨氮的影响。当停留时间为 4 h 时，进水流量为 4.5 L/h；当停留时间为 8 h 时，进水流量为 2.25 L/h；当停留时间为 12 h 时，进水流量为 1.5 L/h。结果见图 4-44。

当停留时间为 4 h 时，氨氮平均去除率达 96.31%，停留时间为 8 h 和 12 h 时，氨氮的去除率可达 99%以上；停留时间分别为 4 h、8 h 和 12 h 时，

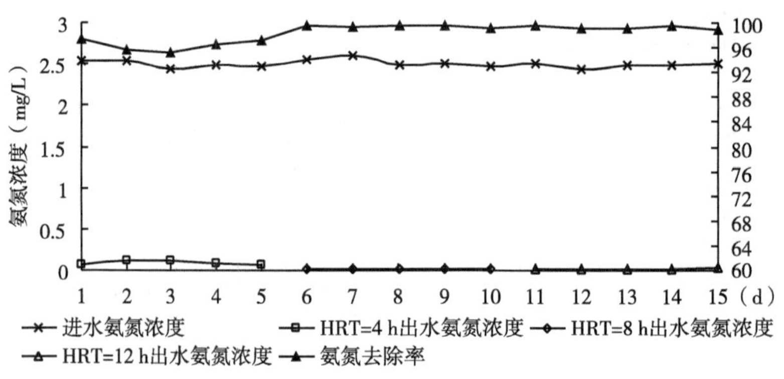

（a）氨氮浓度及氨氮去除率

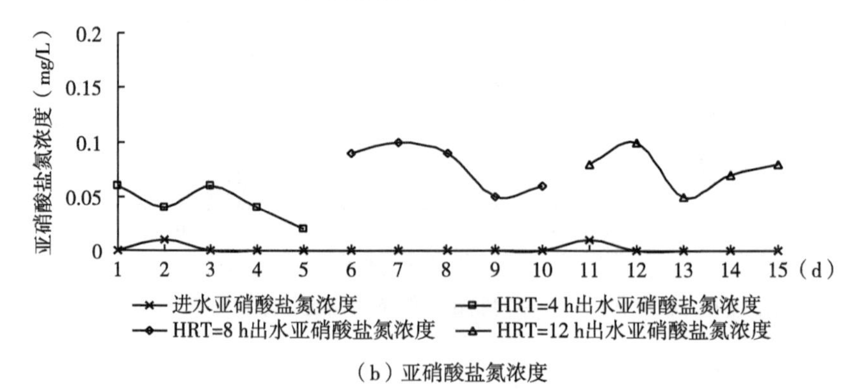

（b）亚硝酸盐氮浓度

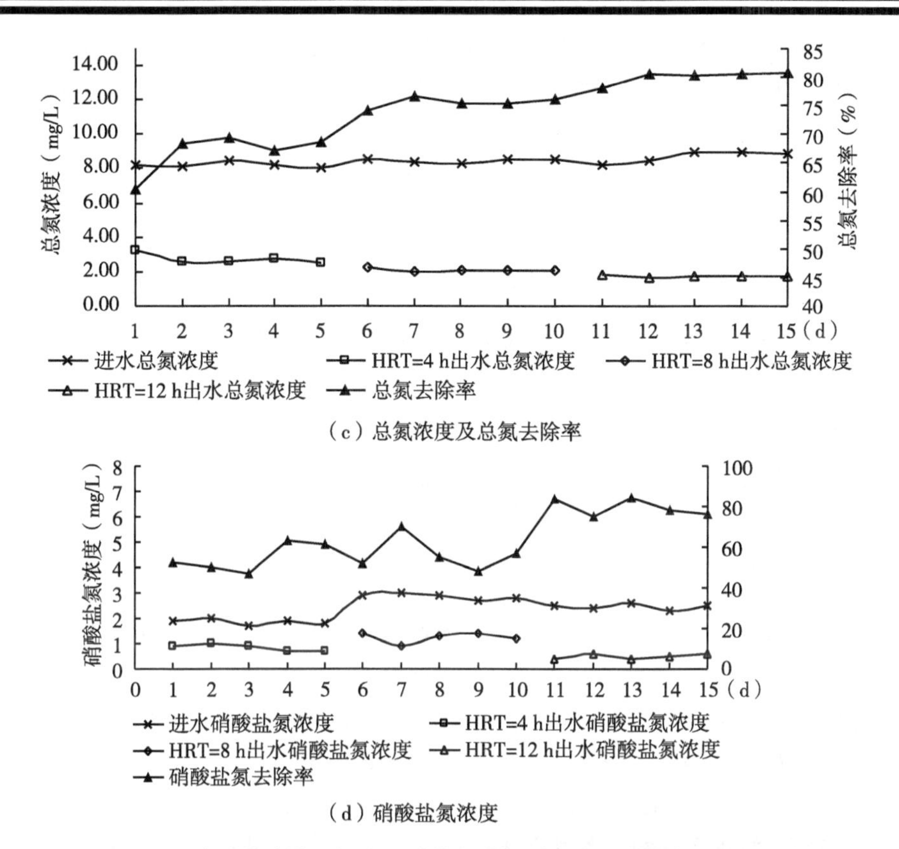

（c）总氮浓度及总氮去除率

（d）硝酸盐氮浓度

图 4-44　在流化床中，污水不同停留时间对固定化颗粒去除氮的影响

总氮的去除率分别为 60. 45% ~ 69. 45%、74. 01% ~ 76. 63% 和 78. 12% ~ 80. 86%。由此可见，延长水力停留时间可提高总氮和氨氮的去除率。

4. 4. 3. 9　固定床与流化床处理含氮污水试验的效果比较

本节中将固定化脱氮菌群颗粒技术应用于反应器中处理含氮污水，经测试发现在适合的条件下固定床和流化床运行均能达到较理想的脱氮效果。表 4-21 对固定床和流化床进行比较。我们在固定床和流化床中放置接近同样体积的固定化微生物颗粒，固定床处理水量为 1. 3 L，流化床处理水量可达 18 L，流化床处理水量更大；在各自合适的停留时间下，出水总氮去除率均可达 100%，固定床中对总氮的脱除效率为 15. 88 mg/(L · h)，流化床中对总氮的脱除效率为 34. 08 mg/(L · h)，流化床中的脱氮效率明显比固定床高一倍。由此可见，从反应器的运行效果上看，流化床的运行效果更为理想。从反应器的运行特征上看，固定床反应器处理污水时水力停留时间较短、操作简便、成本低廉、容易扩大应用。然而，固定化微生物颗粒由于重力引起的挤压作用易导致阻碍气液传质，降低微生物活性。在流化床中，颗粒悬浮于反应器中的废水内，有利于气液传质，更有利于提高脱氮效率。

表 4-21 固定床和流化床脱氮情况比较

项目	反应器有效容积（L）	处理量（L）	颗粒实际体积（L）	填充率（%）	HRT（min）	总氮脱除效率［mg/(L·h)］	出水总氮去除率（%）	出水总氮最低浓度（mg/L）
固定床	4.3	1.3	2.3	53.48	20	15.88	100	0
流化床	20	18	2	10	140	34.08	100	0

4.4.4 讨论

本章中的试验用水参照安徽省小柘皋河水质的年平均监测结果设定，该河水水质为典型的富营养化水质。本部分着重研究固定化微生物技术处理模拟小柘皋河水水质，使其为将来的实际应用提供理论依据。本章测试了固定化微生物颗粒应用于固定床和流化床中的处理效果。

余冬冬等（2008）采用填充率为 10%的包埋菌颗粒在好氧流化床处理微污染水，污水中氨氮去除率为 64%左右，出水氨氮浓度<0.5 mg/L。本试验也对 10%的填充率进行测试，总氮去除率可达 87.20%，氨氮去除率接近 100%，出水氨氮浓度接近 0。与上述文献相比，本研究中包埋菌颗粒的去氮能力和氮浓度降低水平均优于上述文献提及。

Cao 等（2002）用 PVA 制成颗粒共固定化硝化菌和反硝化菌，并研究了 DO 对污水单级脱氮的影响，研究结论是，当溶氧较低（1~2 mg/L）时，氨化作用和硝化作用受限制，氮去除率低；当溶氧值为 2~6 mg/L 时，氮去除率增加；当溶氧值超过 6 mg/L 时，氮去除率降低，而且污水中的亚硝酸盐和硝酸盐会积累。本试验主要研究溶氧在 23.1%~71.6%范围内对污水中氮的去除，氮的去除效率随着溶氧增加而增加，其与上述文献的结论一致。关于活性污泥对溶氧影响的一些研究表明，当 DO 浓度大于 2.6 mg/L，溶解氧能完全进入活性污泥内部。理论上，在高溶氧条件下反硝化作用应受抑制，而本研究中反应器内高溶氧条件下也能发生同时硝化反硝化脱氮，说明反硝化菌为兼性好氧菌。

将固定化细胞技术用于去除污水或废水中的氮，反应器系统具有水力停留时间短、氮的去除率高和去除效率高是关键因素。Tanaka（1991）通过反应器系统加速了硝化反应过程，污水处理时间为 6~8 h。Aravinthan（1998）采用活性污泥和固定化微生物共同作用的方法氨氮污水，反应器内最大的硝化速率为 0.4 kg NH_4^+-N/(m^3·d)[16.67 mg/(L·h)]，出水平均氨氮浓度为 2.8 mg/L。李海云（2004）筛选 2 株亚硝酸菌、3 株反硝化菌，将其混和用 PVA 包埋，在流化床中采用 SBR 方式对实际城市生活污水进行处理。当颗粒填充率为 10%，进水氨氮浓度为 40 mg/L，反应时间为 8 h 时，氨氮去除率可达 90%以上，TN 的去除率为 80%左右，同时 COD 的去除率约 40%。张恩栋（Zhang 等，2008）用海藻酸钙包埋 *Scendesmus* sp.，去除无机氨氮，105 min 时的去除率为 99.1%。与以上文献比较，在本研究中固定床连续运行处理污水，停留时间为 20 min 时，出水总氮浓度低于 1.35 mg/L，总氮去除率为 81.73%~92.29%，出水中氨氮浓度为 0.09~0.23 mg/L，氨氮去除率可达 91.42%~96.65%。本论文中的反应器系统具有氮去除率高、氮去除效率高、HRT 短、出水中氮浓度低和对多种形态氮化物均有去除作用等优点。由此可见，此污水处理系统具有较大的应用价值。

4.4.5　小结

本章研究了固定化脱氮菌群反应器系统以不同模式运行处理含氮污水的效果，为将来的实际应用提供了理论参数。

反应器采用固定床连续运行，最适的脱氮条件是 HRT 为 20 min，溶氧为 36.7%~59.8%，C/N 为 20，在此条件下，总氮去除率可接近 100%。

采用流化床间歇运行，增加污水中的溶氧可缩短总氮脱除时间。当溶氧增加至 56.8%~71.6%，停留时间为 140 min 时，总氮去除率可接近 100%。此外，本反应器系统适于处理初始氮浓度低于 20 mg/L 的微污染水。

采用流化床连续运行，延长水力停留时间可提高总氮去除率。停留时间为 12 h 时，溶氧为 43.0%~56.8%条件下，总氮的去除率可达 78.12%~80.86%。

比较流化床和固定床处理含氮污水的运行效果，流化床脱氮效率比固定床高。

4.5　微生物脱氮的机理探讨

上述几节内容表明了固定化复合菌颗粒污水处理系统处理含氮污水具有较好的效果，本节在除氮机理上进行初步探讨，如微生物菌群处理含氮污水过程中，微生物同化还是脱除起主要作用；通过电镜观察包埋菌颗粒结构及微生物在包埋菌颗粒中分布的演替；脱氮菌群产气成分及代谢途径的推断。

4.5.1　脱氮菌群对氮的转化脱除起主要作用

4.5.1.1　材料

菌种：复合脱氮菌群 AGMR

培养基及人工污水：

A. PDA 培养基：土豆去皮称重 200.0 g，切成小块，加水 1 L 煮沸 30 min 滤去马铃薯块，用水补足滤液至 1 L，加葡萄糖 20.0 g，琼脂 15.0 g。118℃灭菌 30 min。

B. 人工污水：葡萄糖 169 mg，蛋白胨 88.88 mg，KCl 63 mg，无水 $CaCl_2$ 23 mg，KH_2PO_4 23 mg，$MgSO_4$ 23 mg，$NaHCO_3$ 65 mg，$(NH_4)_2SO_4$ 37.71 mg，微量元素（$FeSO_4$，$MnSO_4$，$CuSO_4$）0.2 mg，蒸馏水 1 000 mL。

4.5.1.2　方法

四株菌分别在 PDA 培养基中扩大培养，按 1%（约为 10^9 CFU/mL）的接种量接种，加入装有 96 mL 人工污水的 250 mL 锥形瓶中，28℃，180 r/min 恒温振荡培养，每隔 24 h 时取样测定总氮浓度。

4.5.1.3　结果与分析

原水中含氮污染物经脱氮菌群处理后，减少的氮一部分被同化为异养生物细胞的组成成分；另一部分被脱氮菌群脱除，转化为氮气，排放到大气中。测定微生物体内及水中的氮浓度，如公式（4-3）和（4-4）所示计算氮同化贡献率及氮脱除贡献率。

$$R_1(\%)=(C_2-C_1)/(C_0-C_1) \quad (4\text{-}3)$$

$$R_2(\%)=(C_0-C_2)/(C_0-C_1) \quad (4\text{-}4)$$

R_1——氮同化贡献率；R_2——氮脱除贡献率；C_0——原水氮浓度（mg/L）；C_1——处理后水中氮浓度（mg/L）；C_2——处理后水中氮浓度（含微生物细胞）（mg/L）。

结果见图 4-45。在处理 24 h 时，减少的氮中 81.74%用于微生物同化，而仅有 18.26%的氮被脱除，因此在此段时间里氮的转化起主要作用，此时污水中的氮主要用于微生物的生长及增殖，成为微生物细胞的组成成分；而在处理 48 h 和 72 h 时，氮脱除贡献率分别为 70.97%和 70.08%。在此段时间中，氮的脱除起主要作用。由此可知，将固定化包埋菌颗粒应用于反应器中处理污水，前期的驯化阶段是必不可少的，当系统达到稳定运行状态以后，微生物降低污水中氮主要表现在氮的脱除。

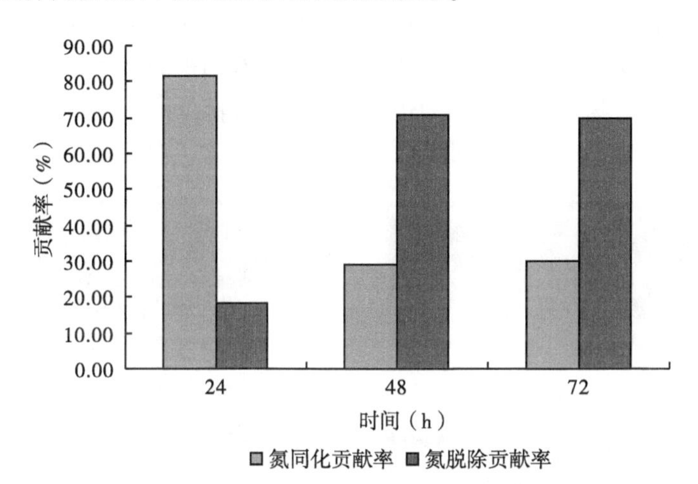

图 4-45　微生物对氮的同化及脱除贡献率

4.5.2　固定化微生物颗粒的电镜观察

为研究固定化微生物颗粒中的微环境机制，利用扫描电子显微镜（SEM）观察固定化微生物颗粒的结构和微生物在分布上的演替。

4.5.2.1　材料

主要仪器：扫描电子显微镜型号为 JSM-6700（Japan，JEOL）

主要试剂：戊二醛、多聚甲醛、锇酸、磷酸缓冲液、乙醇

4.5.2.2　方法

分别取不含微生物的空白颗粒、新制备的包埋菌颗粒和在污水中经驯化的颗粒进行前处理。将颗粒置于生理盐水中浸泡 30 min，在 2.0%戊二醛和 0.2mol/L 多聚甲醛混合液中固定 1.5 h，再在 1.0%锇酸中固定 30 min，磷酸缓冲溶液清洗，随后在不同浓度的乙醇系列溶液中脱水，于 CO_2临界点干燥处理，

切片，最后进行表层喷金（李海波等，2007）。用型号为 JSM-6700（Japan，JEOL）的扫描电子显微镜观察颗粒内部结构及微生物在颗粒中的分布。

4.5.2.3 结果与分析

分别对空白颗粒、新制备的固定化微生物颗粒及驯化后的含微生物颗粒进行前处理、切片，在电子显微镜下观察颗粒的表面、内部结构及细菌在载体不同剖面的分布情况。以下为观察结果：

（1）空白颗粒

图 4-46、图 4-47 为空白颗粒电镜照片，空白颗粒表面致密，颗粒内部胶体呈网络状交织，空隙发达。这些网状结构有利于微生物的附着，发达的空隙可提高污染物及代谢产物的传质性能，保证菌体的正常生理代谢。颗粒内一些部位出现大的孔洞，可能原因是海藻酸钠的“自溶现象”而形成的。

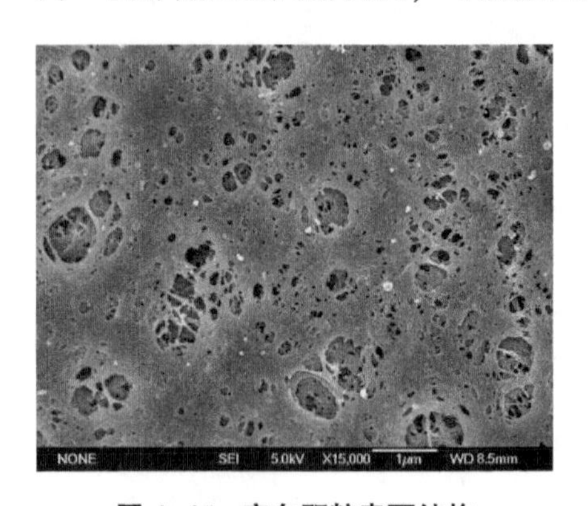

图 4-46 空白颗粒表面结构

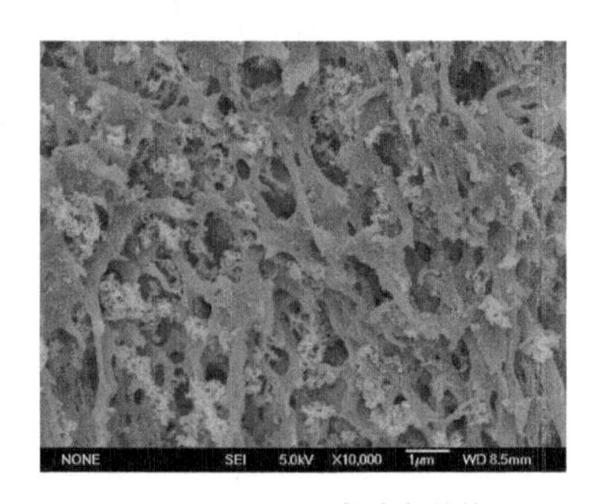

图 4-47 空白颗粒内部结构

（2）包埋菌颗粒

图 4-48、图 4-49 为未经驯化的包埋菌颗粒电镜照片，颗粒表面致密，有较大的空洞，几乎很少的菌株附着在上面，在颗粒内发现菌株附着在网状胶体上，包埋菌接近均匀分布。

（3）驯化后的包埋菌颗粒

图 4-50 至图 4-53 是固定化微生物颗粒处理污水 4 个月后的电镜照片，颗粒内部胶体仍呈发到的网络状，载体空隙仍然畅通。我们发现了微生物在颗粒内出现了分布上的演替现象，颗粒表面的菌株较少，颗粒内部靠近表面区域存在大量微生物，靠近中心部分菌株分布很少，颗粒中心基本见不到菌株存在。分析造成这种现象的原因可能是富集在接近表面区域的细菌易于接

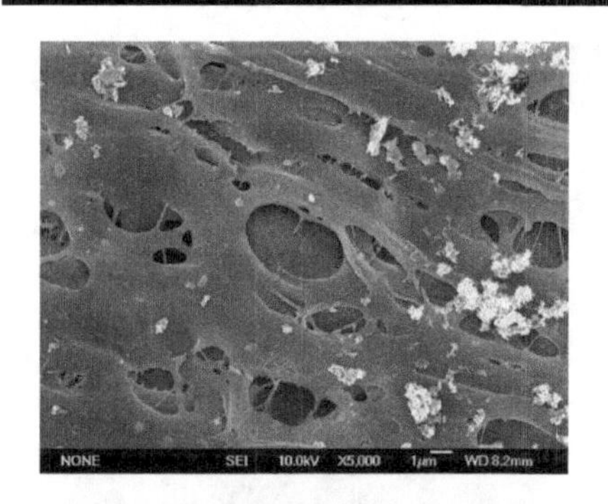

图 4-48　新制备的固定化微生物颗粒表面结构

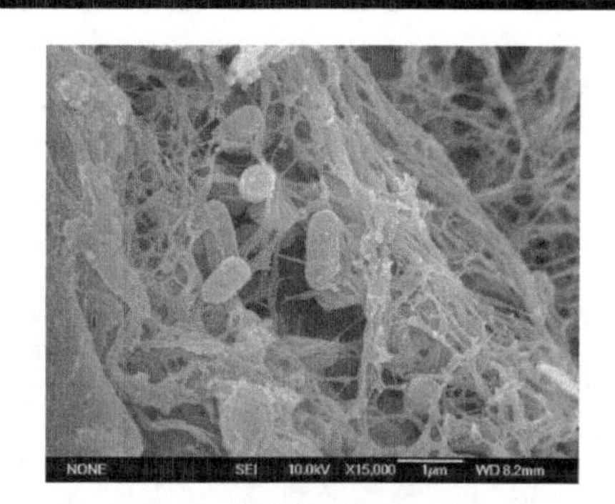

图 4-49　新制备的固定化微生物颗粒内部结构

触营养物质和氧气，而且接触面积大，因而能快速增殖，并能高效去除污染物；而靠近颗粒内部及中心区域氧气和底物扩散阻力大，传质性能差，因此不适宜微生物的生长和增值。这与文献 Omar（1993）、李海波（2005）的报道一致。但不同的是本研究中颗粒内部基本未发现细菌。

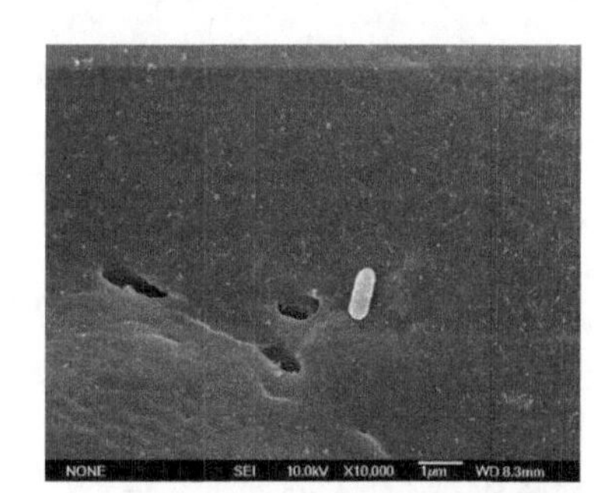

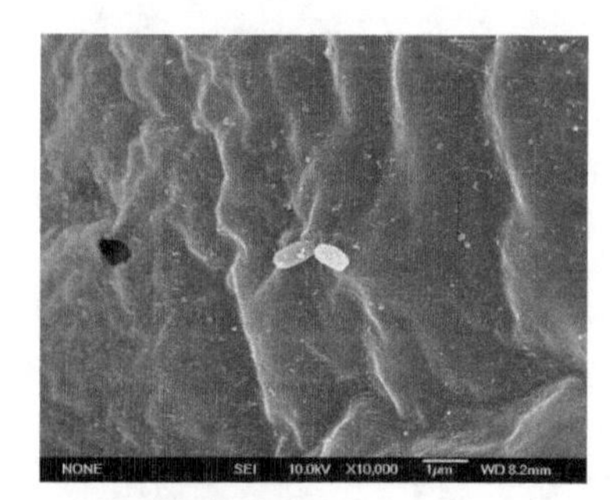

图 4-50　固定化微生物颗粒表面结构

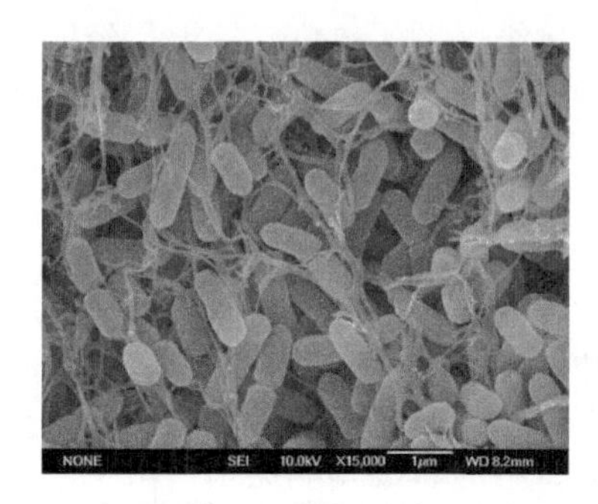

图 4-51　固定化微生物颗粒外层结构

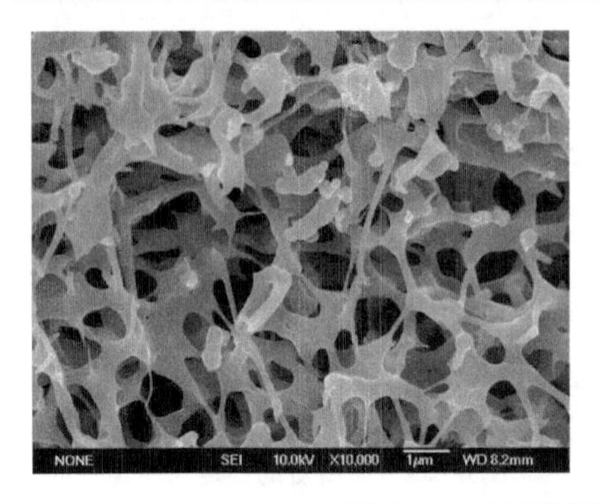

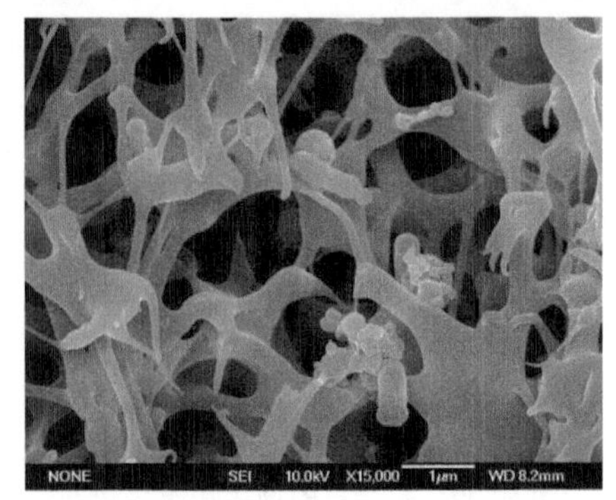

图 4-52　固定化微生物颗粒内层结构

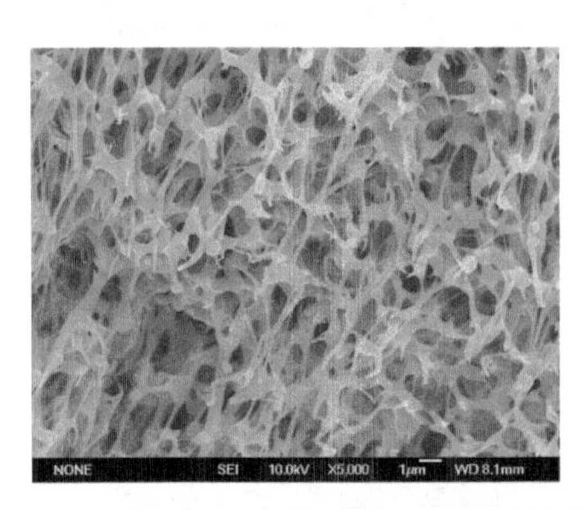

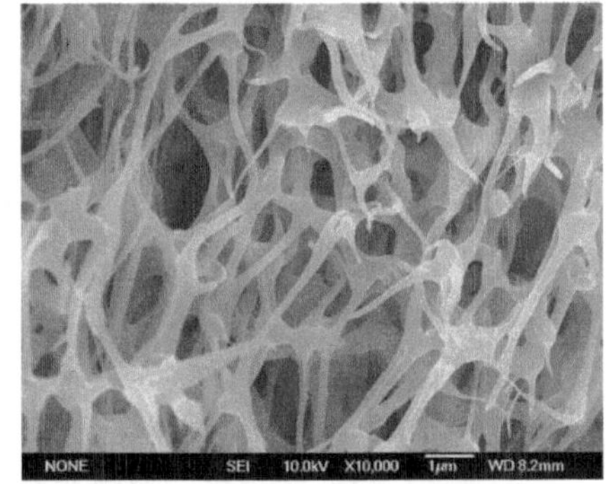

图 4-53　固定化微生物颗粒中心结构

驯化前，颗粒中的微生物菌量为 1.66×10^{9} CFU/g 且接近均匀分布，而经在含氮污水中驯化后，颗粒中的微生物逐渐分布于颗粒表层，颗粒中含菌量达 1.229×10^{10} CFU/g，增加了一个数量级（图 4-54）。综上，经驯化后的包埋菌颗粒内的微生物在分布上出现演替和在数量上出现增加现象，这更有利于微生物对氮源、氧气及其他营养物质的利用和快速脱氮。

此外，在固定化 *Bacillus subtilis* A 菌颗粒反应器系统中取 HRT 为 30 min 的出水水样，经稀释涂布平板法测试，结果发现大量活菌在出水中存在，菌数为 7.69×10^{7} CFU/g，大部分为 *Bacillus subtilis* A 菌，其他杂菌较少。由此可以断定颗粒内部微生物会脱落进入水中，这些脱落的微生物由于污水中的营养物质仍可以生长和繁殖，起到去除水中的污染物的作用。由于进水是由蒸馏水及化学试剂等人工配制而成，其中含菌量极少，因此可认为出水中大部分微生物是从固定化颗粒中脱落下来的。王磊（1997）通过固定化颗粒电镜观察指出：硝化杆菌多分布在颗粒表层及浅表层，因为这一层域扩散阻力小，溶解氧浓度比较高，有利于硝化。颗粒内部因为溶解氧浓度不高，不利于硝化菌生长繁殖。另外，在驯化及稳定运行过程中微生物在固定化颗粒内部虽然有增殖，但是增殖的微生物泄露很少。而本研究中颗粒内脱落下来的微生物进入水体中，成为水中的优势菌，与颗粒内的菌共同参与氮的脱除，这与上述文献的结论不一致。在反应器中，颗粒内的微生物和水中的微生物对氮的去除均有贡献，而颗粒中的微生物数量远大于脱落下来的微生物量，因此，固定化颗粒中的微生物在脱氮中起主要作用。

图 4-54　颗粒中的微生物

4.5.3　脱氮菌群产气成分测定与分析

采用气相色谱/质谱（GC/MS）测试脱氮菌产气的成分，并对其进行分析。

4.5.3.1　材料与方法

仪器：气质联用仪 VARIAN 431-GC & 240-MS

菌株：脱氮菌群 AGMR

培养液：葡萄糖 1 g，酒石酸钾钠 10 g，$CaCl_2$ 0.5 g，KNO_3 2.0 g，K_2HPO_4 0.5 g，蒸馏水 1 000 mL，pH 值 7.4~7.6。

方法：将菌群接入装有培养液的试管（内部倒置杜氏小管）中，28℃静置培养 2~4 d。采用排水法收集气体，通过气相色谱/质谱（GC/MS）测试气体成分。

GC 条件：色谱柱 HP-PLOT/Q，30 m（长）×0.32 mm（内径）×20.0 μm

（膜厚）；进样温度：100℃ ；载气为高纯氦气（99.999%）；柱流速为1.2 mL/ min；进样量为 1 mL；分流比为 15 ：1；程序升温：45℃保留5 min，再以 10 ℃/min 升至 100℃，保持时间 5 min；GC 运行时间15.5 min。

MS 条件：质谱检测器采用全扫描（full scan）方式，EI 源；接口温度为 250℃；离子能量 70 eV；离子源温度为 220℃；质量扫描范围 26~100 u。

气体含量定量：采用峰面积归一化法确定各成分相对含量。

4.5.3.2 结果与分析

本节对脱氮菌产气进行了初步探讨，根据气体出峰时间及峰面积大小，推测气体成分及计算各成分含量。气体样的 GC/MS 总离子流色谱图见图 4-55，

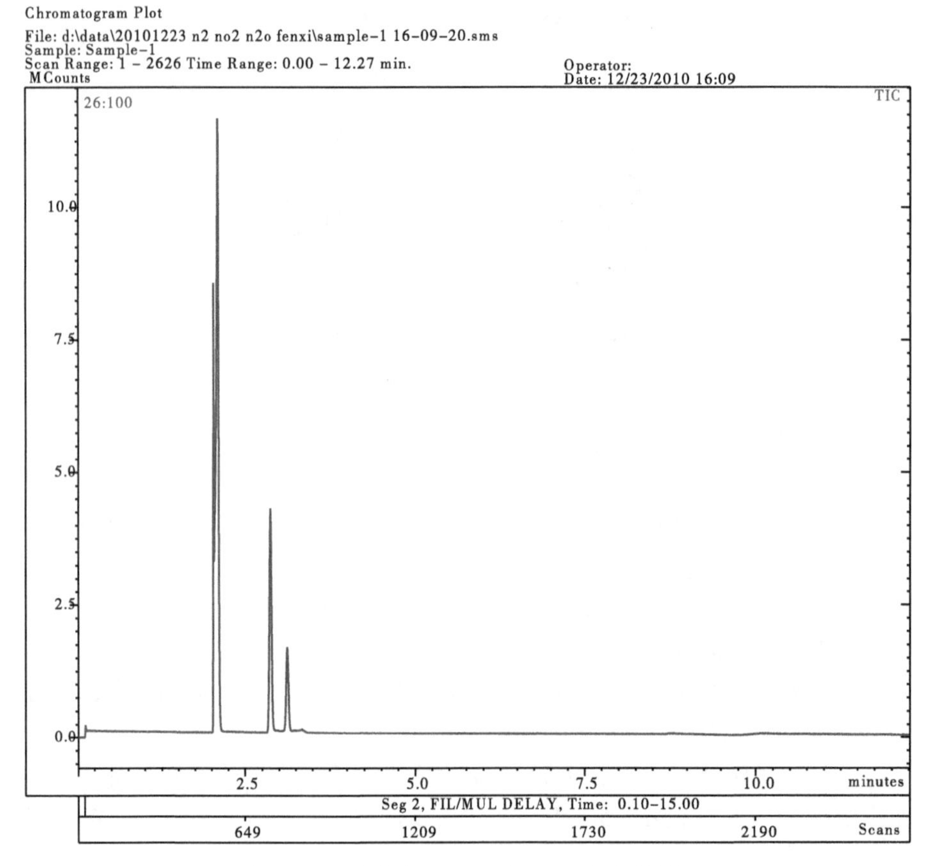

图 4-55　气体样 GC-MS 总离子流色谱图

气体主要成分见表 4-22。由结果可知，此反硝化菌产生的气体为混合气体，其成分主要以氮气为主，其他成分有二氧化碳、氧化二氮等。反硝化过程是反硝化微生物利用一系列酶作用将硝态氮或亚硝态氮还原成 N_2O 或 N_2的过程，包括 $NO_3 \rightarrow NO_2 \rightarrow NO \rightarrow N_2O \rightarrow N_2$，分别由硝酸还原酶、亚硝酸还原酶、一氧化氮还原酶和一氧化二氮还原酶催化完成。本试验测得的产气中氮气为主要成分，同时还检测到一氧化二氮，进一步证明此菌具有反硝化作用。同时也检测到氧气，其可能来源于水中释放出的溶解氧，同时也说明反应器内反硝化过程以好氧反硝化为主。另外检测到二氧化碳气体，说明此污水可生化性较好，水中的有机物易被反硝化菌利用。

表 4-22　气体成分检测结果

序 号	名称	分子式	峰面积	含量（%）
1	氮气	N_2	21 820 000	48.72
2	氧气	O_2	7 908 000	17.66
3	Propyre 或 Cyclopropere		3 451 000	7.70
4	二氧化碳	CO_2	8 400 123	18.75
5	氧化二氮	N_2O	3 210 000	7.17

4.5.4　小结

固定化脱氮菌颗粒去除污水中氮化物的过程较为复杂，经实验证明微生物的代谢起主导作用，脱氮菌群产气成分以氮气为主。

新制备的包埋菌颗粒中微生物呈均匀分布，驯化后颗粒内的微生物在分布上出现了演替，大部分微生物接近颗粒外表层，颗粒内部的微生物极少。微生物菌群在颗粒内的数量和分布存在动态变化过程，其受污水中的氮源、碳源及溶氧浓度影响较大。

参考文献

蔡昌凤，梁磊. 2009. 混合固定化硝化菌和好氧反硝化菌处理焦化废水［J］. 环境工程学报，3（8）：1391-1394.

蔡昌凤，梁磊. 2011. 高效好氧反硝化细菌的筛选及脱氮特性的研究［J］. 环境科学与技术，34（1）：41-44.

曹国民，赵庆祥，龚剑丽，等. 2001. 新型固定化细胞膜反应器脱氮研究 [J]. 环境科学学报，21 (2)：189-193.
东秀珠，蔡妙英. 2001. 常见细菌系统鉴定手册 [M]. 北京：科学出版社.
杜连祥，路福平，等. 2006. 微生物学实验技术 [M]. 北京：中国轻工业出版社.
冯本秀. 2006. 固定化微生物去除废水中氨氮及固定化载体的研究 [D]. 广东：广东工业大学.
郭海燕. 2005. 曝气动力循环一体化同时硝化反硝化生物膜反应器及其特性研究 [D]. 大连：大连理工大学.
何霞，赵彬，吕剑，等. 2007. 异养硝化细菌 *Bacillus* sp. LY 脱氮性能研究 [J]. 环境科学，28 (6)：1404-1408.
黄珏，何义亮，赵彬，等. 2009. 一株异养脱氮菌的脱氮性能及其影响因素研究 [J]. 环境工程学报，3 (3)：395-399.
黄亚洁，陈宁，梁颖，等. 2008. 氧化亚铁硫杆菌固定床生物反应器运行的工艺条件 [J]. 化工进展，27 (3)：421-425.
黄运红，冯香玲，龙中儿，等. 2007. 好氧反硝化有效微生物群的筛选及特性研究 [J]. 安徽农业科学，35 (36)：197-199.
姜巍，曲久辉，雷鹏举，等. 2001. 固定床自养反硝化去除地下水中的硝酸盐氮 [J]. 中国环境科学，21 (2)：133-136.
李峰. 2000. 序批式反应器中运用固定化细胞技术处理氨氮废水 [J]. 给水排水，26 (1)：63-65.
李海波，李培军，张轶，等. 2005. 固定化微球菌技术修复受污染地表水 [J]. 中国给水排水，2 (2)：6-10.
李海波，杨瑞崧，李培军，等. 2007. 聚乙烯醇-海藻酸钠固定 *Microbacterium* sp. S2-4的微环境分析 [J]. 生态学杂志，26 (1)：16-20.
李海云. 2004. 脱氮微生物制剂的研究 [D]. 太原：山西大学.
李树刚，马光庭. 2003. 生物脱氮菌种筛选及条件选择的研究 [J]. 广西大学学报 (自然科学版)，28 (2)：173-176.
李雪梅，杨中艺，简曙光，等. 2000. 有效微生物群控制富营养化湖泊藻的效应 [J]. 中山大学学报，39 (1)：81-85.
李正魁，濮培民. 2001. 固定化增殖氮循环细菌群 SBR 法净化富营养化湖水 [J]. 核技术，24 (8)：674-679.
林燕，孔海南，王茸影，等. 2008. 异养硝化作用的主要特点及其研究动向 [J]. 环境科学，29 (11)：3291-3296.
刘晶晶，汪苹，王欢. 2008. 一株异养硝化-好氧反硝化菌的脱氮性能研究 [J]. 环境科学研究，21 (3)：121-125.

刘则华，邢新会，冯权. 2006. 多孔微生物载体固定床生物反应器的污水处理特性 [J]. 水处理技术，32（4）：34-38.

钱存柔，黄仪秀，等. 1999. 微生物学实验教程 [M]. 北京：北京大学出版社.

苏俊峰，王继华，马放，等. 2007. 好氧反硝化细菌的筛选鉴定及处理硝酸盐废水的研究 [J]. 环境科学，28（10）：2332-2335.

王弘宇，马放，苏俊峰，等. 2007. 好氧反硝化菌株的鉴定及其反硝化特性研究 [J]. 环境科学，28（7）：1548-1552.

王建龙. 2002. 生物固定化技术与水污染控制 [M]. 北京：科学出版社.

王凯军. 2002. UASB 工艺系统设计方法探讨 [J]. 中国沼气，20（2）：18-23.

王平，吴晓芙，李科林，等. 2004. 应用有效微生物（EM）处理富营养化源水试验研究 [J]. 环境科学研究，17（3）：39-43.

王鑫. 2006. 异养硝化菌的筛选及其在污水脱氮中的应用 [D]. 天津：天津科技大学.

王一明，彭光浩. 2003. 异养硝化微生物的分子生物学研究进展 [J]. 土壤，35（5）：378-386.

温东辉，唐孝炎. 2003. 异养硝化及其在污水脱氮中的作用 [J]. 环境污染与防治，25（5）：283-285.

许友泽，王凤霞，向仁菌，等. 2010. 微生物处理含 Cr 废水工艺研究 [J]. 化工环保，30（5）：404-407.

杨家华，郭志宏. 2007. EM 技术及其在水环境保护中的应用研究进展 [J]. 环境科学与技术，30（6）：112-114.

尹华，李桂娇，彭辉，等. 2003. 絮凝剂高产菌的研究及其在水处理中的应用 [J]. 水处理技术，29（5）：272-275.

余冬冬，金勇威，迟莉娜，等. 2008. 包埋固定化微生物处理微污染原水的试验研究 [J]. 24（13）：86-88.

张光亚，陈美慈，韩如旸，等. 2003. 一株异养硝化细菌的分离及系统发育分析 [J]. 微生物学报，43（2）：156-161.

赵彬. 2008. 异养菌株 HNR 脱氮性能 [J]. 华中科技大学学报（自然科学版），36（12）：128-132.

周德庆. 1986. 微生物学实验手册 [M]. 上海：上海科学技术出版社，121-123.

Alves C F, Melo L F, Vieira M J. 2002. Influence of medium composition on the characteristics of a denitrifying biofilm formed by *Aicallgenes Denitrificans* in a fluidized bed reactor [J]. Process Biochem, 37, 837-845.

Aravinthan V, Takizawa S, Fujita K, et al. 1998. Factors affecting nitrogen removal from domestic wastewater using immobilized bacteria [J]. Wat. Sci. Tech., 38（1）：193-202.

Bell L C, Ferguson S J. 1991. Nitric and nitrous oxide reductase are active under aerobic conditions in cells of *Thiosphaera pantoropha* [J]. Biochem. J, 273 : 423 -427.

Brierley E D R, Wood M. 2001. Heterotrophic nitrification in an acid forest soil: isolation and characterization of a nitrifying bacterium [J]. Soil. Biol. Biochem., 33: 1403-1409.

Cao G M, Zhao Q X, Sun X B, et al. 2002. Characterization of nitrifying and denitrifying bacteria coimmobilized in PVA and kinetics model of biological nitrogen removal by coimmobilized cells [J]. Enzyme Microb. Tech., 30 (1): 49-55.

Carucci A, Dionisi D, Majone M, et al. 2001. Aerobic Storage by activated sludge on real wastewater [J]. Water Res., 35: 3833-3844.

Chung YC, Huang C, Tseng C P. 1997. Biotreatment of ammonia from air by an immobilized Arthrobacter oxydans CH8 biofilter [J]. Biotechnol. Progr., 13: 794-798.

Geraats S G M, Hooijmans C M, van Niel E W J. 1990. The use of a metabolically structured model in the study of growth nitrification and denitrification by *Thiosphaera pantotropha* [J]. Biotechnol. Bioeng., 36 : 227-267.

Halim A A, Aziz H A, Johari M A M, et al. 2010. Ammoniacal nitrogen and COD removal from semi - aerobic landfill leachate using a composite adsorbent: Fixed bed column adsorption performance [J]. J. Hazard. Mater., 175: 960-964.

Halling-Scrensen B and Nielsen S N. 1996. A model of nitrogen removal from waste water in a fixed bed reactor using simultaneous nitrification and denitrification (SND) [J]. 87: 131-141.

Heitkamp M A, Camel V, Reuter T J. 1900. Biodegradation of P-nitrophenol in an aqueous waste stream by immobilized bacteria [J]. Appl. and Envir. Microbiol., 56 (10): 2967-2973.

Higa T. 1994. EM technology serving the world [M]. Personal Communication.

Kim J K, Park K J, Cho K S, et al. 2005. Aerobic nitrification - denitrification by heterotrophic *Bacillus strains* [J]. Biores. Technol., 96: 1897-1906.

Mallick N, 2002. Biotechnological potential of immobilized algae for wastewater N, P and metal removal: a review. BioMetals, 15 (4): 377-390.

Meiberg J B M, Bruinenberg P M, Harder W. 1989. Effect of dissolved oxygen tension on the metabolism of mehylated amines in Hyphomicrobium X in the absence anda presence of nitrate: evidence for aerobic denitrification [J]. J. Gen. Microbiol., 120: 453-463.

Musvoto E V, Samson K, Taljard M, et al. 2002. Calculation of peak oxygen demand in the design of ful scale nitrogen removal activated sludge plants [J]. Water SA, Special Ed WISA., 56-60.

Nishio T, Yoshikura T. 1994. Effects of organic acids on heterotrophic nitrification by Alaligenes faecalis OKK17 [J]. Biosci. Biotech. Biochem., 58 : 1574-1578.

Robertson L A, Kuenen J G, Kleijntjens R. 1985. Aerobic denitridication and heterotrophic nitrification by thisophaera pantotropha [J]. Antonie Van Leeuwenhoek, 51 (4): 445.

Schryver P D, Verstraete W. 2009. Nitrogen removal from aquacture pond water by heterotrophic nitrogen assimilation in lab-scale sequenceing batch reactors [J]. Biores. Technol., 100: 1162-1167.

Scuras S, Daigger G T, Grady C P L. 1998. Modelling the activated sludge flocmicroenviroment [J]. Wat. Sci. Tech., 37 (4-5): 243-251.

Tanaka K, Tada M, Kimata T, et al. 1991. Development of new nitrogen removal system using nitrifying bacteria immobilized in synthetic resin pellets [J]. Wat. Sci. Tech., 23 (4-6): 681-690.

Tashirev A B and Shevel V N. 2004. Extraction of a broad range of metals from sewage in the city of Kyiv by mixed microbe communities [J]. Microbiol Z., 66 (5): 76-83.

Uemoto H, Saiki H. 1996. Nitrogen removal by tubular gel containing nitosomonas europaea and paracoccus denitrificans [J]. Applied and Enviromental Microbiology, 62 (11): 4224-4228.

van Ginkel C G, Tramper J, Luyben K C A M, et al. 1983. Characterization of Nitrosomonas europaea immobilized in calcium alginate [J]. Enzyme Microbiol. Technol, 5: 297-303.

Wijffels R H and Tramper J. 1995. Nitrification by immobilized cells [J]. Enzyme and Microbial Technology, 17: 482-492.

Xing X H, Shiragami N, Unno H. 1995. Simultaneous removal of carbonaceous and nitrogenous substances in wastewater by a continuous-flow fluid-bed bioreactor [J]. J Chem Eng Japan., 28 (5): 525-530.

Zhang E D, Wang B, Wang Q H, et al. 2008. Ammonia-nitrogen and orthophosphate removal by immobilized Scenedesmus sp. isolated from municipal wastewater for potential use in tertiary treatment [J]. Bioresour. Technol., 99 (9): 3787-3793.

Zhu G L, Hu Y Y, Wang Q R. 2009. Nitrogen removal performance of anaerobic ammonia oxidation co-culture immobilized in different gel carriers [J]. Water Sci. Technol., 59 (12): 2379-2386.